西方传统 经典与解释

Classici et commentarii

HERMES

HERMES

在古希腊神话中，赫耳墨斯是宙斯和迈亚的儿子，奥林波斯神们的信使，道路与边界之神，睡眠与梦想之神，亡灵的引导者，演说者、商人、小偷、旅者和牧人的保护神……

西方传统 经典与解释
Classici et commentarii
HERMES
古典学丛编
刘小枫●主编

希腊的自然概念

The Greek Concept of Nature

[加] 吉拉尔德·纳达夫 （Gerard Naddaf）●著

章 勇●译 张文涛●校

华东师范大学出版社
·上海·

华东师范大学出版社六点分社　策划

古典教育基金 · "传德" 资助项目

"古典学丛编"出版说明

近百年来，我国学界先后引进了西方现代文教的几乎所有各类学科——之所以说"几乎"，因为我们迄今尚未引进西方现代文教中的古典学。原因似乎不难理解：我们需要引进的是自己没有的东西——我国文教传统源远流长、一以贯之，并无"古典学问"与"现代学问"之分，其历史延续性和完整性，西方文教传统实难比拟。然而，清末废除科举制施行新学之后，我国文教传统被迫面临"古典学问"与"现代学问"的切割，从而有了现代意义上的"古今之争"。既然西方的现代性已然成了我们自己的现代性，如何对待已然变成"古典"的传统文教经典同样成了我们的问题。在这一历史背景下，我们实有必要深入认识在西方现代文教制度中已有近三百年历史的古典学这一与哲学、文学、史学并立的一级学科。

认识西方的古典学为的是应对我们自己所面临的现代文教问题，即能否化解、如何化解西方现代文明的挑战。西方的古典学乃现代文教制度的产物，带有难以抹去的现代学问品质。如果我们要建设自己的古典学，就不可唯西方的古典学传统是从，而是应该建设有中国特色的古典学：恢复古传文教经典在百年前尚且一以贯之地具有的现实教化作用。深入了解西方古典学的来龙去脉及其内在问题，有助于懂得前车之鉴：古典学为何自娱于"钻故纸堆”，与现代问题了不相干。认识西方古典学的成败得失，有助于我们体会到，成为一个真正的学人的必经之途，仍然是研习古传经典，中国的古典学理应是我们已然后现代化了的文教制度的基础——学习古传经典将带给我们的是通透的生活感觉、审慎的政治观念、高贵的伦理态度，永远有当下意义。

　　本丛编旨在引介西方古典学的基本文献：凡学科建设、古典学史发微乃至具体的古典研究成果，一概统而编之。

古典文明研究工作坊

西方典籍编译部乙组

2011 年元月

目　录

中译本说明

纳达夫(Gerard Naddaf),索邦大学文学博士,现为加拿大约克大学(York University)哲学系教授,《希腊的自然概念》(*The Greek Concept of Nature*)为其代表作。此外还有与人合著的《语境中的阿那克西曼德:希腊哲学起源新探》(*Anaximander in Context:New Studies in the Origins of Greek Philosophy*),其中纳达夫所写部分与本书第三章"阿那克西曼德的'探究自然'"在观点上基本无异。

纳达夫在前言中讲到,本书是他古希腊哲学研究计划中三卷本作品的第一卷(后两卷仍未见出版),本卷关注和探讨的核心问题是哲学的起源。我们知道,哲学在古希腊的兴起是西方思想的头等大事,自黑格尔以来,西方哲学家们一再强调哲学的希腊品性。人们常说希腊人发现了自然,哲学首先是自然哲学,最早的哲人是自然哲人。通常认为,自然哲人关心的问题是宇宙的起源(生成)和万物的始基(本原),即所谓的宇宙起源论(cosmogony)。那么这是否就意味着,在自然哲人出现之前,希腊人就没有思考过"自然"呢?其实,神话诗人赫西俄德在《神谱》和《劳作与时日》中以神话的方式做着与自然哲人同样的工作:叙述宇宙、诸神及人类的起源(生成)。但有两个关键差异尤其值得注意。首先,赫西俄德对起源（生成）的叙事在实质上是对宙斯的颂歌，也就是说，在赫西俄德那里，谈论"自然"就是赞美宙斯，自然并未从神话中区分出来。相反，自然哲人眼中的"自然"或宇宙的起源（生成），是"无神论"的或者至少否定了习传宗教的神。其次，赫西俄德谈论"自然"的方式是神话式的（*mythos*），而自然哲人论自然的作品则以理性（*logos*）的方式展开。因而，自然的发现，既意味着区别于神话（宗教）的哲学的出现，也意味着哲人作为一种新人类型的出现，同时还意味着随之而来的哲人的新生活方式的出现，而这也势必会给城邦的政治生活带来新的问题。这一政治—哲学问题为后来的智术师所激化，到苏格拉底—柏拉图那里才真正得到处理，由此产生了哲学的政治哲学转向。我们甚至可以毫不夸张地说，柏拉图的全部作品都在处理哲学（哲人）的出现所导致的政治—哲学问题。

纳达夫在导言中也明确讲到，他此项研究的原动力正是来自柏拉图在《法义》卷十中对自然哲人以及赫西俄德宇宙起源论的批判，他说，"为了理解柏拉图对手学说的真正含义，我认为有必要重建导致柏拉图试图要去解决的问题的整个思想运动"。在本书中，纳达夫以自然（*phusis*）这一核心概念为中心，一方面从对古典文本中出现的自然一词进行语言分析入手，梳理这一概念的基本含义（第一章），另一方面也通过思想史的钩沉为读者重塑了赫西俄德（自然哲人的先驱）和从阿那克西曼德到原子论者的几乎所有自然哲人（第二、三、四章）。如作者所言，我们的确可以将本书视为"一部早期希腊哲学史"。但与通常的哲学史研究仅从自然哲学角度处理自然哲人（如卡恩）不同，也与海德格尔从存在哲学的角度将自然哲人解释为最早的存在哲人不同，纳达夫更加重视自然哲人的宇宙学与现实政治（尤其是古希腊民主制）的关联（受韦尔南等影响），这几乎是全书后三章的一条主线。例如，纳达夫认为，在赫西俄德的《神谱》与《劳作与时日》之间存在着某种断裂，如果说前者仍倾向于君主制或贵族制，那么后者则发出了民主制的先声，而这一点尤以《劳作与时日》中对国王权力的限制以及法律的出现为标志。作者进而认为,赫西俄德对后来者产生了"持续性和破坏性的影响",从而是"西方政治教化的一个催化剂"。又比如,通过对阿那克西曼德宇宙起源论的分析,作者认为,在阿那克西曼德那里,看似抽象的宇宙学实际上与他所生活的现实城邦有着某种对应关系,宇宙论模型遵照着社会—政治模型而被构想。如此等等。在本书中,纳达夫在细致梳理文献的基础上,对以上这些观点进行了非常详细的讨论和分析。因此,译者相信,本书的翻译对国内相对薄弱的前苏格拉底哲学研究不无裨益。

译事艰难,译者虽竭尽全力,但仍觉力有不逮,错误之处在所难免,还望方家不吝指正。

章　勇

2018 年 3 月

前　　言

　　1992 年，我出版了一本名为《希腊"自然"概念的起源与演变》(*L'origine et l'évolution du concept grec de "phusis"*)的书。该书在评论家中广受好评，过去若干年来，人们都鼓励我出版此作品的英文版。看来，古希腊的自然观念强烈地吸引着各个不同领域的学者们。

　　尽管目前这本《希腊的自然概念》保留着始于 1992 年那部作品的原初想法，但它不止是对早前著作的简单翻译。本书有相当大的发展。这主要归功于我在此主题上的进一步思考——尽管也有新的学术成果支持。包含着新观念的这种发展在随后两部书中将更加明显：《柏拉图与 *peri phuseōs*［论自然］传统》和《合乎自然地生活》。后者的焦点将是亚里士多德与希腊化传统，这一焦点在1992 年那部作品中还没有得到处理。

　　我想对布里森（Luc Brisson）、哈道特（Pierre Hadot）、哈恩（Robert Hahn）、佩格林（Pierre Pellegrin）、普罗伊斯（Tony Preus）、罗宾森（Tom Robinson）以及已故的巴尔特（Mathias Baltes）和桑德斯（Trevor Saunders）表达我的感谢，感谢他们的鼓励。还要感谢卡斯特勒瑞克（Benoît Castelnérac）、利文斯顿（Alex Livingston）和艾伦（Richard Allen）在编辑上提供的帮助。当然，也

要感谢纽约州立大学出版社(SUNY Press)对我拖欠书稿的宽容。

除非另外指出,本书中的希腊文翻译都由我自己完成。深思熟虑之后,我决定通篇采用希腊文的转写,替换掉希腊文字符。我把 η 和 ω 转写为 $\bar{e}$ 和 $\bar{o}$。下标 ι 在长元音结尾处标出,例如 ωι 写作 $\bar{o}i$。为了减轻文本的负担,我没有再现音调。在我看来,对并非此领域专家的读者来说,这会让这部作品更容易接近。

最后,我要感谢加拿大社会科学与人文学科研究委员会以及约克大学的慷慨支持。

缩 略 语

DK   H. Diels and W. Kranz, *Die Fragmente der Vorsokratik-er*, 6th ed. , Berlin, Weidmann, 1951.

KRS   G. S. Kirk, J. E. Raven, and M. Schofield, *The Presocratic Philosophers*, 2nd ed. , Cambridge, Cambridge University Press, 1983.

导　言

[1]希腊的 *phusis*［自然］概念——通常翻译为自然（nature）（来自拉丁文 *natura*［自然］）——对于哲学的早期历史及其随后发展都具有决定性。事实上，人们常说希腊人发现了"自然"。但是，当最早的哲人们谈论 *phusis*［自然］的时候，他们实际上想到的是什么呢？此问题争议极大。本项研究试图从一个历史的角度来重建这个概念的起源与演变。

这项研究背后的动力（及其提出的一般论题）源于多年前我对柏拉图《法义》卷十的分析。在《法义》这部作品（这将是我单独一卷的主题）中，柏拉图批评那些用散文和诗歌写作 *peri phuseōs*［论自然］类型作品的人。柏拉图的主要指责是这些作品的作者从不承认（*technē*［技艺］中所隐含的）目的（intention）概念是支配宇宙秩序背后的解释原则。在柏拉图看来，这种拒绝建基于他那个时代的"无神论"之上。为了理解柏拉图对手学说的真正含义，我认为有必要重建导致柏拉图试图要去解决的问题的整个思想运动。

如果人们仔细考察这些名为 *peri phuseōs*［论自然］作品的内容，显然它们主要的目的是，解释事物的现存秩序是如何建立起来的。事实上，这一点也显然来自柏拉图自己在《法义》卷十中的分

析。这些作品提出一种理论来解释世界、人类和城邦/社会的起源
（和发展）。这些作品的结构（甚至在对 *phusis* 这个词进行语言分
析之前）使人们断定，对于早期哲人们或如我们通常所称的前苏格
拉底派而言，*phusis*［自然］一词在这一语境中意指作为一个整体
（totality）的宇宙的起源与生长（origin and growth）。并且，既然
人类和他们生活于其中的社会也是这个整体的一部分，那么，对人
类和社会的起源与发展的解释就必须遵照一种对这一整体世界的
解释。

　　在《法义》卷十中，赫西俄德也在被指控之列。原因是，根据赫
西俄德在《神谱》中的叙述，诸神的起源在宇宙之后。更准确地说，
按照赫西俄德的《神谱》的叙述，诸神起源于［2］种种原初实在
（primordial entities）（Chaos［卡俄斯/混沌］、Gaia［盖亚/大地］、E-
ros［爱若斯］、Tartaros［塔耳塔罗斯］等等），而对柏拉图来说，如
果人们不在一开始就假定一个在场的神（divinity），并且假定此神
不依赖于它在其上工作的质料，那么，把支配宇宙的秩序归于一种
智性（intelligence）便是不可能的。

　　仔细分析赫西俄德的神谱叙述，可以辨别出，在前苏格拉底派
peri phuseōs［论自然］类型的叙述中有同样一种可辨识出的三分
架构，即宇宙起源（cosmogony）、人类起源（anthropogony）和政治
起源（politogony）。实际上，这个三分架构与宇宙起源神话的形
式联系紧密，而宇宙起源神话的形式又与世界周期性更新的神
话—仪式情景密切相关。其目的是为现存的社会和自然秩序提供
一种解释，并为这些秩序维持自身提供一种保证。事实上，在一个
宇宙起源神话中，宇宙演变和宇宙秩序都模仿共同体的社会—政
治结构或生活，并依据共同体的社会—政治结构或生活来表达。

　　在某种意义上，这种神话解释并保证了社会群体的"生活方
式"。这把我们引向 *peri phuseōs*［论自然］类型叙述的另一个有
趣特征。将前苏格拉底派的哲学概念与完全"无利害关系"的探究

或沉思联系起来(对此亚里士多德用来界定这些个体的 *phusiolo-goi*[自然学家]多少能予以表明)仍是老生常谈。但对政治的强烈兴趣在这些早期哲学家中似乎已成一种惯例(norm)。事实上，他们各自的 *historia*[探究](研究或探寻)可能就存在着政治性动机。语词 *historia*[探究]和/或 *phusis*[自然]，或更准确地说 *historia peri phuseōs*[探究自然]，可能是全新铸造出来的措辞，用以表达通向一种生活方式的新的理性进路，这种生活方式与新的政治现实相一致，也与关于世界、人类和社会如何起源和发展的新的整全性(comprehensive)观念相一致。

事实上，在政治关涉与宇宙学理论之间，存在一种有趣的相似性和连续性，并且引申而言，在前苏格拉底派所有对自然类型的探究中，以及在这一探究的神话前身中，都存在着一种生活方式。不过，我们自己的研究涵盖一宽广框架，也可被视为一个更一般的早期希腊哲学史。的确，在 *peri phuseōs*[论自然]类型的叙述和可能亦是被全新铸造的 *philosophia*[哲学]一词之间，存在着一种关联。因此，根据赫拉克利特(DK22B35)，"智慧的热爱者完全应该深入探究许多事物"(*chrē gar eu mala pollōn historas philosophous andras einai*)，①而且，正如我们即将看到的，前苏格拉底派无疑在探究范围广泛的相

---

① 我同意 Kahn(1979，105)，这句话源于亚历山大的克莱门的直接引用(亦参 Guthrie 1962，204)。正如 T. M. Robinson(1987，104)追随 Marcovich(1967，26)注意到的，其他许多人认为，赫拉克利特自己使用 *philosophoi andres* 这一表述(亦参 Brisson，1996，21 和 Hadot，2002，15)。这个术语在希罗多德那里也能找到(1.30)，但他使用此词的含义是有争议的(见后文注)。柏拉图的一个门徒、本都的赫拉克利德(Heraclides of Pontus)讲了一个著名的轶事，说是毕达戈拉斯杜撰了 *philosophos*[哲学家]这个词(Heraclides fragment 87 Wehrli＝Diogenes Laertius 1.12)。同样，在此问题上有支持者也有反对者，例如 Guthrie(1962，204)就认为这个术语事实上早于毕达戈拉斯，或者更准确地说，它在一种伊奥尼亚派的意义上被使用，早于它在一种意大利的、毕达戈拉斯意义上的使用(亦见后文)。赫拉克利特(DK22B129)实际上在指责毕达戈拉斯的 *historia*[探究]类型，由此指责其 *philosophia*[哲学]。这至少暗示，这两个术语可能不只一个一般含义。

互关联着的事物。①

如果本项探究背后的动力是对柏拉图《法义》卷十的详细分析，那么，指导这项研究的方法则建立在对 *phusis*[自然]一词的澄清之上，这种语言分析构成历史学、哲学、宗教学甚至考古学等所有后续研究的出发点。以下是这项研究的简要概述。

[3]理解 *phusis*[自然]一词的一般含义是第一章的首要目的。因此，这一章始于对 *phusis* 一词的语言分析。据此分析，*phusis* 一词的基本含义和词源含义是"生长"(growth)，而且，作为一个以-sis 结尾的动态名词(action noun)，*phusis* 指一个事物从产生到成熟(from birth to maturity)的整个生长过程。接着，我考察了在荷马笔下仅出现过一次的这个词，其含义不仅与前面的分析一致，而且与这个词出现的一般语境一致，当诸神与人类遭遇时对一棵神奇植物之特性的分析，在自然一词的前哲学/理性用法

---

① 希罗多德(1.30)描述了梭伦的很多旅程是在追求与智慧相关(*philosopheon*)的知识。Hadot(2002,16—17)在其众所周知的《什么是古代哲学》中写道，*philosophia*[哲学]一词在此与"普遍文化"和来自它的"智慧"相关，它毋宁是"一种生活方式"，哲学家在其中致力于一种"智慧的练习"，这种练习包含着一种想要朝向一种几乎不可能实现的理想的欲望(亦参 Brisson 1996,23—25,也持相似立场)。

Hadot(2001,180)主张，尽管对哲学家的这种定义最初出现在柏拉图的《会饮》中，但"精神练习"(*askēsis,meletē*)的概念有其追溯至前苏格拉底思想家的史前史。在此吸引我的不是控制思想的技艺(这在练习中是一个重要的组成部分)，而是对前苏格拉底派而言的 *historia/philosophia*[探究/哲学]实践。在 Hadot(2002,5)看来，哲学家的生活选择决定了他的话语(discourse)。这种选择不是在孤独中做出的，而是在一个共同体或哲学学园中做出的，而且"这种生存性选择也反过来暗藏着对世界的某种洞见，因此，哲学话语的任务将是揭示并理性地论证这一生存性选择，揭示并理性地论证对世界的这一再现"(2002,3)。Guthrie(1961,204)提到了 *philosophia*[哲学]首次使用的相同语境，他指出，哲学一词对毕达戈拉斯比对伊奥尼亚派而言有着更加深远的意义(亦参 KPS 1983,218—219)。在伊奥尼亚派那里，哲学一词接近"好奇"，然而在毕达戈拉斯那里，它和"净化"相关，也有从"轮"下逃脱的意思(这可以解释上面提到的赫拉克利特的指责)。Guthrie(1961,205)于是接着说道，*philosophia*[哲学]一词"如现在一样，那时的意思是运用理性和观察的力量获得洞见"。不太清楚的是 Guthrie 所说的这种洞察力指什么。但我们可以说(跟随 Hadot)，这是一种基于对世界的再现的生活方式。在我们对前苏格拉底派的分析中，这一点将是暗中表明而非昭然揭示的。

中,也能为人们可以(或应该)期望发现的东西提供一个例证(这是学者们忽略的某些东西)。如果我们转向在前苏格拉底派中首次出现自然一词的赫拉克利特残篇 DK22B1,很明显,*phusis* 不仅指事物的本质特征(essential character),而且指一个或某个事物如何起源(originates)和发展(develops),从而持续规定其自然(nature)。总之,*phusis* 必须被动态地理解为一个事物从始至终(from beginning to end)实现其所有特性的"真实建构"(real constitution)。这事实上是 *phusis* 这一术语在前苏格拉底派著作中几乎每次都被使用的含义。自然从未在某种静态的意义上被使用过,尽管重点要么在 *phusis* 作为起源(origin),要么在 *phusis* 作为过程(process)或 *phusis* 作为结果(result)。当然,这三层含义都包含在 *phusis* 的原初含义之中。

　　肇始于伊奥尼亚派(Ionians)的前苏格拉底派,是否也在一种整全(comprehensive)的意义上去理解 *phusis*,即不是指一个特定的事物,而是指所有事物? 我认为正是如此。事实上,这必须通过 *historia peri phuseōs*[探究自然]的表达,即深入万物自然(the nature of things)的探究来理解。实际上,对于这个观点,学者们大多能达成共识。但对于 *phusis* 在 *historia peri phuseōs*[探究自然]表达中的含义分歧很大。在分析了作为标题的 *peri phuseōs*[论自然]表达之后,我会检审关于 *peri phuseōs*[论自然]和 *historia peri phuseōs*[探究自然]的表达中 *phusis* 一词的不同学术解释。主要有四种不同的解释:(1)原初物(primordial matter)意义上的 *phusis*;(2)过程意义上的 *phusis*;(3)原初物和过程意义上的 *phusis*;(4)起源、过程和结果意义上的 *phusis*。

　　根据对 *phusis* 一词的语言分析,我赞成第四种解释。简言之,*phusis* 这一术语在整全意义上指宇宙从始至终的起源与发展。基于此,我仔细考察了三个系列的文本,包括大量希波克拉底派(Hippocratic)的医学文本,在我看来,这些文本将展现:(1)*phusis*

的概念；(2)这一概念与在前苏格拉底派中盛行的方法之间的关系；(3) *kosmos* [宇宙/秩序]的产生(generation)与 *peri phuseōs* [论自然]或 *historia peri phuseōs* [探究自然]的表达之间的关系。

　　[4]从这些文本可以知道，前苏格拉底派通过 *historia peri phuseōs* [探究自然]的表达理解了一种真正的宇宙史，从其起源到现存，这段历史当然也包括人类的起源。然而，我认为 *historia* [探究]包含着更多的东西。在我看来，*historia* [探究]关涉着事物现存的法则是如何建立起来的，因此也包括人类文化和/或社会的起源与发展。这正是我们在柏拉图《法义》卷十对 *peri phuseōs* [论自然]类型叙述的详细描述中发现的东西，《法义》卷十也包含在上述文本中。而且，这也与宇宙起源神话的一般叙述和结构相一致。它们的目的也是去解释，从始至终，现存的自然秩序和社会秩序是如何产生的。这是第二章的主题。

　　在第二章中，我首先分析了神话，特别是一个宇宙起源神话。神话被视为一个讲述某种实在(real)事物如何形成(came into existence)的真实故事。因为神话试图带来它所宣称的真理，所以，*ab origine* [最初]发生的事件会在仪式性的或者说演示性的(demonstrative)诸种行为中得到重演(reenacted)，这些行为被视为是诸神和祖先在时间的开端处上演的。这也是宇宙起源神话的情况，它既为现存的社会秩序和自然秩序提供一种解释，亦为现存的社会秩序和自然秩序维持自身提供一种保证。在一个宇宙起源神话中，宇宙演变和宇宙秩序都模仿共同体的社会—政治结构或生活，并依据共同体的社会—政治结构或生活来表达。从这个角度而言，古人生活于其中的社会是逻辑起点。因此，为了解释现存社会秩序如何形成，宇宙起源神话必定开始于世界的产生(一种宇宙起源论)，然后叙述人类的产生(一种人类起源论)，最后讲述社会的产生(一种社会起源论或政治起源论)。对古代诸民族而言，社会的形成在某种意义上没有真正的过去，它只反映了一系列事件的结果,而那些事件则发生在那个时候(*in illo tempore*),也就是说发生在讲述神话的那个民族的"编年性"时间之前。

我考察了这种宇宙起源神话的一个极佳例子:伟大的创世史诗——《埃努玛·埃利什》(*the Enuma Elish*)。这个神话讲述了至高无上的神马杜克(Marduk)如何建立万物的现存秩序。《埃努玛·埃利什》从对原初实在(reality)(或 chaos[混沌])的描述开始,接着描述了自然事物和社会事物之现存秩序的产生和演变,即宇宙所呈现出来的法则和秩序。这是提亚马特(Tiamat)和马杜克,或者更准确地说,是两代神各自代表的无序与有序之间斗争的结果。据此,我们很容易注意到人类的起源(及其存在的原因)以及人类将生活于其中的社会的类型和结构。像所有宇宙起源神话一样,《埃努玛·埃利什》讲述世界如何从衰退和混沌中产生出来,每逢新年节日它都会在首都被重述和重现。[5]一系列仪式重现了马杜克(代表国王)和提亚马特(象征原始海洋的龙)在那个时候(*in illo tempore*)发生的斗争。神的胜利和他的宇宙起源工作再次保证了自然节奏的规律性和社会整体的良好状态。出席仪式的社会精英们重申他们效忠国王的誓言,正如马杜克被选为国王时诸神对他作的誓言一样。他们必须虔敬地聆听神圣的史诗,史诗的吟诵和再现会使他们相信"理想国家"如何被安排,以及为何他们的效忠必须是明确的。

随后,我考察了赫西俄德的《神谱》,这是宇宙起源神话的另一极佳例子。《神谱》是一部向宙斯致敬的赞美诗,它解释了在经历一系列社会政治权力斗争之后,这位神如何战胜了他的敌人和对手,作为新的统治者如何在不死者之间分配权利和义务,由此建立和保证万物现存秩序的恒定性。不过,我从一些重要的初步考察开始,包括赫西俄德作为一个历史人物、他与字母表的关系,以及最重要的,他对勒兰廷战争(the Lelantine war)的援引如何增强了《神谱》在根本上是"保守的"这一论点。因为,《神谱》倾向于赞成和支持贵族制——实际上,因为《神谱》在一种宇宙起源神话中维系着这一建制,所以它给了贵族制一种神话意义上的辩护。接着,我分析了严格来说开始于宇宙起源的《神谱》的整体结构,并表明这个神话如何拥有在《埃努玛·埃利什》创世故事中被发现的那种相同的三部分架构。与之相关,我表明了,赫西俄德的《神谱》解释了诸神的组织结构和价值法典(code of values)的起源,而且引申开来,它也解释了赫西俄德时代英雄和贵族的起源。

然后,我揭示了赫西俄德所呈现的宇宙起源神话与《埃努玛·埃利什》的宇宙起源神话之间最显著的区别:仪式(ritual)的缺席。的确,即便赫西俄德的《神谱》提供了关于世界起源与演变的解释,并且为宙斯所建立起来的世界秩序中人类的"生存"(existence)提供了一个可供效仿的社会政治模型,但是很明显,在赫西俄德的解释中,世界、人类和社会的周期性更新不再必要。事实上,赫西俄德的《神谱》所描述的宇宙演变方式,强烈地暗示着仪式的更新不再有存在的理由。对比宙斯与马杜克在各自的宇宙演变中所扮演的角色,会清晰地说明这一点。与马杜克不同,宙斯并不会干涉万物的自然秩序。他仅仅位于一种新的社会—政治秩序的起源之处。这可以解释,为什么赫西俄德的诸神起源文本是在一种完全线性、不可逆转的方式中展开的。与马杜克不同,宙斯并不再造(recreate)已经存在的东西,即如我们所知那样的物质世界。我将赫西俄德笔下的这种创新性归于[6]迈锡尼文明的瓦解。然而,无可争议的是,赫西俄德的《神谱》应该在观众面前表演过(可以说即仪式化过)。进而,毫无疑问,这是针对贵族精英的,其意图在于提升他们的价值系统(如果有的话):一种荷马式的、至少就当时的标准而言是保守性的价值系统。

接下来,我转向《劳作与时日》,在我看来,它呈现了一种非常不同的立场。虽然《劳作与时日》确实包含一些传统神话,这些神话传递着这样的信息,即社会群体被视为是通过其祖先来传承的,但是在很多方面,《劳作与时日》主张一种新型的社会变革,一种新型的普遍 *aretē*[德性]。实际上,在《劳作与时日》中,赫西俄德与荷马的 *aretē*[德性]概念竞争,提出了另一种概念来取代它。德性标准不再是贵族和英雄的所有物,而属于另一个阶层的人。*pan-aristos*[极好的人]、完美的人,是成功的农夫,同时,*aretē*[德性]现在指的是能使人发家、避免饥馑的种种品质。

在《劳作与时日》中,正如在《神谱》中一样,国王再次占据舞台的中心;然而,赫西俄德在前者中的描述完全不同于后者。赫西俄德直接用大量的自由演说挑战特斯佩亚城(Thespies)的国王们。在《劳作与时日》中,国王无疑以贪婪为特征,他们的裁决非常腐败。在《神谱》中,收受礼物作为给出判决的交换是仲裁者或国王的权利,赫西俄德在那里毋宁说描绘了习俗的一副谄媚画面。在《劳作与时日》中,赫西俄德明显对礼物制度感到苦恼,他怀疑这种裁决或 *dikē*[审判]是否正直(straight),而且,他认为他拥有关于这一点的第一手知识。在赫西俄德眼中,这种正义体系无论如何必须被取代,因为它显然有一种法律效力。如果我们认为《劳作与时日》明确提出 *basileis*[国王们]的正义体系必须被一种更客观的(即便不是法典化的)正义概念所取代(而且由于它必定被定期"上演"),那么,《劳作与时日》必定对后来的几代产生了持续性和破坏性的影响。从这一角度来看,赫西俄德的确是西方政治教化的一个催化剂;实际上,他是一种新的革命性思想方式的倡导者和开创者,这种新的革命性思想方式将影响种种政治观念及其相应的宇宙论模型。

在第三章,我考察了 *peri phuseōs*[论自然]类型的第一个理性叙述,米利都的阿那克西曼德(前 610—546)的理性叙述。在这一章中,我认为,对阿那克西曼德而言,万物的现存秩序不仅包括严格来说的物理世界,也包括探究者/作者生活其中的社会—政治世界。从这个角度而言,我与海德尔(W. A. Heidel)的意见基本一致。他认为,阿那克西曼德 *Peri phuseōs*［《论自然》］一书的目的是"勾勒宇宙从其自无限中涌现的那个瞬间到作者自己时代的生命—史(life-history)"。这恰恰是赫西俄德在《神谱》中［7］试图去做的。赫西俄德力图解释宙斯如何建立起自然事物和社会事物的现存秩序。这是宇宙起源神话的一般目的,并且很明显,阿那克西曼德也试图达到相同的目的。这就是为什么他必须从宇宙起源开始,然后到人类起源,最后到政治起源。但是,如我试图呈现的,他的方法完全不同,因为他的解释不仅仅是自然主义的,而且他清楚明白地区分了所有三种进程。

我对阿那克西曼德 *historia*［探究］的研究,开始于对其宇宙论模型的起源与发展的分析。这必须从分析他的编年性起点,也就是说,从作为 *archē*［始基］的 *phusis*［自然］开始,再分析他为什么选择 *to apeiron*［无限］去规定这个实在(entity)。接下来,我考察了他的宇宙起源论,注意到它与其神话前身的异同。他的宇宙起源论的核心观念是,宇宙像一个生命一样从一粒种子或一个胚芽中生长出来。这个胚芽包含着两个基本的对立面,冷和热。一旦互相敌对的对立面开始分离,彼此相反力量的自然运作将导致所有的自然改变。

随后,我对阿那克西曼德著名的宇宙论模型做了一个详细考察,这个宇宙论模型将一个不动的地球放在一个天球的中心,这个天球被包含着天体的三个同心环围绕着。这一考察表明,阿那克西曼德根据一种算术或几何学的方案构思他的宇宙或宇宙论模型,这反映了一种关于遵循着序列 3 的几何学的相等性和对称性的倾向。这一结论尽管被绝大多数注疏家采纳,但就数字(the numbers)的起源和意义以及由此而来的宇宙论模型的起源而言,争议甚大。我考察了四种主要的假说:(1)数字是一种神圣启示或神话启示的结果;(2)数字是一种天文学启示的结果;(3)数字(至少三分之一)是一种建筑学或技艺性启示的结果;(4)数字是一种政治启示的结果。我试图表明，政治假说是唯一有根据的假说，但由于种种原因，这一假说迄今未受重视。我认为，转译天体相对于地球的尺寸和距离的数字，以某种方式对应着构成阿那克西曼德时代的 *polis*［城邦］的三个社会群体：贵族、（新的）中产阶层和农民（或穷人）。阿那克西曼德的宇宙论模型反映了他视为摆脱他那个时代 *polis*［城邦］政治异见的唯一可能方式：*isonomia*［平等］。总之，我们关注的是城邦的微观世界与宇宙的宏观世界之间的某种互动关系。

　　阿那克西曼德为我们所做的关于人类和其他生命起源的解释（未被诗人或神话叙述提及的），与他的宇宙学一样，是这一领域中的第一个自然主义的［8］解释。正如我们所期望的，他的解释完全符合他的宇宙学系统。实际上，是相同的自然进程在运作着。在宇宙最初成型之后，生命从某种被太阳的高温所激活的原始湿气或土壤中产生出来。基于文献证据，可以比较确定地说，阿那克西曼德认为人类物种的成员最初来自一个不同的动物物种，这个动物物种可以滋养人类，直到人类能够维持自身为止。而且，男人不再像希腊神话叙述的那样在时间上和逻辑上优先于女人。最后，因为人类在时间上有一个真正的开端，所以，社会和人类的起源不再被描述为同时性的；也就是说，人类不再如神话叙述中描述的那样被视为是在一个功能完备的社会语境中形成的。

　　我们遭遇到的接受阿那克西曼德关于社会起源与演变之观点的最大障碍无疑是文献证据的匮乏。尽管如此，注疏家们并未质疑一些非漫步学派的学说汇纂证据。这些证据证明阿那克西曼德是一位地图制作者和地理学家。我将表明，事实上，地理学和历史学在这一点上终究是不可分的。的确，根据斯特拉波（Strabo），地理学和历史学都与政治学和宇宙学有紧密联系，而且，他依据埃拉托斯特尼（Eratosthenes）的权威性将阿那克西曼德援引作一个主要例子，即便不是开创者。我同时还认为阿那克西曼德并非空谈型的哲学家。他通过调查和探索来构思他的理论；他到处旅行，尤其是经由瑙克拉提斯（Naucratis）去埃及。就此而言，我试图表明，埃及，或更准确地说尼罗河三角洲，被视为文明的摇篮，同时就某方面而言被视为宇宙的中心。我认为有大量旁证可以证明这一点，但论据必须被解读为一个整体。其中一些论据将印证伯纳尔（Martin Bernal）的主张，即重视希腊和埃及的关系，虽然原因并不相同。这是一位作者所称的古希腊的埃及幻影的所有部分。

在第四章中，我试图表明，大部分前苏格拉底派都写有 *peri phuseōs*［论自然］类型的作品，而且，他们各自的 *historia*［探究］都遵循着可在阿那克西曼德及先于他的宇宙学神话中找到的那种三分构架。我基本上按传统的时间顺序考察他们：克塞诺芬尼，毕达戈拉斯和毕达戈拉斯派，赫拉克利特，帕默尼德，恩培多克勒，阿那克萨戈拉，以及原子论者留基伯（Leucippus）和德谟克利特。在每个例子中，我首先会对哲学家们所生活的历史和政治环境做一个简要概述。似乎与大多数当代学者认为的相反，我试图表明，每一位哲学家都是他们生活其中的社会和政治环境的积极参与者，并经常越过其界限。与此同时，尽管这些哲学家事实上都出身富有和/或有贵族背景，但是，他们似乎都支持法律的统治，似乎都是民主制或其最初等价物 *isonomia*［平等］的坚定支持者。而且，他们都看到了微观世界与宏观世界之间的一种互相关系，在不同程度上，他们都认为政治理论和实践（实即国家的一般结构）应该建立在宇宙学之中。

我还试图将这些哲学家相互联系起来，因为很明显，他们都清楚地意识到各自的作品在很大程度上受到了文字书写和海上旅行之便利的激发。的确，很明显，对他们各自的 *historia*［探究］和自身独特的文化背景、经历、性情和 *agōn*［竞争］精神的意识，培养着他们各自 *historia*［探究］的独创性。而且，他们全神贯注于对 *alētheia*［真理］而非 *kleos*［荣誉］的追求，由此全神贯注于以 *logos*

［逻各斯］或理性论证来保障其 *historia*［探究］的重要性。

　　尽管提到了 *theos*［神］，但他们的宇宙系统依据自然因果性（natural causes）来解释，正如人类的起源也是这样。事实上，人类起源被赋予了一个时间上的真正开端，在我看来，这一事实决定着哲学家们各自在文明起源上的观点。然而，我仍然试图在有限的篇幅内解释他们各自 *historia*［探究］中的一些具体特点，包括对灵魂本性、知识、财富、道德、和谐、正义、美德、法律和神（divinity）的看法。的确，正是神最终完全被排除在宇宙的运作之外这一事实，促使柏拉图撰写他自己的探究自然［*historia of the peri phuseōs*］类型的作品，因为在柏拉图看来，这一事实的结果要为关于道德和国家的虚无主义态度负责。我将在第二卷中处理这个问题。

第一章 "论自然"的含义

引 言

[11]毫无疑问,希腊的 *phusis*[自然](通常翻译为 nature[自然],来自拉丁文 *natura*[自然])概念,对于哲学的早期历史及其随后的发展都是决定性的。事实上,人们常说希腊人发现了"自然"。但是,当那些最早的哲学家们谈论 *phusis*[自然]的时候,他们实际上想到的是什么呢? 对此问题争议极大。在开篇这一章中,这一问题始于对自然一词的语言学分析。接着,我考察了在荷马笔下首次(也是唯一一次)出现的这个词,以及一位前苏格拉底派对这一术语的首次使用。最后,我详细考察了这一术语在 *peri phuseōs*[论自然]这一著名表达(和可能存在的著作标题)中的使用。在此的目的是帮助我们不仅理解最早的思想家们通过 phusis[自然]来理解的东西,而且理解他们如何构想自然以及他们为何发展出了为我们所熟悉的那些独特的宇宙学。

"自然"的词源

在古希腊语中,通过加后缀 *-sis* 的方式,一个动态名词(action

noun)及其含义可以来源于每种类型的动词(Holt 1941,46)。本维尼斯特(Benveniste)认为(1948,80),以-*sis* 结尾的词的一般含义是"构想一种客观实现的过程的抽象概念",这也就是说"人们用-*sis* 表达存在于主体之外的某种概念,而且,在此意义上,这个概念是客观的,并被确定为在某种客观事实中完成的概念"(1948,85)。换句话说,与以-*tus* 结尾的动态名词相反,[12]以-*tus* 结尾的词常常指涉动词形式的同一个主语(例如 *pausethai mnēstuos*[停止追求]),而以-*sis* 结尾的名词则处于与及物动词或施动动词的句法关联中(to make[做],to place[放],等等)。动词使以-*sis* 结尾的词作其宾语。由此,动词表明"表达某种实际和客观的理性设计之概念的具体现实化"(例如 *dote brōsion*:给些吃的;或 *zētēsin poieisthai*:完成一项调查)(Benveniste 1948,82)。作为一个以-*sis* 结尾的动态名词,本维尼斯特将 *phusis*[自然]定义为生成(becoming)的(完整)实现——也就是说,(一个事物)的自然即这个事物实现其所有特性。①

因为词根有准确含义,所以逻辑上足以去寻找 *phusis*[自然]这一概念所源出之动词词干的词根,由此了解 *phusis*[自然]的准确含义。*phusis*[自然]来源于动词 *phuō-phuomai*。在古希腊语中,*phuō* 家族的词有许多特征。从印欧语系词根 *bhū*-出发来分析现在时的构成更容易,正好词组 *phuō-phuomai* 似乎来源于词根 *bhŭ*。的确,名词性的 *phusis* 和现在时 *phuō-phuomai* 一样都有一个短元音 *ŭ*,但是,词根 *bhū-*bhŭ* 有一个长元音 *ū*。*bhū* 是原始词根,这一猜测的理由是古老词根 *bhū* 的主要含义为生长(grow)、生产(produce)和发展(develop)(Chantraine 1968—80,4:123)。正如在主动态及物形式中,*phuō* 有"生长、生产(pro-

---

① Benveniste(1948,78—79);另一个简明而极富刺激性的观点可参 Howard Jones(1973,7—29)。

duce)、产生(bring forth)和生育(beget)"的含义,[1]在 *phuomai* 的中动和不及物形式中,其含义是"生长(grow)、发生(spring up)、生成(come into being)、成长(grow on)和依附(attach to)"。而且,荷马时代的希腊人熟悉的含义正是"生长、生产"(尤其在植物的语境中)。此外,人们在希腊语以外的大量其他印欧语系语言中也发现这些含义是独特的:在亚美尼亚语(Armenian)中,*busanim*,"我生长",*boys*,"种植";在阿尔巴利亚语(Albanian)中,*bīin*,"使发芽",*bimë*,"种植";更不必说,在斯拉夫语(Slavic)中,典型的 *bhū-lo-*,其含义为"种植"(Burger 1925,1;Chantraine 1968—80,4:123)。此外,尽管由古老的不定过去时 *ephun*(skr. abūt)和完成时 *pephuka*(skr. babhūva)构成的词组逐渐演化并承担着"生成"(becoming)的含义,如此,这个词根可以用来完善* *a*,*es*-的体系,"存在,是"(to exist, to be),[2]但其"生长"(growth)的词源含义仍在荷马作品中被沿用。[3]

---

① Chantraine(1968—1980,4.1233);而且似乎主动不及物意义上的"出生"(to be born)在荷马笔下只出现过一次(《伊利亚特》6.149)。即便如此,也可以将其翻译为主动及物意义上的"生长"(to grow);*hōsandrōn geneē hē men phuei hē d'apolēgei* :"人类的世代亦是如此:一代在生长,而另一代在凋零",转引自 V. Magnien and M. Lacroix, *Dictionnaire Grec-Français*,Paris,1969,2068,他们将希腊文法译为:"telle la génération des hommes:l'une croît,l'autre vient à sa fin"。

② Chantraine(1968—1980,4.1235);有必要指出的是,在大量印欧语系的语言中,词根* *bhū-*足以完善词根* *es-*的系统,"存在"(exist),但这绝不是说词根* *bhū-* 的原意是"存在"(exist)、"生成"(becoming)。尽管如此,但 Holwerda(1955)和 Kirk(1954)仍坚持这一主张。Kirk 认为:"不可否认,*phuomai* 指'生长'——但这可能是一种派生的含义。而实际上在语言的'原始'阶段,'生成'和'存在'之间并无严格区分。词根 *phu-* 仅指存在(existence)"。(1954,228)然而,从比较语言学的观点看,词根* *bhū-*的原始和基本含义是"生长"而非"生成"或"存在"。亦参 Burger(1925.1)。

③ Burger(1925,89);Heidegger(1976,221)将词 *phusis* 与词根* *gen-*联系起来:"罗马人用词 *natura* 翻译 *phusis*。*Natura* 来自 *nasci*,和希腊语词根* *gen-*一样指'出生,起源……'。*Natura* 指'让某物源自其自身'(was aus sich entstammen lässt)。"Pierre Aubenque(1968,8)也同样做此理解:"希腊词 *phusis* 的统一含义最好从这个词的词源学上来理解:*phusis* 来自 *phuesthai*,'出生'、'生长',正如 *natura* 来自 *nasci*,(转下页注)

如果考虑到在整个古代，*phusis*［自然］①这一术语及其相应动词 *phuō-phuomai* 的所有复合词承担的主要含义即"生长，生长着"（尤其是在植物的语境中），那么，尽管这一术语的含义有变化，②但毫无疑问，其基本和词源的含义是生长。因此，根据对这个词的语言分析，作为一个以 *-sis* 结尾的动态名词，自然意指一个事物从产生到成熟的整个生长过程。

（接上页注）'出生'。"

但是，如我所言，*phusis* 来自词根为 * *bhū* 的动词 *phuesthai*，其原始含义为"生长"，尤其是植物的生长。相比之下，词根 * *gen* 的原初含义是"出生"（这可以在大多数印欧语系的语言中得到证实：希腊语 *gignomai*、*skr. Janati*，等等）。拉丁语从这一词根中衍生出两类词：*gignō*、*gēns*、*genius*、*ingenuus*、*ingenium*，等，以及 *nāscor*（old * *gnāscor*）、*nātus*、*nātiō*、*nātūra*（A. Ernout and A. Meillet，1979，272）。"降生"（descendence）的观念存在于第一类词中，而"出生"的含义存在于第二类词中（272—273）。就此而言，希腊语动词 *gignamai*，其语源（与 *gignō* 和 *nāscor* 一样源自相同的词根）和演变（尽管 *gignamai* 几乎变成动词"是"［*to be*］的替代词，但是其名词形式仍保留着出生、产生和历程的原初含义）似乎比 *phuomai* 更接近源自词根 * *gen* 的两类拉丁语词。的确，尽管 *phuō* 家族的词在古希腊有所演变，但"生长"的原初含义始终保持着。

① 查阅希腊语词典可知。但想要更深入理解，可参 Burger（1925）。此外，值得注意的是，这显然不是一个孤立现象。我们在另一个家族的词中发现的同样事情也同等重要，而且它们常常用来和 *phuomai* 即 *gignomai* 搭配。Chantraine（1968—1980，1.224）指出："这一家族的希腊语词的历史取决于这样一个事实，即出生、产生和历程的原初含义在现存的 *gignomai* 中退化了，现存的 *gignomai* 指'生成'而且几乎变成了动词'是'（to be）的替代词。事实上，这一含义只能在现代希腊语中找到。所有其他形式，尤其是名词形式，仍然保留着原初含义。"

② 如果确实如此，那么我们如何能够解释 *phusis* 这一术语，以及源于 *phusis* 的现在时动词词组 *phuō-phuomai* 呢？它们似乎是衍生自而非直接来自清晰揭示了它们基本和原初含义的词根 * *bhū*。尽管这一问题的答案仍不明确，但是 Holt 给出的解答至少是可信的。Holt（1941，46）认为，可以确定的是，在印欧语系中，变体 * ū（alternations * ū）是和 * r、* l、* n 差不多的零形态（degree zero）（比较梵语 *prabhūtih*：来源、起源）。因为没有迹象表明 * ū 可以变成 ŭ，而且显然 *phusis* 并非一个继承下来的变体，而是一个新的希腊语变体：长元音/短元音。此外，因为名词 *phusis* 创用现在时词组 *phuō-phuomai*，而且这个由古老的不定过去式 *ephun* 和完成时 *pephuka* 构成（二者都可以在梵语中得到证实）的词组，并没有相应的中动态（middle voices），所以我们可以推断，一方面，及物动词/使役动词 *phuō* 和不及物动词 *phuomai* 的对立，在古希腊语中是比较晚近的事情；另一方面，它们各自的含义都以古老词根 * *bhū* 为基础。

《奥德赛》中的 *phusis*［自然］

[13]在《奥德赛》卷十中，足智多谋的英雄奥德修斯讲述了他漂泊到一个理想化的人类共同体——费阿刻斯人（Phaeacians）那里的冒险经历。然而，奥德修斯的冒险经历与《伊利亚特》中的英勇对手无关，相反与巨人、女巫和海怪等超自然的存在者相关，这些超自然的存在者居住在非理性的和魔幻的世界之中。奥德修斯这样开始他的故事：他描述了他带着自己的船和同伴们如何勉力从莱斯特律戈涅斯岛（Laestrygonians）逃出，而舰队中的其他十一艘船被毁了，全体船员被食人的巨人们杀死并吃掉。接着，他发现自己和船员们到了埃厄亚岛（Aeaea），这是美发女神基耳刻（Circe）的岛，她是臭名昭著的女巫美狄亚和弥诺陶洛斯（Minotaur）的姑母、赫利奥斯（Helios）和珀耳塞（Perse）的女儿、奥克阿诺斯（Oceanus）的孙女。在希腊宇宙起源神话中，奥克阿诺斯是原初实在之一。① 基耳刻是一位能将人变成动物的女巫，这在民间故事中广为流传，变成动物也是奥德修斯几个同伴一开始的命运。他们在执行侦察任务时，来到了基耳刻在森林里的一座魔宫。基耳刻邀请他们进入魔宫，并给他们一种混合着被描述为"魔药"（*pharmaka lugra*，10.236）的饮料。他们喝下饮料并忘掉了自己的母邦。随后，他们被一根 *rhabdos*［棍棒］（10.238）或"魔棒"击中，然后变成了猪——尽管他们还保留着自己的心智（*nous*，10.240）。

奥德修斯听说他的同伴们失踪，却并未意识到他们的命运，他动身找寻同伴们。当他走在路上时，赫尔墨斯神（Hermes）拦住了

---

① 在赫西俄德的《神谱》（956—962 行）中，奥克阿诺斯是一位提坦神，是盖亚和乌兰诺斯（即大地和天空）的六个儿子之一。在荷马笔下，奥克阿诺斯实际上是万物的来源（*genesis*）（见前文）。

他,并向他讲授了基耳刻所有的"致命诡计"(*olophōia dēnea*,289)。神告诉奥德修斯,当基耳刻向他施魔法时他必须做什么。赫尔墨斯给了奥德修斯一棵植物,一种 *pharmakon esthlon*[解药](10.287、292)或"有效的药物",这种药物将防止奥德修斯被变成一头猪(10.287—92)。这棵植物对基耳刻的 *pharmakon lugron*[魔药]①而言是一种有效的解药。它能阻止变形,并保护人们抵抗基耳刻的力量(10.287—92)。但为了让这棵植物能起作用,奥德修斯必须在某种意义上了解这个植物的 *phusis*[自然]。因此,在赫尔墨斯从地里拔出这 *pharmakon*[药]并交给奥德修斯之后,他接着向奥德修斯显示/解释/揭示(show/explain/reveal)它的 *phusis*[自然]:*kai moi phusin autou edeixe*(向我显示它的自然)(10.303)。这棵植物被描述为黑根白花(304)。而且,据说诸神称这个植物为 *mōlu* 或摩吕草(moly),而且很难挖到(305),虽然对诸神来说并非如此,因为诸神让万物得以可能(306)。这是 *phusis*[自然]这一词语在荷马作品中的唯一一次出现。甚至,这也是这一词语在被前苏格拉底哲学家使用之前的首次出现。

初看起来,就通过植物的形式辨别出有魔力的摩吕草而言,似乎 *phusis*[自然]这一术语与 *eidos*[样子]、*morphē*[外形]②或 *phuē*[外观]③被同义地使用(这些词都能在荷马作品中找到)。荷马仿佛可以将其写作 *kai moi eidos*(*morphē*;*phuē*)*autou edeixe*

---

① 根据 Irad Malkin(1998,41),一个公元前八世纪晚期的陶酒坛上刻画了这样一个场景,一个男人和一个女人各自拿着一棵古怪的植物,他们可能是指奥德修斯和基耳刻。

② [译注] μορφή 词义为形状、形象、形态、外观、外貌、种类等。参见罗念生、水建馥编,《古希腊语汉语词典》,商务印书馆,2004 年版,页 556。

③ 词语 *phuē*[外观](生长、身材)在荷马笔下很常见。正如 Liddel Scott 和 Jones 的《希英词典》所言,这个词在荷马那里常常指"人类的形式"而从未用来指"植物的自然形式",依此,这个词与 *eidos*(形状)和 *demas*(身体构造)即便不是同义词,也会有紧密联系。如《奥德赛》5.212—213;6.152。

[告诉我它的样子(外形,外观)]。然而,荷马并未使用[14]*eidos*、*morphē* 或 *phuē* 这些术语,这暗示着某种可能性,即 *phusis*[自然]这一术语的意指迥异于"形式"或"外在方面"。如前所述,本维尼斯特在对以-*sis* 结尾的名词的分析中指出,可以将在荷马作品中出现的 *phusis*[自然]界定为"生成的(完整)实现",由此,"(一个事物)的自然即这个事物实现其所有特性"。① 换句话说,如果 *eidos*[样子]、*morphē*[外形]或 *phuē*[外观]指事物的形式或物质结构,那么 *phusis*[自然]则指事物变成其之所是的过程。

许多注疏家认为,在这个例子中,②赫尔墨斯仅仅向奥德修斯说明了这个植物的自然形式,而没有提及生长或过程。然而,霍伊贝克(Alfred Heubeck)正确地指出:"*deiknunai*[显示]可能不仅指呈现某种可见的东西,而且指做出指示。"③那么很可能,为了将奥德修斯从基耳刻的魔力中解救出来,赫尔墨斯向他解释——而且必须解释——这一效力巨大的药草(*pharmakon*)的全部 *phusis*[自然]。这就意味着,赫尔墨斯向奥德修斯既揭示了这棵植物的外部特性(黑色的根,④乳白色的花等),又揭示了这棵植物的内部(即隐藏的)特性。尽管荷马仅仅明确提到外部特性(10.287—

---

① "L'accomplissement (effectué) d'un devenir" et donc "la nature en tant qu'elle est réalisée, avec toutes ses propriétés", Benveniste(1948, 78—79).

② 因此,Kahn(1960/1993, 201, n. 1)认为,*phusis* 在这里仅仅指"其成熟时的形体形状",所以并未提到"生长";但含义一定比这更多;更别说谈论的对象是一棵"植物"这一事实。H. Jones(1973, 16—17)却更加强调"生长的过程"而非"生长的结果"。他认为"实际上呈现给奥德修斯的是由植物的外观所显明的生长方式",外观即植物的黑根和百花。但我不能理解为什么植物的生长方式更切合当前的语境。为什么不说,呈现给奥德修斯的是一棵摩吕草的整个生长过程,即植物从始至终所获得的完整特性。

③ A. Heubeck(1988, 2:60);事实上,Heubeck 在此对这一节有很好的讨论,但他的结论:*phusis* 一词指"隐藏的力量"——Mansfeld(1997, 757n1)也赞同这一观点——在我看来显然离题甚远。

④ 黑色的根仅在其离开地面时才是可见的。参注释 11[中译本本页注释②]中我对 Jones 的评论。

92)。"隐藏"这一概念在赫拉克利特的 *phusis*［自然］观念中是基础性的。① 同时，因为这棵摩吕草的特征是一种"神圣的"植物，并因在"神圣的"语言中被呈现出来，②所以，掌握这一知识的赫尔墨斯神为了使奥德修斯理解这棵植物如何以及为何拥有现在的能力，没有理由不去解释其神圣起源（亦即起源神话）。③ 毕竟，通常诸神制作万物和/或创造万物都是有原因的，并且，只有人们知道这个事物的起源时，这个秘密才能被揭示出来。④ 而且，有关赫尔墨斯告诉奥德修斯这样的理解与本维尼斯特的词源学分析是一致的。当奥德修斯遭遇基耳刻时，为了能够抵挡魔法，他需要的不仅仅只是单纯拥有这棵摩吕草。⑤ 为了使用植物的魔力，奥德修斯很可能必须理解为什么诸神创造了它，这一理解有赖于他理解这棵植物的 *phusis*［自然］，即这棵摩吕草从始至终的整个生长过程。⑥

① 尤参赫拉克利特的著名警句：*phusis kruptesthai philei*［自然爱隐藏］(DK22B123)，比较 DK22B54。

② "让万物得以可能(*dunantai*)的诸神将其称为摩吕草"（《奥德赛》10.305—6）。在当前语境中，对这一段落的一个有趣讨论可参 Jenny Clay(1972,127—131)。她恰切地指出这一段落与柏拉图的《克拉底鲁》(*Cratylus*)之间的关系：在《克拉底鲁》中，据说诸神与有死者相反，他们自然(*phusei*)就懂得名称。神的言辞和启示也与我们在后面将会看到的赫拉克利特的 *phusis* 概念联系紧密。

③ Jenny Clay 指出："只有在植物被详尽描述之后其名称才会被揭示。"(1972, 130)

④ 这是在起源神话的语境中所规定的"神秘力量"。对这一立场的简要概述可参 Burkert(1992,124—127)。亦参本章注释 19［即本页注释⑥］。

⑤ 在《吉尔伽美什史诗》中有一棵与之类似的有趣植物："吉尔伽美什啊，我会向你揭示一个隐藏的东西，也就是说我将告诉你一个诸神的秘密；有棵植物像荆棘一样；就像蔷薇一样，它的荆棘会刺伤你的手；如果你的手得到了这棵植物，你会找到新的生活。"(Tablet 11. 266f trad. Heidel)

⑥ 在荷马的《德墨特尔颂歌》（约公元前 650—前 550 年）中有一个有趣段落，动词 *phuō* 是在相似的意义和语境中被使用的。当珀尔塞福涅(Persephone)在一个茂盛的草地上采摘花朵时，大地像罗网般生长出(*phuse*,8)"令人惊叹和鲜艳的花朵，让所有看到它的人都感到敬畏"(10)。从其根部(*apo rhizēs*,12)长出(*exe pepukei*,12)一棵异常多产和芳香的花朵。在 428 行，我们发现这里的花是水仙花，"宽阔的（转下页注）"

前苏格拉底派中首次出现的 *phusis*［自然］

phusis［自然］这一术语的词源含义和前面提到的荷马式含义，与前苏格拉底派使用这一术语的方式之间是否存在联系？在我看来，考虑这一术语在前苏格拉底派作品中的首次出现，这里的确存在语义的连续性。赫拉克利特说，尽管人们现在或将来都不理解他的言辞所揭示的东西，但他仍然会致力于"根据事物的自然（*phusis*）区分每一事物并解释它如何存在"（*kata phusin diaireōn hekaston kai phazōn hokōs echei*，DK22B1）。在这个［15］残篇中，*phusis*［自然］的基本含义——一个事物的自然即从始至终实现其所有特性，或一个事物从产生到成熟的整个生长过程——是毫无疑问的。

赫拉克利特说，为了解释或揭示（*phrazein*）①一个事物的现存状态（也许是为了正确命名！），需要分析这个事物的自然（*phusis*），也就是说，分析这个事物如何起源和发展。② 卡恩（Kahn）指出："赫拉克利特的表述意味着，在同时代的散文中，自然这一术语开始变为专门去表达一个事物的本质特征（强调为笔者所加）及其

（接上页注）大地像一个番红花一样开花（*ephuse*）"。在这些段落中，动词 *phuō* 包含水仙花从始至终的整个生长过程。而且，这个故事像一个真实的叙事那样呈现（*nēmertea*，406；*alēthea*，435）。当然，颂歌提到了厄琉息斯秘仪的神话起源，而且珀尔塞福涅在复述她被冥王绑架的真实故事及其后果时（414—433），在最初的场景中水仙花充当着一般而言的原始神话的催化剂，同时它也是将要开始的再生的希望。对于眼下的问题而言同样值得注意的是，德墨特尔或大地母亲被刻画为是能赋予生命的（*pheresbion*，450，469）。的确，她被呈现为 *archē*［始基］或生命的本原（306—312），并因此是 *phusis* 的原型。因此，这一故事包含了与 *phusis* 一词的早期历史相关的大量信息。晚近对这一神话的分析（尽管不在当前语境中）可参 Foley（1994）。

① 根据 Svenbro（1993，15f），与 *phrēn*（思想）有关的 *phazein* 有无声（nonacoustic）的本性，从而他将其译为用符号"呈现"或"指示"；而我自己则译为"解释"（亦参 LSJ）。这恰好符合上文提到的荷马笔下 *phusis*［自然］的出现。

② 对这一残篇最好的讨论仍然是 Kirk（1954，33—47；227—231）。

出现过程的术语。"①总之,为了理解一个事物的真实建构(这一建构使这一事物如其自身那样运作和显现),需要一种关于过程的知识,这些过程规定了事物的自然,它们就是在事物的现存秩序起源背后的那一相同过程。②归根结底,如果赫拉克利特想要强调事物的结构,他可以使用语词 *logos*[逻各斯]或 *kosmos*[秩序/宇宙],即"根据事物的 *logos* 或 *kosmos* 区分每一事物"。③

phusis[自然]必须动态地被理解为一个事物的真实建构,这一事物从始至终实现其所有特性。在前苏格拉底派作品对 *phusis*[自然]这一术语的使用中,我们每次找到的几乎都是这一含义。④虽然重点可能是 *phusis*[自然]作为起源、*phusis*[自然]作为过程或 *phusis*[自然]作为结果,但自然一词从未在某种静态的意义上被使用过。当然,所有这三种含义都包含在 *phusis*[自然]一词的原初含义之中。

phusis[自然]的整全含义

虽然 *phusis*[自然]在早期伊奥尼亚派的著作——即最初的哲学著作——中没有出现,但现在公认,在古代,事实上 *phusis*

① Kahn(1960/1993,201—202);亦参 Kahn 的评注(1979,99),他在其中将赫拉克利特笔下的 *phusis*[自然]同时与 *historia*(探究)和 *kosmos*(宇宙/秩序)联系起来。Huffman(1993,96)也同意这一意见。

② 就赫拉克利特而言,这会让所有人以为他认为宇宙在时间上有一个开端。然而,事实上对赫拉克利特来说,火永远曾在(was)、现在(is)和将在(will be)(是典型的 *archē*[始基])。重要的是,赫拉克利特相信世界呈现出一种通过 *logos* 能被揭示的客观结构。

③ McKirahan(1994,392)在界定 *phusis*[自然]这一术语时也强调根本特征(essential characteristcs),但他的 *phusis*[自然]观过于静态了。

④ 因此 Kirk(1954,220)曾说:"如果我们在赫拉克利特之外去寻找,我们会发现除了在恩培多克勒残篇 8 中的特殊用法外,帕默尼德和恩培多克勒对这个词(*phusis*)的所有用法可能都与个体事物的'自然'(nature)或'真实建构'(real constitution)相关。"D. Holwerda(1955)也很好地阐述了这一观点。

［自然］这一概念是伊奥尼亚科学的一个创造。在某种程度上，这个词的创造让伊奥尼亚派呈现了一个新的世界概念，在这个新的世界概念中，自然的原因取代了神话的原因。[①] 然而，始于早期伊奥尼亚派的前苏格拉底派是否真的在整全的意义上理解这一术语，即如其在 *historia peri phuseōs*［探究自然］的表达中的那种理解——深入对万物的自然的研究，学者们远未就此达成一致。的确，部分学者认为，尽管据说是早期伊奥尼亚派发明了"自然"（*phusis*）这一概念，但他们没有一个单独的词来指自然（nature），即作为一种"在内在法则的统治下无所不包的系统"[②]的自然。在我看来，早期伊奥尼亚派对"自然"的确有一种整全的洞见，而且，这一洞见也在 *phusis*［自然］这一术语中反映出来。事实上，对自然的整全洞见与对 *phusis*［自然］一词的荷马式概念并非不相容，尽管这并非暗示荷马以任何方式发明、影响甚至理解了后来所使用的 *phusis*［自然］[16]的含义。重要的是，在荷马的作品中，*phusis*［自然］已经是指一个事物从产生到成熟的整个生长过程。

　　在考察 *historia peri phuseōs*［探究自然］的表达中 *phusis*［自然］这一术语的含义之前，我们必须谈谈作为一部作品标题的 *peri phuseōs*［论自然］表达。

作为一部作品标题的 *peri phuseōs*［论自然］

　　尽管 *peri phuseōs*［论自然］这一标题显然被亚历山大里亚时期的作者们未经区分地使用，用来描述从早期伊奥尼亚派即米利都

---

　　① 　见 Pohlenz(1953,426)。如 G. E. R. Lloyd(1991,418f)恰切地指出的那样，并不令人惊奇的是，在荷马笔下这个词(*phusis*)的唯一一次例证中，重点是在谈论魔法(magic)。亦参 Lloyd(1979,31 n106)。

　　② 　因此 McKirahan(1994,75 n7)追随 Cherniss(1951,319 n1)。他们都认为，在公元前五世纪末之前，并没有一个单独的词指自然(nature)。G. S. Kirk(1954,229f)似乎也持这一立场。

派开始的几乎所有前苏格拉底派,但实际上,当代的学者们恰恰并不同意前苏格拉底派最初使用了这个标题。尽管没有人认为米利都派自己实际使用了 *peri phuseōs*[论自然]这一标题,但海德尔(Heidel)(1910,81)声称"以 *peri phuseōs*[论自然]为标题的哲学著作被广泛引用可能是在公元五世纪结束*之前*(强调为笔者所加)"。韦斯特(West)(1971,9)显得也确信这一点。他认为,一个赫拉克利特的文本应该以"*HĒRAKLEITOU PERI PHUSEŌS。tou de logou toude ktl.*[赫拉克利特论自然。对那永恒存在的逻各斯]"开始,而不是以"*Hērakleitos Blosōnos Ephesios tade legei:tou de logou eontos aiei ktl.*[布洛松的儿子,以弗所人赫拉克利特:对那永恒存在的逻各斯]"开始。这也是伯奈特(Burnet)的立场,他说道,古代哲学家自己并不使用标题(我猜测,像我们现在使用标题一样),但是,作者的名字和文章的标题都保留在作品的第一句话中,正如人们在希罗多德作品中所看到的一样。① 至于格思里(Guthrie)(1971,194),他声称,可以肯定地说,帕默尼德使用了《论自然》这个标题。② 格思里的主张基于高尔吉亚用自己的标题戏仿《论自然》这一标题:《论非存在或论自然》(*Peri tou mē ontos ē Peri phuseōs*)。此外,例如韦尔代纽斯(Verdenius)(1947,272)和卡恩(Kahn)(1960/1993,6n2),援引希波克拉底派的著作《论古代医学》(*On Ancient Medicine*)第二十节(*Empedoklēs ē alloi hoi peri phuseōs gegraphasin*[恩培多克勒写过《论自然》])来支持其主张,标题的使用至少从希波克拉底时代(即公元前五世纪中叶)就开始了。③ 此

---

① J. Burnet(1930/1945,10—11),尽管他并未准确地说这种做法是什么时候开始的。

② KRS(1983,102—103)似乎也同意这一点。

③ Kahn 也认为在《论生成和消灭》(*Generation and Corruption*)333b18 中,亚里士多德对 *peri phuseōs*[论自然]的使用,无疑让人认为这一短语是用来作为恩培多克勒诗歌的标题的。

外,像莱斯康(Leisegang)(RE20—1,1135)和施梅尔茨德(Schmalzriedt)(1970)等主张,标题的使用始于公元前五世纪晚期。① 最后,还有一些人,如劳埃德(Lloyd)(1979,34 n119)和霍夫曼(Huffmann)(1993,93—96),尽管他们并不质疑前苏格拉底派关于万物的自然(*peri phuseōs*[论自然])有过写作,但其态度并不明朗。

总之,标题放在哪或者是否有标题都不重要,因为绝大多数注疏家,无论古今,都赞成前苏格拉底派这些成文作品的主要目的,是提供一种 *historia peri phuseōs*[探究自然]。重要的是:(1)谁是首位写下 *peri phuseōs*[论自然]主张的作者,并因此开创和[17]支持了新的科学传统;(2)*peri phuseōs*[论自然]和 *historia peri phuseōs*[探究自然]的著名表达在此语境中意味着什么。就第一点而言,我同意卡恩(1960/1993,7),首位写作 *peri phuseōs*[论自然]主张的作者是米利都的阿那克西曼德,"他是第一个写下其 *peri phuseōs*[论自然]观点的人,并由此建立了一种新的文体——在其写作中,散文被首次采用——这一新的文体为新的科学传统提供了成文基础"。② 在下文中,我将集中讨论第二点,即确定通过 *phusis*[自然]一词,特别是在 *peri phuseōs*[论自然]和 *historia peri phuseōs*[探究自然]的表达中,前苏格拉底派们领会的究竟是什么。

解释 *peri phuseōs*[论自然]表达中 *phusis*[自然]的含义

关于在 *peri phuseōs*[论自然]和 *historia peri phuseōs*[探究自然]的表达中,通过 *phusis*[自然]这一术语,前苏格拉底派自然

---

① Schmalzriedt(1970)的整本书就致力于这一主题。另一极富价值的讨论参 J. W. Beardslee Jr(1918,ch. 11, *peri phuseōs*,54—67)。

② Kahn 对支持其论点的讨论可参其同一著作中的注释(240)。晚近的讨论参 Naddaf(1998b)及其更为晚近的作品(2003)。

学家(physicists)理解了什么,就此,主要有四种不同的解释。这些对 *phusis*[自然]的解释是:

1. 原初物(primary matter)意义上的;
2. 过程意义上的;
3. 原初物和过程意义上的;
4. 起源、过程和结果意义上的。①

原初物意义上的 *phusis*[自然]

第一种解释由伯奈特(Burnet)提出。伯奈特认为(1945,0—11;另见 1914,21),从一开始 *phusis*[自然]就指在被制造物之外不变的原初物质(substance),而且,早期伊奥尼亚派是在寻找万物的唯一 *phusis*[自然]。② 因此,*peri phuseōs*[论自然]的表达可以翻译为"论原初物质"(primary substance)。伯奈特认为,内在于物质的生成(或过程)概念是次要的。他的解释基于柏拉图笔下的一个段落和亚里士多德笔下的另一个段落。伯奈特认为,这两段文本在讨论古代哲学时,都在"原初物质"的意义上使用 *phusis*[自然](Burnet,1930/1945,11n. 11)。

伯奈特提到的柏拉图段落来自《法义》卷十 892c2:*phusin boulontai legein tēn peri ta prōta*。③ 伯奈特认为,这段文本中的

---

① 实际上,得出作为结果的 *phusis*[自然]这种情况也是可能的,也就是说,如果把重点放到——准确地说——事物的结构上,就目前的问题而言就是放到万物的结构、总而言之宇宙或 *kosmos* 的结构上。因此,*peri phuseōs*[论自然]的表达与 *peri kosmou* 的表达是同义的。的确,许多学者,即便不是大多数,在提到 *phusis* 的"真正"含义时都倾向于强调一个事物的"结构"。而且,*kosmos* 毕竟是探究的一个"起点"。

② E. Gilson(1972,24)追随 Burnet 的解释。

③ [译注]此句的标准希腊原文为:φύσιν βούλονται λέγειν γένεσιν τὴν περὶ τα πρ. 见 Plato,*Laws*,Two vols. ,with an English translation by R. G. Bury,Litt. D. Harvard University,1926,p332. 这里所引原文似缺 γένεσιν 一词,后文有解释。

genesis［起源］一词指 *to ex hou*，"来自"。这种观点也出现在泰勒（A. E. Taylor）的解释中。① 泰勒在其《法义》译本中将这一段译为："他们用自然指最初存在的东西。"在《法义》卷十 891c2—3，柏拉图明确讲到，无神论的唯物主义者通过自然领会万物（*tōn prōtōn*）的四种基本元素（土、气、火和水）。②［18］这一表述可能隐藏在伯奈特和泰勒对《法义》卷十 892c2 的解释背后。然而，柏拉图在此通过 *genesis*［起源］（及 *phusis*［自然］）理解的是与初始元素相关的"产生性力量"（即什么东西掌控和统治着这些初始元素），柏拉图试图表明，如果宇宙是被产生的（generated）（如唯物主义者断言的那样），那么与其说是四个无生命的元素，不如说是 *psuchē*（或灵魂）开始了这一过程。因此，*psuchē*［灵魂］具有更多的权利/正当性（right）被称为 *phusis*［自然］。灵魂统治，身体则服从。

　　来自亚里士多德的文本在《物理学》（*Physics*）卷二 193a21：*Dio per hoi men pur*，*hoi de gēn*，*hoi d'aera phasin*，*hoi de hudōr*，*hoi d'enia toutōn*，*hoi de panta tauta tēn phusin einai tēn tōn ontōn*。"这就是为什么有人主张构成万物自然的是土，有人主张是火，有人主张是气，有人主张是水，有人主张是这些基本物质中的几个，有人主张是所有这些基本物质。"③然而，众所周知，亚里士多德是从他自己的四因说（质料因、动力因、形式因和目的因）理论来解释米利都派的。④ 这就是为什么亚里士多德在《形而上学》中指出，当他在找寻质料本原（material principal）或原因的前身

───────────

① L. Robin 似乎也认同这一点，见他在其 Pléiade 版的译本中对这一段落的相应注释。

② Burnet 没有提到柏拉图《法义》10. 891c，而《法义》显然比之前的例子（1914，21 nl）更为合适。

③ ［译注］译文参见亚里士多德，《形而上学》，张竹明译，北京，商务印书馆，1982年版，页 45，据英译文有改动。

④ 尤参 H. Cherniss(1935)。

时,"大多数最初的哲学探讨[或最早的哲学家们]仅仅关心万物的质料本原"(*Tōn de prōtōn philosophēsantōn hoi pleistoi tas en hulēs eidei monas ōiethēsan archas einai pantōn*:《形而上学》卷一983 b 7—9)。如果人们考虑到紧接着这一段将这一原因或质料本原定义为既是构成性的本原(constituent principle)也是主要的"产生者"(generator),①那么,这一解释颇为奇怪。

过程意义上的 *phusis*[自然]

对 *phusis*[自然]含义的第二种解释来自葛恭(O. Gigon)(1935,101),他说:"我想在原初意义上理解和解释 *phusis*[自然](及其同义词 *genesis*[起源])。"在这一解释中,前苏格拉底派更强调的是过程,而原初物则变得次要了。

genesis[起源]是 *phusis*[自然]的同义词,这一观点不无根据,尽管两个术语来自不同词根。当然,这不是问题的核心,因为没有人会否认生长这一概念对于希腊人同时意味着生命和运动。问题毋宁是这样的:无论过程概念有多重要(包括自然固有的本原或法则意义上的"生长"),都不能将其理解为一种绝对的本原或 *archē*[始基],绝对的本原或 *archē*[始基]对于前苏格拉底派而言是基础性的。②

而且,因为作为过程的 *phusis*[自然]概念能在自然观念固有的本原或法则意义上来理解,即用以表示造成某某事物行动的原因。[19]科林伍德(Collingwood)(1945,43)也属于遵循这种解释

---

① 《形而上学》1.983b9—14。这至多可被视为 *phusis*[自然]一词的定义之一。事实上在《形而上学》5.1014b26—28 中,这似乎是对 *phusis*[自然]这一术语的第四种定义。

② *archē*[始基]一词是希腊哲学的一个基本概念,来自动词 *archō*,其含义为"开始"和"统摄",这反映了这一动词的两种用法(见 Chantraine 1968—1980,1.119)。

的人，他写道："对他们［伊奥尼亚派哲人］而言，自然从未意指世界或构成世界的万物，而是指存在于这些事物中的某种东西，它使这些事物如其自身般行动。"

原初物和过程意义上的 *phusis*［自然］

耶格尔（Jaeger）（1947，20）赞成第三种解释。[①] 耶格尔为其论点找到的支持，至少部分来自他对荷马《伊利亚特》两个段落的研究，其中说到奥克阿诺斯是诸神和万物的起源：*Ōkeanon te*，*theōn genesin*［诸神的始祖奥克阿诺斯］（《伊利亚特》14. 201）和 *Ōkeanou*，*hosper genesis pantessi tetuktai*［即使是滋生一切的奥克阿诺斯的涌流］（《伊利亚特》14. 246）。[②] 耶格尔认为，在这些段落中，*genesis*［起源］包含有同 *phusis*［自然］一样的双重含义，因此，"就奥克阿诺斯而言，说它是一切的 *genesis*［起源］与说它是一切的 *phusis*［自然］实际上是一回事"（耶格尔 1947，20）。

耶格尔所理解的双重含义，一方面指"生长和涌现的过程"，另一方面指"从其中它们（*ta onta*［存在者］）生长，而且它们的生长是不断更新的"。换句话说，*phusis*［自然］是其来源和起点。

拉齐尔（L. Lachier）（1972，667）很好地整合了耶格尔的解释，他写道："（*phusis* 一词的）基本含义为一种存在的观念，它是自生的或者至少是自主的，整体或部分，无需外在的原因。"[③]

如果我们把 *phusis*［自然］理解为动词 *phuomai*［开始生长］

---

① Guthrie 支持同样的主张："自然（*phusis*）指一种实在的物质实体——世界由此构成，它被假定是活动的，从而能引发以自身为对象的变化，事实上，米利都人不仅将其表述为水或气或无限，也将其表达为神或神圣的"（1962，142）。

② ［译注］以上两处《伊利亚特》译文参见荷马，《伊利亚特》，罗念生译，载罗念生，《罗念生全集》第五卷，上海人民出版社，2004 年版，页 351、353。

③ 英译为："［*phusis* 一词的］基本含义为一种存在（existence）观念，它在整体或部分上都是自生（self-produced）或至少是自主的（self-determined），无需外在原因。"

的同义词,并赞同古老谚语"无中生有不可思议",那么,拉齐尔和耶格尔是正确的。这样,*phusis*[自然]的双重含义是可能的。然而,在以上引述荷马的这些段落中,*genesis*[起源]意指的一种含义似乎被耶格尔忽视了,即这种"产生性的力量"的"结果"。的确,本维尼斯特(1948,76)正确地指出,奥克阿诺斯产生了万物,这是"一种完整的、完成了的'产生'"。从这种观点来看,在荷马的作品中,*genesis*[起源]一词和*phusis*[自然]包含着同样的三重含义。

耶格尔也认为*genesis*[起源]是*phusis*[自然]的同义词。但*phusis*[自然]这一术语并未在最初的哲学著作中出现,那么如何能确定*phusis*[自然]与*genesis*[起源]是同义词呢?答案在亚里士多德的《形而上学》(卷一 983b7—984a4)中可以找到,亚里士多德在其中恰好引用了荷马作品中的这些相同段落来解释某些作者(尤其是柏拉图),这些作者认为"通过将奥克阿诺斯和忒提斯描述为世界产生的开创者"(*Ōkeanon te gar kai Tēthon epoiēsan tēs geneseōs pateras*),荷马与泰勒斯在*phusis*[自然]的构成这一观点上达成了一致。在此,亚里士多德[20]不同意他们的观点这一事实并不重要。重要的是,这些作者认为对于荷马和泰勒斯而言,水相当于本原(*archē*[始基])或第一因(*prōtē aitia*)意义上的*phusis*[自然]这一术语,而且正是这一元素产生了完成性的现实事物(*onta*[存在])。

起源、过程和结果意义上的 *phusis*[自然]

根据第四种解释,这种解释来自海德尔(Heidel)、卡恩(Kahn)、巴恩斯(Barnes)和我自己,[①]*phusis*[自然]这一术语在

---

① W. A. Heidel(1910,129);C. Kahn(1960/1993,201—202);J. Barnes(1982,19—20)。然而,我在此提出的看法(至少据我所知)之前并未得到过发展。

peri phuseōs[论自然]和 *historia peri phuseōs*[探究自然]的表达中包含三种含义：(1)绝对的 *archē*[始基]，即元素或原因，它既是万物的主要成分，也是万物的主要产生者；(2)严格意义上的生长过程；和(3)这一过程的成果、产品或结果。简言之，*phusis*[自然]指的是一个事物的整个生长过程，从其产生或开始到成熟。更准确地说，*phusis*[自然]这一术语在 *peri phuseōs*[论自然]和 *historia peri phuseōs*[探究自然]的表达中，至少是指宇宙从始至终的起源和发展。的确，前苏格拉底派及源于他们的这种表达，从这个词的字面意义上来说，(至少最初)对宇宙起源论感兴趣。他们不关心对宇宙是其所是的描述，而更关心宇宙的历史，关心对宇宙起源的解释(*phusis*[自然]作为绝对 *archē*[始基])，关心对宇宙演变诸阶段的解释(*phusis*[自然]作为生长过程)，最后关心对宇宙演变结果——我们熟知的 *kosmos*[宇宙/秩序]——的解释(*phusis*[自然]作为结果)。

就此而言，值得注意的是这种宇宙起源论需要两个而不是一个起点：一个编年性(chronological)起点和一个逻辑起点。编年性或时间性(temporal)起点，在这一术语的现代意义上被称为混沌(*chaos*)：即描述宇宙创世之前的混乱状态。逻辑起点则是 *kosmos*[宇宙/秩序]本身，即被设想为一个结构化整体的自然世界，在其中，每一组成部分都拥有一个位置。的确，人们总是试图认识万物的现存秩序是怎样从原初混沌中起源的。①

下面，我将考察三个系列的文本，在我看来，这些文本将说明(1)*phusis*[自然]这一概念；(2)这一概念与盛行于前苏格拉底派中的方法间的关系；(3)*kosmos*[宇宙/秩序]的产生与 *peri*

----

① 这恰恰是赫西俄德在《神谱》中试图去做的事情。《神谱》是一个宇宙起源神话，它描述了 *ex archēs*("从一开始"，45)，世界、诸神以及导致现存秩序得以建立的诸事件的起源。它既有一个逻辑起点：宙斯统治着的自然和社会世界；也有一个编年史起点：原始的或前宇宙的混沌。

phuseōs［论自然］或 *historia peri phuseōs*［探究自然］的表达之间的关系。

阐明这一概念的几个具体例证

在希波克拉底以胚胎学为中心的作品中有一个例子，为第一个概念提供了很好的例证。为了探讨产生（generation）这一问题，[21]作者主张经验研究，或类比方法，或两者皆用。因此，在与论文《儿童的自然》（*The Nature of the Child*）构成一个整体的论文《种子》（*The Seed*）中，作者首先向我们介绍，精子（或种子）①来自每个父辈（6—8 节）②的整个身体（第 1 节），接着，他描述了孩子的身体在母亲子宫里的演变。22—27 节包含一段很长的题外话，作者在其中就植物的生长和胚胎的生长进行了类比，子宫（*mētra*）之于胚胎（*embruon*）犹如大地（*gē*）之于生长于其中的植物（*phumenon*）。希波克拉底总结道："如果你们回顾我所说的，你们将发现从始至终（*ex archēs es telos*），植物和人类的生长（*tēn phusin*）过程完全一样。"（I. M. Lonie 英译）

在 29 节，作者解释道，他的方法建立在对事实的观察和类比之上：

> 如果你拿二十个或更多的鸡蛋并放在两只或更多的母鸡下孵化，那么在从这一秒开始直到鸡蛋孵化出来的每一天里，你拿出一个鸡蛋，打破它并检查它，你将会发现我描述的每件事——当然，要考虑将一只小鸡的生长（*ornithos phusin*）与一个人的生长（*anthrōpou phusei*）做比较的限度。总之，你会

---

① 对术语 *gonē* 的定义参亚里士多德，《论动物生成》1.724b12—21。

② 亚里士多德在同一著作中严厉批评了这一理论，见《论动物生成》724b34f.。

发现,婴儿的生长(*tēn phusin tou paidiou*)从始至终(*mechris es telos*)与我在文中描述的完全一样。

ex archēs es telos[从始至终]和*mechris es telos*[到终点为止]这两种表达的含义是清楚的。当提到询问某物的*phusis*[自然]时,*phusis*[自然]被理解为从始到终的整个过程。至于胚胎,作者并不关心"它如何存在"(the way it is),而是关心"它如何形成"(how did it come into existence)和"它包含的基本元素是什么"。这解释了亚里士多德对其前辈的相关评价,即:他们探询"每个存在者如何自然地形成,而不是如何存在(how it is)"(*pōs hekaston gignesthai pephuke mallon hē pōs estin*)。① 的确,对亚里士多德而言,重要的不是一个事物未成型的胚胎,而是这个事物的*ousia*[实体]或本质(essence)。"因为是生成(genesis)为了本质(*ousia*[实体]),而非本质(*ousia*[实体])为了生成"(《论动物的部分》(*Parts of Animals*)卷一 640a18—19)。这就是为什么在这一段之后亚里士多德马上批评了恩培多克勒,因为恩培多克勒认为每个动物的诸多特征是偶发事件的结果,这些偶发事件在动物成长的过程中发生。与亚里士多德一样,恩培多克勒认为本质或形式不在开端。确实,对希波克拉底式的医学家和前苏格拉底派哲学家而言,过程是某种实在的东西,即它有一段实在的历史并与其质料来源有关。亚里士多德认为,这是一个简单的循环过程,一个循环的结束[22]是另一个循环的开始。原因在于,一旦一个存在者产生,它必定会创造出一个与之相似的存在者去尽可能地分享永恒者与神圣者。②

---

① 《论动物的部分》1.640a1。

② 《论灵魂》2.415a29。而且,对亚里士多德而言,正是已然潜在于种子之中并实现滋养和生殖作用的灵魂满足了这一自然的功能,见《论动物生成》2.735a4f。

前苏格拉底派盛行的概念与方法

为了厘清 *phusis*［自然］概念与前苏格拉底派盛行的方法之间的关系,有必要去考察那些处理医学和自然哲学关系的文本。医学研究身体的构造以便更好地分析疾病的原因和针对疾病原因的治疗方法。因为身体构成与生长问题相接,这反过来激起了产生和生产的这些问题。就这个时期而言,毫不奇怪,医学家们主要关心的问题与自然学家们(physicists)关心的问题有重叠。一方面,二者都认为人的 *phusis*［自然］与 *kosmos*［宇宙/秩序］的 *phusis*［自然］一致。另一方面,二者都寻找生死的原因并延及健康与疾病的原因。① 当然,医学家们和哲学家们并非全部同意这一联系本身,这一产生于希波克拉底派阵营的争论,为盛行于前苏格拉底派的方法提供了有价值的洞见,也澄清了 *historia peri phuseōs*［探究自然］的含义。

考虑下这两个文本,它们阐明了我们刚才所谈的问题。第一个来自《养生术》卷一(*Regimen* I)的作者,他写道:

> 我认为,打算正确谈论人类养生术的人,必须首先认识和辨明人的一般性自然(*pantos phusin anthrōpou*),即了解人最初由什么构成(*gnōnai men apo tinōn sunesthēken ex archēs*),并辨明他由哪些部分控制(*diagōnai de hupo tinōn*

---

① 亚里士多德认为,(那些写作 *peri phuseōs*［《论自然》］的)自然哲学家们,为了完善他们对生和死的原因的研究,必定有关于健康和疾病之本原的清晰观念。的确,他们不会研究无生命的事物。他们研究自然的本原是因为他们相信医学的本原来自自然的本原(《论感觉及其对象》436a17f.,《论呼吸》480b26—30)。事实上,亚里士多德认为"绝大多数有造诣的研究自然的人,都试图以对医学本原的叙述来结束其研究"(《论呼吸》480b 29—30)。

mereōn kekratētai），因为如果他不熟悉这些基本建构（*tēn ex archēs suntastin*），他将不能了解它们的后果（*ta hup'ekeinōn gignomena*）；而且，如果他不辨明是什么统治着身体，他将无法为病人提供治疗（《养生术》卷一 2.1）。

稍后，作者补充道，为了预防这些变化和无度让人患病，医学家也必须熟悉整个宇宙发生了什么事情，例如年岁的季节、风的变化和星辰的升落（《养生术》卷一 2.2）。①

第二个文本来自《古代医学》（*the Ancient Medicine*）的作者，他持相反的观点：

> 我认为，我已经充分讨论了这一论题，但是有一些医学家和哲学家②坚称除非他懂得人是什么（*hoti estin anthrōpos*），否则没人能理解[23]医学；任何人要为人类疾病提供治疗，必须首先学习这样的事情。于是，他们的论述倾向于哲学，正如我们可以在恩培多克勒和所有其他写过有关自然（*peri phuseōs*［论自然］）的人的著作里所看到的；他们谈论人的起源（*ex archēs hoti estin anthrōpos*）、人最初如何形成（*kai hopōs egeneto prōton*）和人由什么元素构成（*ka hoppothen sunepagē*）。我认为，所有这些医学家和哲学家们写的论自然（*peri phuseōs*［论自然］）更多与绘画而非医学相关。除了研究医学并彻底精通这一科学外，我不相信能从其他任何来源中获得有关自然（*peri phuseōs*［论自然］）的任何清楚的知识（J. Chadwick、W. N. Mann 英译，略有

---

① 这一主题在希波克拉底的著作《空气、水和环境》（*Air, Water, and Places*）中有很详细的探讨。

② 这里的希腊词是 *sophistai*，但在当前语境中，作者针对的是哲学家而非智术师，尽管 *sophistai* 一词在贬义的意义上被使用。

改动）。①

　　让我们把这两段文本置于它们各自论述的语境中，更贴近地考察它们。第一段文本声称，医学的原理隶属于一般的自然研究（*peri phuseos histōria*）。简言之，作者认为，为了有效地探讨人类的养生术，一种关于人的自然（*phusis*）的一般知识必不可少。这需要如下两件事：（1）关于基本构成成分的知识，由此而知人在创生时的构成，为的是了解他们的效能；（2）对主导性元素的识别，目的是给病人提供有效治疗。

　　照此，《养生术》卷一的作者首先断言，包括人类在内的万物的

---

　　① 《古代医学》这一著作的作者试图论证医学技艺（*technē iētrikē*）并非基于一种假设，而是有一种历史的起源。他追溯这一历史为了去展现医学技艺是长时间进步的结果，而且这一进步远未结束，因为仍需"发现"（ch. 3）。这一文本（其年代有争议——介于公元前五世纪后半叶和公元前四世纪后半叶之间）对研究和发现一词而言是异常丰富的，我会进一步详细论证，它是 *peri phuseōs*［论自然］类型研究的三个阶段的一个主要部分。的确，在这一著作中，表示"发现"的动词，*heuriskō* 和 *exeuriskō*，分别被使用了 23 次和 5 次，表示研究的动词 *zēteō* 被使用了 16 次。例如，考察如下文本："医学获得其手段需要很长时间。通过许多有价值的发现（*ta heurēmena*）发现（*heurēmenē*）起点和方法需要很长一段时期。如果一个人足够聪明，能精通过去的这些发现（*ta heurēmena*），并将这些起点用于自己的研究（*zētei*），通过这样一种方法，其余的科学也能被发现（*heurēthēsetai*）。"（J. Chadwick & W. Mann 英译，有改动）

　　我们讨论的这些词汇当然并不必然是在表达进步观。一个段落的语境可能同样重要。例如，我们将会看到，在《法义》卷十的一个著名段落中，这些词汇并未出现，尽管其语境无疑与其含义有关。这并非意味着柏拉图忽视了这些词汇，因为在《法义》卷三中讨论文明的起源时他使用了这些术语（及某些等价的词）。而且，埃斯库罗斯在《普罗米修斯》（442—506）的著名段落中多次使用这些术语，在其中他描述了人类从消极状态到积极状态的发展（公元前五世纪前半叶），而索福克勒斯在《安提戈涅》的同样著名的段落中谈论人类进步时没有使用这些术语。这些文本将在本书第二卷中来讨论。最后，值得注意的是，表达进步观念的这些词汇，在公元前五世纪已被很好地证实了。我们在克塞诺芬尼（Xenophanes）的著名残篇 21B18 和赫拉克利特的许多残篇中，也发现了动词 *epheuriskō* 和 *zēteō*（详后）。前苏格拉底派在公元前六世纪写作这些作品，他们的文本将在第四章中考察。很难准确界定这些词汇是在何时首次被用来表达进步观念。就此问题的一个有趣讨论可参 J. Jouanna 为其新编的《古代医学》（*De l'ancienne médecine*）所撰写的前言。

成分是水和火(I. 3. 4);其次断言身体结构以模仿宇宙结构的方式构成:"火以这样一种方式构造身体里的每个事物(*panta diakosmēsato*),为了使其成为对宇宙的模仿(*apomimēsin tou holou*),使小器官与大器官之间,以及大器官与小器官之间相互协调。"(I. 10. 1)①这段话紧随作者描述人类胎儿的形成之后。他认为人类胎儿的形成与宇宙结构相似。事实上,在所有哲学家中都能看到对胚胎学的兴趣,他们经常提及这一作者。②

胚胎学和宇宙起源论的关系无疑并不新颖。根据学说汇纂的传统,阿那克西曼德以类似的进路构想过他的宇宙起源论,他在动物种子与胚胎发展之间做类比——尽管他的描述是纯粹自然性的。对于某些毕达戈拉斯派的作者们而言,无疑也是如此。如果人们考虑到在他们的哲学中 kosmos[宇宙/秩序]概念的含义和重要性,这就不足为奇了(见 Huffman 1993,97—99;219—220)。事实上,世界产生于一个宇宙卵,这个神话想象建立起来的是,在什么程度上,(宇宙卵)这样一个概念是原始性的。正如劳埃德(G. E. R. Lloyd)(1966,176)非常恰当地指出,类比推理是这样一种推理方式,它包含从在两个[24]对象之间观察到的某些相似之处推出另外一些相似之处,在某种意义上,这种推理方式对所有时代的所有人都是共通的。

《养生术》卷一的作者认为,一种人类学(anthropology)需要一种人类起源论(anthropogony),正如一种宇宙学(cosmology)需要一种宇宙起源论(cosmogony)。因为人类起源论(在某种程度上)正是宇宙起源论的完成,所以,如我们将在《论肉体》(*On Fleshes*)(*Peri sarkōn*)一书中看到的那样,将一种宇宙起源论同样设

---

① 显然赫拉克利特至少是灵感源泉之一。

② 阿尔克墨翁(Alcmaeon),DK24A13—17;帕默尼德,DK28B17,18;阿那克萨戈拉,DK59A107——111;恩培多克勒,DK31A81—84。更详尽的分析见随后各章。

想为总课程(curriculum)的一部分是合理的。《养生术》卷一的作者想知道构成人类或宇宙自然基本成分的那个原因,暗示了从一开始,对所有人而言,神秘主义的形式就是共通的。如果人们知道万物的原始状态,那么洞穿它们的秘密便是可能的。① 这也是神学和宇宙起源论神话背后的原因之一;它们为万物的现存秩序提供辩护。

根据《养生术》卷一的作者,就识别占主导地位的元素从而提供有效治疗的能力而言,在构成我们身体的两个元素中,火总是有种推动万物的能力(*dunamis*),而水始终有种滋养万物的能力(I.3.1)。相应的,尽管二者都不会获得完全的统治,但双方会互相支配与被支配(I.3.1—3)。而且,这两个元素中的每一个都包含两种属性。火包含着热与干,而水包含着冷与湿。但每个元素也会包含另一个元素的属性;火有湿的属性,水则有干的属性。这样,一个元素永远不会停留在相同状态下,从而使许多物质成为可能(I.4.1)。

因为,人类的身体由不同类型的火和水混合而成,所以,健康与疾病必然存在于某种混合关系中。因此,无论我们的年龄多大或季节如何,最健康的构成是混合了最清澈的水和最精微的火的合成物。其他混合物以及由此考虑到年龄和季节的预防措施显然并非如此。为了提供一种有效的治疗,《养生术》卷一的作者通过识别占主导地位的元素来理解这一点(《养生术》卷一 32.6)。

另一方面,《古代医学》的作者激烈反对为了医学目的使用哲学家的方法。这一文本不仅为 *peri phuseōs*[《论自然》]著作的方法和内容提供了重要信息,而且阐明了另外一种立场。

在《古代医学》一著开篇,作者就指出,医学不像研究天空和大

---

① 这是荷马笔下 *phusis* 例子背后的灵魂学(psychology)。就其与恩培多克勒的有趣关系可参 Burkert(1992, 126)。当然,我会回到这一观念继续深入。

地(*peri tōn meteōron ē ton hupo gēn*)的学科,它不是建立在假定
或假说(hupothemenoi)之上,①因为它有真实的出发点(*archē*[始
基])和方法(*hodos*)。其出发点是几个世纪以来的发现(*ta
heurēmena*)以及观察的方法。② 就此而论,医学是一项技艺
(*technē*),[25]其首要关注的是疾病的治疗,要发现的是临床试验
的结果(ch. 2)。

这些 *hupothemenoi*[假说]是什么? 我们谈论的这些假说是
不可证实的假定;研究天空和大地(*peri tōn meteōron ē ton hupo
gēn*)的学科中发生的无非是推测,而且对于这部著作的作者而言
毫无真实价值。总之,与他的同行相反,无论是季节还是风的改变
或是星辰的升落,都不会影响医学家的治疗。对于人类的起源和
形成、即人类起源论来说,也是如此。描述这一演变的目的是为了
解释人类持续存在背后的原因。他告诉我们,这种研究方式是恩
培多克勒和其他写作 *peri phuseōs*[论自然]作品的自然学家们的
研究方式,而且也在他的同行中盛行着。然而,这位作者的敌意使
得仔细考察恩培多克勒对某些医学家的方法的影响成为必须。③

恩培多克勒是第一位提出四元素(火、水、气和土)说的人,这
一理论的根据在于,这四个元素中没有一个优先于其他三个。每
一个元素在这个术语的哲学意义上都是一个 *archē*[始基]。这一
学说对《人的自然》(*The Nature of Man*)这部著作的作者影响尤
甚。像其大多数同代人一样,这位作者拒绝所有将产生(genera-
tion)建立在一种单一元素基础上的自然学和生理学理论。他认

---

① Lloyd 在《希波克拉底著作集》(*Hippocratic Writings*)的导言(43)中指出,其
中的假设(*pupothesis*)在未经证实的假定的意义上使用。详细分析见 Lloyd(1991,
49—69)。

② 尤参作《预后》(*Prognosis*)。

③ 对《古代医学》的作者所攻击的人恰恰有极大争议,详细分析见 Lloyd(1991,
49—69)。

为,产生不可能源于单一物质(substance,ch. 1—3)。作者接着写道,肉体由四种物质组成,即热、冷、干、湿。像恩培多克勒一样,他主张没有一种物质优先于其他三种。进而,每种物质都被视为一种能力(*dunamis*),当这些能力协调时,每一事物(在目前人类身体的情形下)都有其固有的形式。这让人联想到他的一位前辈——克罗顿的阿尔克墨翁(Alcmaeon of Croton),后者认为,健康是能力(*dunamis*)的平衡(*isonomia*)和成比例混合(*krasis*)的结果。根据普遍法则,能力是相反成对的(湿和干、热和冷、苦和甜),而疾病则是这样一种成对关系中的其中一方占了优势(*monarchia*)。① 而且,一旦身体死了,这些物质中的每一个必定恢复其固有的本性:热复为热,冷复为冷,干复为干,湿复为湿(ch. 3)。

身体可被视为四种体液构成的混合物:血液、黏液、黄色胆汁和黑色胆汁,其平衡和失衡分别导致健康和疾病(ch. 4)。四种基本的对立物(热、冷、湿、干)和四种体液以及四季之间存在着相似关系。四种体液中的每一种都和四季之一以及基本对立物中的两个相关,每一组依次占据支配地位(ch. 7)。可以图示如下:

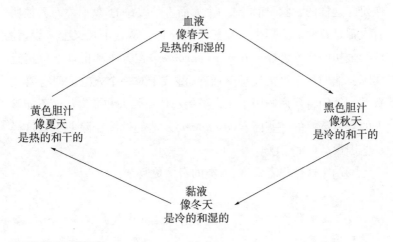

① DK24B4,论政治隐喻的重要性(参本书第三章)。

[26]这一极富系统性和思辨性的理论可以找到某种经验证据的支持。例如,作者说道:"在冬天,身体里黏液数量的增长是因为冬天最寒冷,人体里的物质在最大程度上要与冬天保持一致。你可以通过接触黏液、胆汁和血液来证实其寒冷,你会发现黏液是最冷的。"(《人的自然》卷七)然而,《古代医学》的作者攻击这种理论缺乏经验基础(与他批评的恩培多克勒的理论一样)。的确,与恩培多克勒的理论一样,《人的自然》的作者的理论根本上仍然是思辨性的,而这也是《古代医学》的作者质疑这一理论的原因。一开始试图治疗疾病的人,不是从以经验为依据的研究(即从实际)出发,而是从假定出发,这一假定简单地将每一种疾病的病因归之于四个基本的对立物:热、冷、干、湿。在卷十五中,作者继续写道:"我完全不能理解他们如何坚持这些假说性的论点,并将科学还原为一个'假定'的简单事物,甚至以他们的假设为基础治愈任何人。我不认为他们曾经发现过(*exeurēmenon*)没有共享其他特性(*allōi eidei*)的纯粹热或冷、干或湿的任何东西。"

作者在卷二十告诉我们,事实上,如果人的构造很单一,那么像奶酪这样的食物,如果对一个人而言是致命的,就必然对其他所有人都是致命的。但事情显然不是这样。从这个意义上来说,他认为最初的研究者(*hoi prōtoi heurontes*)在方法和推理上更接近实际:"他们从来不去设想热或冷、湿或干对一个人的健康有害或有益。他们将疾病归因于比人类的身体更强大和有力从而不能被人的身体掌控的一些因素(*dunamei*)。他们试图祛除的正是这样一些因素。"(ch. 14)

[27]在这位作者看来,人类的身体更复杂:

> 人的体内有咸、苦、甜、辛、辣、淡和无数具有各种作用、数量和力量的其他能力(*dunameis*)。当这些能力适当地互相混合与复合在一起时,它们既不会被看到,也不是有害的。但

当它们互相分开并独立存在时,就会变成可见的和有害的
(ch. 14)。

　　上一段引文因两个理由值得注意。首先,尽管《古代医学》的
作者激烈批评四元素及其作为医学基础的派生物的学说,因为他
们使用了在作者看来是独断的假定。事实上,他自己的假设(虽然
更多)同样是假说性的。如劳埃德指出的,更重要的是,在此,我们
看到的是"日益增长的对医学甚至一般科学方法的兴趣"。[①] 其
次,这一段引文为离题讨论 *dunamis*[能力]这一术语提供了机会,
在自然哲学的历史中,*dunamis*[能力]这一术语是最重要的术语
之一,也是理解 *phusis*[自然]一词的关键之一。
　　dunamis[能力]这一术语最一般的含义是"能力"(power),是
一个源于动词 *dunamis*[能力]的动态名词,动词 *dunamis*[能力]
最基本的含义是"能够,有能力的"(Chantraine 1968—80,
1.300)。*dunamis*[能力]这一术语本身既包含主动能力,也包含
被动能力。作为一种主动的"能力"或"力量",*dunamis*[能力]指
活动或给予的才能或资质。作为一种被动的"能力"或"力量",
dunamis[能力]指依照或接受……而活动。因此,身体或物质同
时包含着主动和被动两种特性,能够产生或接受某种改变。因为
医学家的职责是寻找能够改变我们身体状态的物质,这就解释了
为什么 *dunamis*[能力]一词被希波克拉底派的医学家频繁使用。
舒尔赫(J. Souilhé)在分析了著作《古代医学》的作者对 *dunamis*
[能力]这一术语的使用后,出色地总结了对于希波克拉底派医学
家们而言 *dunamis*[能力]这一术语具有的技艺的或专门的含义,
以及这样的含义对希腊哲学的深远影响:

---

① 　G. E. R Lloyd,《希波克拉底著作集》导言,页 28。

　　dunamis[能力]这一术语包含互相补充的两种观念。实体通过其特征显示自身。万物通过这些特性成为可感的,例如冷、热、苦、咸等等,这些特征使它们能和别的物体产生联系:它们是 *dunamis*[能力],构成实体形象的可区分的实在(entities)。但是这些实在自身只能在活动中被认知:活动是它们存在的原因(raison d'être),活动塑造它们,并赋予它们个性。冷区别于热或苦区别于咸,是因为[28]活动产生出一种特殊的决定性效果。一个特征可以与其他特征结合起来,但不会无法区分,因为它们各自的活动并不同一。而且特征的这种活动又是它们的 *dunamis*[能力]。因此,*dunamis*[能力]这一术语指特征的本质和它们显现自身的固有方式(Souilhé 1919,36)。①

　　随后,在结束对这类希波克拉底派著作的讨论时,舒尔赫发现,在这些著作中,宇宙起源观念的影响显而易见:

　　dunamis[能力]这一术语指物体独有的特性、其外部的和可感的外观,这一特性使物体的确定和分类成为可能。因为 *dunamis*[能力],使得神秘的 *phusis*[自然]、实体的 *eidos*[样式]或基本的元素因其活动而成为可知。这解释了为什么在后来由已知转变为未知、由外观转变为实在是可能的,以及如何轻易地在 *phusis*[自然]和 *dunamis*[能力]之间建立一种完美的等式。② 规定一个事物的自然或它的特性是一回事,

---

　　①　更晚近的研究见 G. Plambock(1964)。Souilhé 的研究迄今为止仍是最富教益的。

　　②　因此,在希波克拉底《人的自然》(*The Nature of Man*)中,四种体液(血液、黏液、黄色胆汁和黑色胆汁)由习俗(*kata nomon*)区分,即由语言辨别,而且同样依据自然(*kata phusin*)来区分。因为它们的形态截然不同:黏液并不像(*eoikenai*)血(转下页注)

因为二者不可分割,并通过一个真正的因果联系联合在一起
(Souilhé 1919,36)。

phusis［自然］和 *dunamis*［能力］这两个术语有时候几乎同
义,但通常有一个显著区别,例如在美诺(Menon)《医学》(*Iatrica*)
的如下段落中:

> 腓利斯提翁(Philistion)主张我们由四种形式(*ek
> d'ideōn*)即四种元素(*ek de stoicheiōn*)构成:火、气、水、土。
> 其中每一种都有其 *dunamis*［能力］［塑造特征并使其可知］:
> 火是热的、气是冷的、水是湿的、土是干的。

接着,舒尔赫论证了智术师如何采纳和转化这一术语,最终使
其便于引入哲学。如此,对柏拉图而言,*dunamis*［能力］可以定义
为揭示事物自然(nature)的特性或特征。*dunamis*［能力］使我们
能给每一事物符合其构成的命名,并给事物分门别类(Souilhé
1919,149)。的确,如果 *phusis*［自然］指一事物的物质基础,那是
因为其 *dunamis*［能力］,这一事物才能向我们呈现其自身。这一
重要联系将会再次进一步地凸显出来,但现在我们转向第三和最
后一个系列的文本,它们将澄清 *phusis*［自然］这一术语在 *histo-*

(接上页注)液、血液也不像胆汁;它们在颜色和有形的特征(热、冷、干和湿)上都不同。
事物在形态和 *dunamis*［能力］上如此不同(*tēn ideēn te kai tēn dunamin*),以至于它们不
可能是相同的事物。"每一事物有其自身的 *dunamis*［能力］和自然(nature)(*hekaston
auteōn echei dunamin tē kai phusin te heōutou*)。如果给人驱除黏液的药,他就会呕出黏
液;如果给他祛除胆汁的药,他就会呕出胆汁。"(ch. 5)在柏拉图的《普罗塔戈拉》349b
中有一个有趣的类比:"我想首要的问题是这样的:智慧、节制、勇敢、正义和虔敬——
这五种名称涉及的是相同的事情,或者说每个这样的名称各有某种属己的所是(*tis id-
ios ousia*),各是一回事,各有自己的力量或功能(*pragma echon heautou dunamin hekas-
ton*),每一个都与其他不同。"

ria peri phuseōs［探究自然］这种表达中的含义和范围。

peri phuseōs［论自然］的真实含义

以下所述的五个文本将说明，前苏格拉底派通过 *historia peri phuseōs*［探究自然］的表达所理解的是宇宙从其起源到其现存的真实历史。[29]这一历史当然包括人类的起源。不过，我将借助第五个文本猜测这一历史的逻辑起点是哲学家生活于其中的社会形式。因此，*historia peri phuseōs*［探究自然］很可能意味着一种关于同时代的世界（包括哲学家生活于其中的社会）从始至终的起源与发展的研究。下面，我们来考察这些文本。

欧里庇得斯：残篇 910(NAUCK)①

第一个文本来自欧里庇得斯(Euripides)的著名残篇 910：

> 一个一生致力于科学探究(*tēs historias*)的人是有福的，他既不中伤也不损害他的同胞，但在观察不朽自然的永恒秩序时，他将探询它来源于何处以及以何种方式来构成的(*all'athanatou kathorōn phuseōs kosmon agerōn*，† *pē te sunesthē chō pēi chō pōs*)。这样的人从不参与可耻的行为。②

在这一残篇中，我们看到欧里庇得斯十分尊敬某一类型的学说

---

① Edition Nauck＝DK59A30；这一段落可以与欧里庇得斯的《特洛伊妇女》(884—888)对勘，在其中自然(*phusis*)也被视为具有神的属性，而且成为一个虔敬的对象。但是《特洛伊妇女》的重点是放在流行的"自然法"(laws of nature)上的，这里自然法的表述实际上是"*ananke phuseōs*"。

② 尽管 *pē te* 是腐坏后的文字，但其一般含义是无疑的。

或自然哲学(可能是阿那克萨戈拉的学说),①即有关"不朽自然的永恒秩序,是从何以及如何建构(或建立)的"。诚然,还没有 *peri phuseōs*[论自然]的表达,但结合 5—7 行(斜体的希腊文),*historia*[探究]这一术语暗示作者理解这一表达。同时,这些观察是有序的。*kathorōn kosmon agerōn*[观察永恒秩序]的表达表明观察的是现存的 *kosmos*[宇宙/秩序]。也就是说,围绕着这个观察者的世界,亦即这个 *pē te sunesthē chō pēi chō pōs*[来源于何处以及以何种方式构成](此句是否是 *pei te sunesthe kai hopei kai hopos* 腐坏后的结果?)的世界表明,*kosmos*[宇宙/秩序]有一个开端,并经历了一个演进过程。在这点上,我们注意到最常和名词性的 *kosmos*[宇宙/秩序]一起使用的动词是 *sunesthē*[构成],构造,放置在一起(Kahn 1960/1993,223)。进而,用来描述 *kosmos*[宇宙/秩序]和 *phusis*[自然]的形容词,与那些出现在荷马作品中(常见的形式)用来描述诸神及其特征的词相同。因此,在《奥德赛》卷五 218 中,卡吕普索被称为 *athanatos kai agērōs*[不死和永恒的],正如其在《伊利亚特》卷二 447 中雅典娜著名的神盾(*aegis*)也是一样。② 这些术语也被阿那克萨戈拉用在他的 *archē*[始基]上。③

希波克拉底派著作《论肉体》1.2

第二个文本发现于希波克拉底派的(Hippocratic)著作《论肉体》(*On Fleshes*)(*Peri sarkōn*),在其中,作者很可能给出了 *Peri*

---

① 见亚里士多德,《形而上学》1.984b9—22,阿那克萨戈拉显然是在这一语境中被提到的。

② 亦参荷马《德墨特尔颂歌》,242、260。尽管在欧里庇得斯的残篇中发现 *athanatos*(不朽)被用来修饰 *phusis* 并不奇怪(因为无论在宇宙演变的任何阶段;*phusis* 作为 *archē*[始基]、过程或结果,总是不朽的),但相比之下,*agērōs*(永恒)修饰 *kosmos*[宇宙/秩序]就多少让人惊讶了,除非这一秩序自身就能激发起观察者的某种敬畏。

③ DK12B2—3.

archōn［论始基］的题名。① 这一文本可以［30］澄清在先前文本中理解的东西。作者坚称为了写作一篇医学文章，他将把其前辈的普遍看法（*koinēisi gnōmēisi*）用作起点。这些普遍看法分别以宇宙起源论和人类起源论的形式提出：

> 我仅需谈论天象（*peri de tōn meterōn*），因为需要说明，关于人类和其他生命，他们如何发展和形成，什么是灵魂；什么是健康和疾病；什么是人的善和恶；人为什么会死。

接着，作者遵守承诺将他的宇宙起源论描述如下：(1)起初，万物处于混乱状态（*hote etarachthē panta*）；(2)接着，构成万物的元素，分三个阶段形成宇宙：苍穹、空气和大地；(3)最后，物体的各部分开始形成，发源于在大地最初形成后遗留其上的高热所导致的腐败物。

这一文本再清楚不过了。它非常清晰地说明了那个时代 *phusiologoi*［自然学家们］的普遍假设。根据这一假设，所有有生命之物的结构都和宇宙相似，因为它们源于同样的原初物，而且是同一个宇宙的一部分。对于始于早期伊奥尼亚派的所有前苏格拉底派而言，这是一个文献学证据。② 而且，很明显，*peri tōn meterōn*［论天象］的表达可以被 *peri tēs phuseōs*［论自然］取代。稍后我将回到这一问题上来。

色诺芬:《回忆苏格拉底》1. 1. 11—15

第三个文本来自色诺芬《回忆苏格拉底》中的著名段落，其中

---

① 见之前提到的 Budé 版，183。关于这一段落的完美对比亦参希波克拉底派著作《养生术》1.2.1。

② 关于阿那克西曼德，见 DK12A10—11,30。亦参克塞诺芬尼 DK21B29,33；赫拉克利特 DK22B36（和希波克拉底派著作《养生术》1.10.1）；帕默尼德，DK28B11；恩培多克勒 DK31B62；阿那克萨戈拉 DK59B4,A1,42；德谟克利特 DK68B5,34,A139。

苏格拉底、目的论方法的创立者,不能理解自然学家的步骤:

> 他[苏格拉底]从不像其他许多人一样去讨论万物的自然(*peri tēs tōn pan tōn phuseōs*),或者自然学家们称呼的 *kosmos*[宇宙/秩序]是什么以及如何产生(*hopōs kosmos ephu*),或者天体现象产生的必然原因。甚至,他展现了研究这些问题的人的愚蠢……而且,在他们纷乱不堪的对万物自然的研究中(*peri tēs tōn pantōn phuseōs*),有些人认为只存在一种物质,另一些人认为存在无限多的物质;有些人认为万物在不断地运动,另一些人认为任何时候都没有事物在运动;有些人认为所有生命[31]都会产生和衰亡,另一些人认为任何时候都没有什么事物诞生或死亡。苏格拉底质疑这些理论家的还不仅仅是这些问题。他说,人类自然的研究者认为,为了自身的好和其他选择,他们会及时将他们的知识付诸实践。如那些探寻天上现象(*ta theia*)的人所设想的那样,一旦他们发现了这些现象产生的法则,他们将能随意创造为他们所需的风、水、季节吗? 或者,他们没有这样的期望,他们满足于知道这些不同现象的原因吗?(Marchant 英译,改动较大)

就我们的论题而言,这个文本包含几个新的要素。首先,不仅 *peri phuseōs*[论自然]的表达出现了两次(而且,明确提到的有米利都派、第欧根尼[Diogenes of Apollonia]、阿那克萨戈拉、德谟克利特、赫拉克利特、帕默尼德和恩培多克勒),而且我们发现这一表达每次都伴随着其自然的属格:*tōn pantōn*[万物]。的确,总是存在某物的自然,而且当其作为前苏格拉底派自然学家或 *phusikoi* 的问题时,*hopos cosmos ephu* 不仅指宇宙和人类的起源与演变,而且指现象(*ta ourania*,即 *ta meteora*)不断产生的原因。我强调"不断产生"是因为,如果的确存在思辨思维与神话思维的区分,正是宇宙原始结构背后的自然原因这一观念在不断解释着现存的自然现象。因此,很明显,天上的和地上的(*ta meteōra kai ta hupo* gēn)现象是 *peri phuseos*[论自然]研究的一部分。的确,在亚里士多德《天象学》(*Meteorology*)(涉及他前辈所谓的 *meteōrologia*[天象学])中,他没有将自己局限于处理严格意义上归属于 *ta meteōra*[天象]这一术语的事物(风、云、雨、光、雷等),而是涉及了泉水、河流甚至地震(338a27)。这解释了在论文《古代医学》的开始,*peri tōn meteōrōn e tōn hupo gēn*[(研究)天空和大地]这一表达的使用。事实上,根据卡佩勒(W. Capelle)(1912, 414),天象学并非源于一种截然不同的研究主题,而是源于对 *historia peri phuseōs*[探究自然]的另一种表达。这可以解释在先前的文本中 *peri tōn meteōrōn*[论天象]的表达取代了 *peri tēs phuseōs*[论自然]的表达。

亚里士多德:《论动物的部分》1.1. 640 B4—22

第四个文本选自亚里士多德《论动物的部分》(*Parts of Animals*):

最初研究自然的古代哲人(*Hoi oun archaioi kai prōtoi philosophesantes peri phuseōs*),通过研究质料的本原和原因(*peri tēs hulikēs archēs*)来理解其自然和特性;整全如何由之生成(*pōs ek tautēs ginetai to holon*),[32]在什么的影响下运动(*tinos kinountos*),例如,通过憎、爱、心智和时机,实体的基质(substratum)(*tes 'hupokeimenes hules*)被假设为必然有某种自然——例如,火有热的自然,土有冷的自然;前者轻,后者重。的确,这就是他们解释宇宙起源的方式(*Houtōs gar kai ton kosmon gennōsin*）。①

亚里士多德接着补充道："而且他们用同样的方式解释了植物和动物的生成。"（1.640b4—12）

这一段为 *peri phuseōs*［论自然］的表达这一主题做了补充说明。首先,在此很明显,对亚里士多德的前辈而言,时间和空间的起点是一个质料因或质料本原,同时也起着动力因或动力本原的作用。在《论动物生成》（*Generation of Animals*）卷五 778b7—10 中,亚里士多德在谈到最初的自然学家（*hoi d'archaioi phusiologoi*）未能清楚区分质料因和动力因时,也做了相同论述。一开始,他只是暗指一元论者（Monists）,但接下来他就明确提到了恩培多克勒、阿那克萨戈拉和德谟克利特那里的动力因。② 同时,自然学家通过研究质料本原自身,即整全（whole）从之发展而来的那些本原的自然和特性（*tis kai poia tis*）,开始他们关于自然的探究。的确,*pōs ek tautēs ginetai to holon*［整全如何由之生成］的表达极其清楚。*To holon*［整全］指的是结果。因此,*historia*［探究］暗指从始至终的整个发展。而且,*To holon*［整全］指的是完成了的整全,简言之,就是这样一个宇宙（*kosmos*）,在其中什么也不缺少,它自然就是一个整全（*holon phusei*）。③ 这就是亚里士多德为何最后会加上动物和植物的原因;它们包含在整全中,因为它们是与作为整全的宇宙相同的 *phusis*［自然］的一部分。

最后,*ho kosmos*［宇宙］不仅与 *to holon*［整全］同义,而且与

---

① ［译注］译文见亚里士多德,《论动物部分》,崔延强译,载《亚里士多德全集》卷五,苗力田主编,中国人民大学出版社,1997年版,页7。据英译文有改动。

② 恩培多克勒用身体性事物来描述他的运动原则;友爱和争吵（见 DK31B17）。的确,甚至帕默尼德的存在概念也不乏这一现象。

③ 见亚里士多德在《形而上学》5.1023b26—27 中给出的关于这一术语的第一个定义。

《形而上学》卷一 984b9 中 *hē tōn ontōn phusis*［存在者的自然］的表达同义。这一表达的重要性在于其所处的位置。亚里士多德说，如果阿那克萨戈拉假定 *nous*［努斯］是运动的独立原因，恰恰因为所谈论的 *onta*［存在者］（宇宙及其全部内容）显现出善和美（984b11），以及秩序和规则（984b17）。这引导阿那克萨戈拉去研究这些事物（*tōn ontōn*）的本原（*tou kalōs tēn aitian archēn einai tōn ontōn ethesan*，984b21—22），它们被视为美的原因。从这一角度看，*peri phuseōs*［论自然］类型研究的起点是万物的现存秩序。

柏拉图:《法义》10. 889 A4—E2

第五个同时也是最后一个文本选自柏拉图《法义》卷十。在此我们拥有的是据说利用了 *peri phuseōs*［论自然］①[33]的无神论唯物主义者的理论（*logos*）。这个文本不仅清晰阐明了我要讨论的整个论题，而且包含了 *technē*［技艺］这一术语——这是用于解释前苏格拉底派描述的 *historia peri phuseōs*［探究自然］的最后一个关节点。

> 因此，他们声称，事实表明，世界上最大、最好的东西都是自然和机运（*phusin kai tuchēn*）的产物，技艺（*technēn*）创造的是比较细小的东西。他们说，自然的工作是伟大的和首要的，是技艺制作和塑成的一切较小制品——它们通常叫人工制品（*technika*）——的现成来源……我将说得更精确些。他们认为，火、水、土和气的存在应归之于自然和机运（*phusei*

---

① 这一理论的起源是讨论甚多的论题，但我并未打算在此介入这一论争。我的立场是这一理论并不属于某个单一的作者，而是属于柏拉图的批评者，批评关于 *peri phuseōs*［论自然］类型的当时的理论现状。对这一段落的有趣分析可参 Ada Neschke-Hentschke(1995,137—164)。

kai tuchēi），而与技艺（*technēi*）无关。至于天体（*sōmata*），则出现在这些物质之后（*meta tauta*）——大地、太阳、月亮和星星——它们由这些完全无生命的物质产生（*dia toutōn gegon-enai pantelōs ontōn apsuchōn*）。这些物质无规则地移动，每种物质都被它自身固有的特性所驱动（*tēs dunameōs hekasta hekastōn*），这种特性取决于当热与冷、干与湿、软与硬在各种相应的混合时，以及其他一切对立物混合时（*tēi tōn enantiōn krasei*）不可避免地产生的偶然组合。这是一个过程，这一过程产生了一切天体和天体里的每种东西（*tautēi kai kata tau-ta houtōs gegennēkenai ton te ouranon holon kai panta hoposa kat'ouranon*），接下来形成了四季，并使一切植物和生物涌现出来。他们说，所有这一切的原因，既不是理智的计划（*ou dia noun*），也不是某种神性（*oude dia tina theon*），也不是技艺（*oude de technēn*），而是——正如我们解释的——自然和机运（*phusei kai tuchēi*）。技艺（*technēn*）是生物（*ek toutōn*）脑力劳动的产物，是后来出现的，是凡人在凡世的孩子（*autēn thnētēn ek thnētōn*）。它在后来阶段（*hustera*）产生出各种有趣的小东西，这些东西一点也不真实，仅仅是虚幻的影像（insubstantial image），同技艺本身一样处于同等地位。比如，我指的是绘画、音乐等技艺的产品和所有这些技艺的辅助性技能。但如果在事实上某些技术产生出有价值的结果，那么它们都是些同自然合作的东西，如医药、农事和体育。这一学派认为，统治尤其同自然无关，它很大程度上是技艺的事；类似地，立法绝不是一种自然过程，而是基于技术，法律的制定完全是人为的。① （Saunders 英译，略有改动）

---

① ［译注］中译参见柏拉图，《法律篇》，张智仁、何勤华译，孙增霖校，上海：上海人民出版社，2001 年版，页 325，据英译文略有改动。

根据这一理论，自然（*phusis*）起初仅仅就是原初物（四元素）——总之，是时间上或时序上的 *archē*［始基］。至于机运（*tuchē*），如在柏拉图《智术师》中，是在一种与理智的因果性（*aitia dianoētikē*）相对的自发的因果性（*aitia automatē*）的意义上被使用的。的确，根据这一理论，自然通过其自身的能力产生每种东西。而且，当我们说［34］宇宙演变的某个阶段是由于自然和机运的结合时，这并不意味着自然和机运是外在的原因。每一阶段都是其自身固有演变的独一无二的阶段。最后，在 891c8—9 处，这一理论以一种 *peri phuseōs*［论自然］的解释为特征。我们简单考察一下这些内容。

根据这一理论，*kosmos*［宇宙/秩序］以如下方式产生：由于自然和机运（在此是同样的东西），四元素被其各自的趋势（*dunameis*）推动，产生整个宇宙（*to holon*）。随后，季节从天体的运动中产生。接着，季节对地球的影响（这仍然是自然和机运的结果）导致动物和植物的出现。这一宇宙起源论最伟大和最优秀的作品由此完成。

至于技艺（*technē*），毫无疑问，这一理论认为它的作品既是低级的，也是次要的。既然不可能将创造视为 *ex nihilo*［无中生有］，那么，创某种原初并不存在的事物，要么是 *phusis*［自然］的结果（由此它自身就是 *phusis*［自然］），要么是 *technē*［技艺］的结果（参见亚里士多德，《物理学》卷三 203b6）。不过，*technē*［技艺］总是来自已存在的东西，在这里也就是来自自然的作品。这解释了为什么技艺的创造物被视为低级的和次要的。在我看来，*technē*［技艺］这一术语是把握 *historia peri phuseōs*［探究自然］这一表达的核心。

理由在于，*technē*［技艺］一词与人类的进步同义，而反过来人类的进步又与文化演变（Kulturentwicklungslehre）的概念或理论密不可分。的确，追问技艺的起源就是追问社会的起源，因为，没有 *technē*［技艺］，社会的演变是不可想象的。因此，在《法义》卷三勾勒政体的起源和历史时，柏拉图说他将描述他那个时代雅典出现的情况(*ta nun gegonen hēmin sumpanta*,678a8)。柏拉图从对初民的描述开始。他们是一系列自然灾害周期性的摧毁中几乎仅存的人类幸存者(677a),他们被描绘为不懂 *technē*[技艺]的存在者(*apeirous technōn*,677b6)。伴随着时间的进程(*proiontos men tou chronou*),人居住的世界变成了现在这样(*ta nun kathestēkota*,678b6—8)。时间的进程和多样性与各种 *technai*[技艺]的发现不可分离。而且,为了强调这一点,柏拉图使用了名词 *epidosis*、进程(676a5,679b2),①以及动词 *heuriskō* 和 *aneuriskō*、发现(677c6,c10)和 *epinoeo*、创造(677b8)。②

结　论

在荷马笔下,*phusis*[自然]指一个事物从产生到成熟的整个

---

①　尽管 E. R. Dodds(1973,1)对术语 *epidosis* 的用法的理解(即在公元前四世纪这个词通常不被用来表达进步观念)似乎是正确的(与 L. Edelstein,1967,92—93 相反),但在目前讨论的语境中,毫无疑问,柏拉图是在用这一术语意指进步。针对所有不信这一点的人,我想引用《法义》6.781e—782d,在其中,柏拉图总结了他在卷三中概述过的关于人类进步的观点。这一很少被引用的段落在许多方面都是有趣的。首先,它表明柏拉图对人类起源的模棱两可,也就是说,他并不确定人类、从而宇宙(至少从目的论的角度)在时间上有一个开端(781e5—782a3)。其次,像前苏格拉底派那样,他似乎坚持认为,正是季节的变化、即气候条件(*strophas hōrōn pantoias*,782a9)刺激了生命,包括人类(*ta zōia*,782a9)的许多转变(*pampletheis metabolas*,782b1)。正如在恩培多克勒那里,这些转变并非严格意义上的生理转变,相反毋宁说是在环境方面,气候变迁的影响导致的动物的生活规则的转变。对人类而言,这也有助于解释文化的多样性。的确,柏拉图认为,在农业出现(从而被发现)之前,人类的行为就像动物一样(782b3—8),而且他将这与人类献祭的起源联系起来(782c1)。总之,这些段落让人充分理解,柏拉图发展了一种人类进步理论。

②　希波克拉底派著作《古代医学》的作者(约前 450—400 年)在许多场合(尤其第三章)使用了这些动词,在其中他声称医学的技艺是长期进步的结果,而且这一进步远未停止,因为仍需“发现”(见前述注释55[即本书页 41 注释①])。在《普罗米修斯》中,埃斯库罗斯(前 525—455 年)也在其对进步的著名颂歌中使用了这些动词。关于“研究”和“发现”的词汇在克塞诺芬尼(约前 570—470 年)笔下已经显而易见了,因此他在主张人类的进步必然导致“研究”和“发现”时使用了动词 *zēteō* 和 *epheuriskō*(DK21B18)。

生长过程。这与 *phusis*［自然］一词的语言分析是一致的［35］，这也表明这一术语基本含义和词源含义是事物的"生长"，而且，作为一个以-sis 结尾的动态名词，其含义为"生成的（完整）实现"——也就是说，"一个事物的自然即实现其所有特性"。*phusis*［自然］的这一特征与叙述现存世界秩序发生之过程的企图非常一致，在其中，我们看到了最早的哲学宇宙起源论中的表达。的确，前苏格拉底派（至少最初）热衷于字面意义上的宇宙起源论——他们不仅热衷于描述如其所是的宇宙，而且热衷于描述宇宙的历史——解释宇宙的起源（作为绝对 *archē*［始基］的 *phusis*［自然］），解释宇宙演变的阶段（作为生长过程的 *phusis*［自然］），以及最后解释宇宙演变的结果，即我们熟悉的 *kosmos*［宇宙/秩序］（作为结果的 *phusis*［自然］）。区分这一术语在前苏格拉底派中的使用与在荷马那些祖先中的使用的，是对诸神的提及。*phusis*［自然］这一术语，在哲学早期历史的语境中，其作为生长的原意，不仅用于表达一个过程的结果或一个事物的形式，而且用于表达从起源到结束、贯穿所有生成和不断如此运作的过程。大量文本强有力地表明，"一切存在者"（all that is）的 *phusis*［自然］，不仅指我们所谓的宇宙起源，而且指人类及其社会组织或政治的起源和发展。总之，这可能正是 *historia peri phuseōs*［探究自然］这一表达的一般含义。

第二章　作为"论自然"著作前身的宇宙起源论神话

什么是宇宙起源论神话?

[37]什么是"神话"? 众所周知,神话一词很难定义,而且没有一个定义能被普遍接受。① 某些民族学家认为,一个神话是被一个社会团体视为来自其祖先并世代口头相传的信息(Calame-Griaule 1970,23)。但神话并非仅仅只是一种口传故事形式的信息。弗兰克福(Henri Frankfort 1949,16)认为:"神话是一种超越诗歌的诗歌形式,因为它宣示真理;是一种超越推理的推理形式,因为它试图达成它所宣示的真理;是一种行动的形式、仪式性行为的形式,它不能在行动中找到满足,而必须宣示并详述诗歌形式的真理。"神话与仪式存在密切关系——演示性行为的重演被视为诸

---

① *muthos* 一词的基本含义似乎是指"一个人言说的某事",由此在荷马笔下,*muthos* 有"言词"、"言说"、"忠告"或"故事"的意思。*muthos* 一词指言辞的形式而非内容,内容由 *epos* 所指。例如,荷马,《奥德赛》11.561,"请听我的言说和言词"(*epos kai muthon akousēis*);《伊利亚特》9.443,"做一个会说话的演说家"(*muthōn*)和"一个会做事的实干家"(*ergōn*)。见 Chantraine(1968—80,3:718—719);Martin(1989,12);Kirk(1970,7);Naddaf and Brisson(1998c,vii—x)。

神和祖先在时间开端时已上演的(Eliade 1965,22;Burket 1985,8;Nagy 1990,10)。在吟诵和重演神话时,人们再次经历了起源性的时间。的确,人们离开"编年性"时间并重返原初时间,即事件首次发生的时间。在再次经历原初时间时,人们体会到神之作品的壮观,并重温(甚至把握)了超自然存在者的创造性经验(Eliade 1965,30)。

伊利亚德(Eliade)(1963,14)指出,人们将他们的神话视为与某物如何实际形成相关的真实故事。但此外,因为神话"试图带来它宣示的真理",*ab origine*[最初]发生的事件会在仪式中重演。由此,神话既为现存社会和现存自然的秩序提供了解释,亦保障了社会和自然的现存秩序[38]继续是其所是。

一个宇宙起源神话是对世界秩序如何(以及为何)起源的一种传统解释。① 就一个起源神话常常叙述一次"创世"而言——一个对象如何生成——严格来说,宇宙起源神话享有特殊的权威性。因为世界的起源优先于其他所有起源——人类或社会的创建以世界的存在为先决条件,因此宇宙起源神话是创造所有物种的典范(Eliade 1965,25;Burket 1992,125)。这并非意味着一个起源神话模仿或复制了宇宙论模型,而仅仅意味着一些"新的"状况完善着原初的整体,即世界。换句话说,每种后来的"创造"总是暗示着一种先在的状态,归根结底,这个状态就是世界(Eliade 1963,52)。这就是为什么各种事件如死亡、疾病的起源神话或一个民族的起源神话,总会简要地回顾创世的关键性时刻。这仿佛是说起源神话的力量依赖于关于宇宙起源论的基本知识(Eliade 1965,102—103;Burket 1992,125)。

在此尤其让我感兴趣的是神话保证万物现存状态的方面,一个

---

① 宇宙起源(cosmosgony)一词包含着这样的含义,即现存的世界秩序对理解当下人类的处境有所暗示(见 Lovin 和 Reynolds 1985,5)。

特定的社会团体居于其中的世界将保持其所是。这恰恰是世界周期性更新的神话—仪式场景的目标。① 这个仪式似乎有两种截然不同的起源：一方面，一个新年（New Year）的宇宙起源场景；另一方面，国王的献祭。宇宙起源场景源于某种观念，即如果宇宙不是每年再现则为毁灭所威胁，而国王的献祭与收成相关，收成确保全体成员生活的延续。在作为 Cosmocrator［宇宙统治者］国王的神秘再生中，两种观念汇聚于一个仪式。② 因为国王必须更新整个宇宙，也因为开启一个新的时间循环时，超凡绝伦的更新发生了，国王的献祭仪式在新年庆典中受到庆祝。这个国王被视为神的儿子和尘世代表。正是如此，他要为自然节奏的规律性和社会的总体幸福负责。国王确保最初神所提倡的宇宙秩序的持存性。如弗兰克福所言："古人……常常视人为社会的一部分，而视社会嵌入自然之中并依赖于宇宙力量。"（1949.12）这解释了为什么宇宙演变和宇宙秩序模仿社会政治结构或共同体生活，并依据社会政治结构或共同体生活来表达。③

　　从这个角度来看，古代人类生活于其中的社会既是新年节日的逻辑起点，也是新年节日追求的目标。由此，为了解释现存社会秩序如何生成，宇宙起源神话必须开始于世界的产生（一种宇宙［39］起源论），然后叙述人类的产生（一种人类起源论），最后讲述社会的产生（一种社会起源论或政治起源论）。对古代民族而言，社会的形成不需要一个真正的过去，社会的形成只是反映一系列事件的结果，那些事件发生在那个时候（in illo tempore），即发生

---

　　① 下述参 Eliade(1963,ch. 3;1965,ch. 2)。

　　② 关于这一点的极佳例证是对 Tammuz 的膜拜。见 Eliade 1978,1;66—67。与 Demeter 的类比见 Burkert 1992,159—161,276—289。正如我们在后面将会看到的那样，赫西俄德在《神谱》中暗示了这一点。关于谷物国王见 Gordon Chide 1954,72。

　　③ 如 Jean Bottéro 在其《君主制的原则与神的世界的结构》（"The Monarchical Principle and the Organization of the Divine World"）的结论部分所言："变得日益明显的是，万神庙的组织体系、相对于世界自身（vis-a-vis the world in itself），在所有方面都不过是对政治体系的一种夸张反映。"（1992,214）

在讲述神话的这个民族的"编年性"（chronological）时间之前。不过，如果人类生活于其中的社会的典范先于人类实际的起源，那么现实社会（terrestrial society）应在时间上紧随人类起源之后。换句话说，人在被置身于社会中之前，就被造出或产生出来。这种宇宙起源神话的一个极佳例子是伟大的创世史诗《埃努玛·埃利什》（*the Enuma Elish*），其意思是天之高兮（*When Above*），①以诗的起首句命名。这个神话讲述了至高无上的神马杜克（Marduk）如何建立起万物的现存秩序。②

《埃努玛·埃利什》

宇宙起源诗《埃努玛·埃利什》以描述先于宇宙形成的水样混沌开始。在这种与水相关的混沌中有原初实在物提亚马特（Tiamat）（女性）和阿普苏（Apsu）（男性），他们各自代表海水和湖水。他们最初的混合象征着一种完全静止的状态。提亚马特和阿普苏的神婚引发了一代代神的诞生以及伴随着他们的宇宙的形成。③提亚马特和阿普苏生了一对夫妇神拉姆和拉哈姆（Lahmu-Lahamu），拉姆和拉哈姆又生了一对夫妇神安撒和基撒（Anshar-Kishar）。他们的名字表示"整体之上"和"整体之下"，④即天空和

---

①　[译注]中译见《近东开辟史诗》，饶宗颐编译，辽宁教育出版社，1998年版，页21。

②　年代可参 Dalley（1988，228—230），在他看来文本至少要追溯到公元前十二世纪。这似乎也是 Jean Bottéro 的立场（1992，214）。R. Labat（1970，36）将文本确定在公元前十一世纪。我追随 Dalley 在该章的翻译。关于这首诗的简要概述见 E. Cassin（1991，155—162）。

③　关于这一发展及其与地理环境的关系的有趣概述参 T. Jocobsen，见 Frankfort（1949，184—187）。

④　R. Labat（1970，38，n5）。根据 Jacobson in Frankfort（1949，186），安撒和基撒代表着巨大圆环的最高处和最低处，导致淤泥沉积增长。因此，天空与大地分别与阿努和努狄穆恩德相关。在 Jacobson 看来，这导致对于美索不达米亚人而言，世界的起源与对他们国家的地质观察有密切关系。

大地。这对神生了阿努(Anu)，来自"年轻"(拟人化的理解)一代诸神的天空之神，而他又成为努狄穆恩德(Nudimmund)或厄亚(Ea)之父，大地之主(I. 1—15)。

在这个寂静、停滞和黑暗的世界中，年长的既定之神和年轻的骚乱之神发生了冲突(I. 21—50)。年长的神不悦了。阿普苏密谋消灭年轻的神，但提亚马特被她丈夫的邪恶计划所震惊。阿普苏坚持之，但无所不知的厄亚(I. 60)发现了这个阴谋并用一种咒符、一种力量之词，让阿普苏睡着，偷了他的王冠，并杀了他。[①] 厄亚自己成为了水神(I. 69)。

在这次最初的胜利之后，厄亚和丹基娜(Damkina)生下了马杜克(Marduk)，这个神话中真正的英雄(I. 78—84)。当然，厄亚的胜利是短暂的。混沌的力量成功地激发了提亚马特(阿普苏的妻子)。复仇的渴望将她唤醒，她聚集起她的力量，并创造了大量的致命怪物。她让铿顾(Kingu)做她的新任丈夫，命他为其同盟的盟主，赐他命符——宇宙最高权力的象征——并与可怖的年轻之神对抗(I. 125—62；II. 1—49)。

[40]安撒(Anshar)，最老的神和诸神之父，成功命令厄亚和阿努去说服提亚马特和她邪恶而混沌的力量听从他们的言辞或集结者的话(II. 60—82)。但是，厄亚和阿努也害怕和恐惧面对提亚马特，他们各自的权威都缺乏力量(II. 50—94)。最后，安撒请求马杜克答应做诸神的护卫者(II. 95—124；III. 1—51)。然而，与其前辈们不同，年轻和强大的马杜克要求集结在议事会中的年长的诸神们把所有权力都交给他，而且从今以后认他为整个宇宙的王(III. 58—138；IV. 1—34)。的确，只有当马杜克被授命集结诸神，并被授予其"言辞"以实际决定命运的特殊力量之后(II. 132；这一点重

---

①　Jacobson 认为，咒符的魔力与权威的命运相关，从而取代了纯粹的物理力量(1949,189)。这似乎证实了 Bottéro 的评论中将神的命令比作命运(1992,224)。

复了好几次），才能战胜提亚马特和她的同盟。同时，诸神想要见证马杜克神奇的力量，以便检验他能否切实地完成他们授命马杜克去做的事情。在诸神的要求下，马杜克让一个星座消失不见而且随后又在其口头命令下重现出来（IV. 20—28）。接着，他被授予了王权的象征（权杖、神座和官职），并为即将到来的战斗武装起来。

战斗随后发生，用风暴/天空之神（storm/sky god）的可怕武器武装起来的马杜克杀死了提亚马特，并因此成为宇宙无可争议的君王（IV. 60f）。凝视着提亚马特的尸体，马杜克决定将这个巨怪的尸体一分为二，"像一条干鱼"，并从中创造出诸多美好的事物（IV. 135—37）。提亚马特尸体的其中一半变为天空的穹顶，另一半变为大地。在天空中，马杜克建造了厄萨刺（Esharra）、阿普苏的一个摹本或对应物，厄亚（Ea）在其中建造了宫殿。① 的确，正是在阿普苏的深处、在"天命之室，天意之廊"，马杜克自己被造出来。（I. 79—82；IV. 143—45）。接着，他为伟大的三联体神中的每一位，阿努（Anu）、埃里尔（Ellil）（或恩里尔［Enlil］）和厄亚（Ea），在天空中建造了一处住所，并给予每位神一个星座作为天象和寓所（V. 1—2）。然后，他安排了行星宇宙及由此而来的时历（V. 3—24），以便每一位被分配了住所和使命的神知道他们各自的职责（IV. 138—V. 47；VI. 40—47）。② 在安排了天空之后，马杜克塑造了大地，即把所有地理特征赋予美索不达米亚及其相邻土地（V. 48—64）。③ 只有在创造了物质性宇宙（physical universe）之后，马杜克才从锵顾处取来命符并交付给了阿努（V. 55—56）。的确，唯

---

① Eliade（1965，15）认为，阿普苏在创世之前便命名（designates）了混沌之水。

② Karen Rhea Nemet-Nejat 指出"美索不达米亚人相信在天上发生的事情会反映在地上，因此天体的运动可以和诸神、国王们和诸国家联系起来，以便做出预测"（1998，90）。

③ 于是从提亚马特眼中流出了幼发拉底河和底格里斯河，见 Bottéro（1992，220 and n9）。

独马杜克有获得珍贵法宝的权利,因为,唯独他是至高权力之源。

随后,马杜克决定创造人类去照料诸神的物质需求(VI. 7—8,131;VII. 27—30)。由于被征服的诸神仍等待着对他们的惩罚,在其父亲厄亚的建议下,马杜克集结诸神,并要求他们揭发谁应当为这次战争负责,也就是说,是谁煽动提亚马特叛乱的。大家公认唯一一位有罪的神是铿顾,[41]即提亚马特的新任丈夫。厄亚(Ea)切断了他的血脉,并用他的血液(混合着泥土)创造了人类(VI. 30—35)。①

对马杜克而言,通过安排诸神并指派给他们适当的任务,他完成了他天上或地上的工作(VI. 39—45)。他也规定了所有神的份额(VI. 46)。这和土地分配多少有些相似。而且,如内扎特(Nemet-Nejat)所言:"诸神被视为伟大的土地所有者的独裁政府。"(1998,180)

诸神诚挚地感谢马杜克。为了表达他们的感激,诸神铲制并浇铸砖块建造了一座空中巴比伦及其神庙(VI. 50f)。对马杜克而言,空中巴比伦将是他的居所,在这一居所中,他将建立起他的仪式和王权(VI. 51,53,68)。不过,这座城也将成为诸神可以聚集在一起休息(VI. 52—54)、宴饮(VI. 70—76)和讨论并决定国家大事的地方(VI. 79—82)。这一天上的城是一个原型,是地上巴比伦的柏拉图样式,而且人类也将建造起他们的神庙。的确,因为所有这些生存的事物必须有一个范型,也就是说,有一个天上的"原因",所以这个文本自然地终结于造物主对整个作品的综合。毕竟,巴比伦的独特命运将成为宇宙的中心(Cassin 1991,1;34;Eliade 1965,14f)。

《埃努玛·埃利什》涉及宇宙的起源和发展。它从对原初事实(reality)(或 chaos[混沌])的描述开始,而且接着经历了宇宙生成的不同阶段。首先,它描述了一个胚胎式世界的产生和演变;在此意义上,胚胎是指一个显得无序(或没有法则)的世界,尽管事

---

①　这是古代的美索不达米亚记述人类创造的标准版本。然而,还有另一个说法,人类像植物一样在地上出现,见 Nemet-Nejat(1998,177)和 Walcot(1966,55—57)。

上,"整体之上"的天空(安撒)和"整体之下"的大地(基撒)已经存在。其次,它描述了自然事物和社会事物的现存秩序的产生和演变,一个宇宙所显示的法则与秩序。这是提亚马特和马杜克所代表的无序与有序斗争的结果,或者更准确地说,是两代神所代表的无序与有序之间斗争的结果。由此,我们很容易注意到人类的起源(及其存在的原因)和人类将生活于其中的社会的类型和结构——一个社会不仅模仿神的社会,而且几乎与之同时。

与所有宇宙起源神话一样,《埃努玛·埃利什》讲述世界如何从衰退和混沌中产生出来,每逢新年节日它都会在首都被重述和重现。在古美索不达米亚,吟诵和再现发生在春分、尼散月(四月),洪水再次威胁从而造成原始水样混沌之时。巴比伦最大神庙厄萨吉尔(Esagil)的祭司在马杜克的雕像前吟诵诗歌,在此,国王在赢回他的威望之前蒙了羞。① 此外,一系列仪式重现了马杜克(代表国王)和提亚马特(象征原始海洋的龙)在那个时候(in illo tempore)发生的斗争。神的胜利和他的宇宙起源工作再次保证了自然节奏的规律性[42]和社会整体的良好状态。社会精英们(地方统治者、最高行政官员、军队领导人等等)出席仪式,他们重申他们对国王的效忠誓言,正如马杜克被选为国王时诸神对他的宣誓一样。②

---

① Burkert(1996,96)认为,这表明国王需要马杜克宠爱的程度,仿佛是他的奴隶。

② Karen Rhea Nemet-Nejat(1998,178f)对王权从暂时地位到永久地位的转变做了一个简明的概述。她解释道,运动从一开始就相信统治宇宙的神秘和非人的超自然的力量,凭借这些力量(特别是生殖力量)的不断人化以便和他们建立一种假设性关系:"最终,这会导致越来越倾向于古老的、非人类形式(numina)之上的人类形式,从而倾向于依照人类的家庭和职业范型来安排诸神。"第三个千年迎来了一个战争时期。在危险时期,王位只是一个暂时性的职位。危险过去之后,国王不再拥有权力。一旦战争变成长期性的,国王的职位就变成一个永久的身份,而且一旦在位,国王们就要想方设法巩固他们的地位,因此这是一种原始的民主制。只有在诸神不再与自然现象相关之后,他们才变得与人同形同性,于是他们像国家的大多数权贵阶层一样被视为拥有土地的贵族。因此毫不奇怪,诸神创造人类来为他们服务。这解释了为什么万神庙包含各自不同的行政官和神圣工匠。如此一来,人类世界在诸神的天上世界中得到了反映。亦参 Bottéro(1992,223—224)。

人们必须虔敬地聆听神圣的史诗,史诗的吟诵和再现会使他们相信理想国家如何被安排,以及为何他们的效忠必须明确。而且,在新年节日期间,一出丰收戏剧会在国王放入了马杜克之手的一个圣坛上演,在这个圣坛里,国王参加所谓的神圣婚配。代表神杜穆梓(Dumuzi)的国王与代表女神伊南娜(Inanna)的女祭司或王后交媾。他们交媾行为的结果是所有自然物的丰收。这一仪式比马杜克与龙①之间的战争戏剧都更加古老,它可以追溯至那个时候,即诸神被等同于自然的诸种力量,而不是等同于国家的拟人化统治者、等同于视世界为一个国家的观念。通过一种自然之力的角色扮演,人类可以识别这些力量,并通过他们自身的行动催生他们认为适合去行动的力量。因此,国王就是杜穆梓(正如国王就是马杜克),而且他与伊南娜的结合,就是与春天的创造力、及由此而来的创生性的给予生命的潜力的结合。②

赫西俄德与书写

在古希腊文学中,宇宙起源论领域最重要的文献是赫西俄德的《神谱》。③ 尽管人们实际上不可能有把握确定赫西俄德的年代,

---

① [译按]龙即前面提到的提亚马特。

② 然而,如 Eliade 的注释(1978,1:63)所言,这个故事在某种意义上更为复杂。亦参 Jacobsen,见 Frankfort(1949,214—215)。

③ 根据 LSJ,*theogonia* 一词在古希腊文本中仅出现过三次:两次在希罗多德笔下(1.132;2.53)、一次在柏拉图笔下(《法义》10.886c5)。这个词并未出现在赫西俄德的诗歌当中。首次出现是在希罗多德那里。希罗多德在 1.132 处使用 *theogonia* 的含义特别有趣:这个词是在波斯人向诸神献祭的仪式语境中被使用的。一方面,一个人献祭必定是希望不仅自己而且所有波斯人都过得好。另一方面,一旦祭品摆放好,祭司(*magos anēr*)必定会以神谱的形式(*epaeidei theogoniēn*)吟诵起咒语(*epaoidēi*)。根据 P. E. Legrand(1932),他在翻译这一段落时的一个注释中指出,希罗多德跟随赫西俄德作品的风格(genre)错误地思考了这一吟诵的本性(nature)。在 Legrand 看来,这是一种罗列神的特征和他们的特性及品质的连祷(litany)。然而,我们没有理由相信希罗多德未能很好地揭示这一吟诵的本性。如果祭司以神谱的形式吟诵咒语,(转下页注)

但现在基本达成共识的是,赫西俄德的诗歌活动大约在前 750 至 650 年之间。① 前 750 年左右,②书写(writing)在希腊出现,这一点也能达成共识,这就意味着赫西俄德活动于希腊出现拼音文字之时或之后不久。

但赫西俄德是谁呢? 兰伯顿(Robert Lamberton)认为,与荷马一样,赫西俄德是"许多匿名声音的一个面具,这些匿名的声音

(接上页注)这是为了回到起源,从而确保掌控万物的起源。就目前的问题而言,想要的是所有的世界都好。在 2.53 处这个词的使用概述了这个词在赫西俄德《神谱》语境中的含义:"因为荷马和赫西俄德是创作了我们的神谱的诗人,他们为我们描述诸神,给了诸神恰当的名号、职位和权力。"(2.53)我说"很好地概述"是因为恰好在这一段落之前(2.52),希罗多德说道,诸神被如此命名是因为"他们将万物安排有序"(2.52.1),并建立了宇宙的物理(physical)秩序和道德/社会秩序。换句话说,神谱解释了万物的现存秩序是如何建立的。

当柏拉图在《法义》10.886c5 中使用 *theogonia* 一词指关于诸神"最古老的叙述"(*hoi palaiotatoi*,886c3)(尤其是赫西俄德的叙述)时,他将重点放在其词源上:"[关于诸神的]最古老的叙述是在讲天空等原初的产生(*hē prōtē phusis*)出现之后,接着很快就讲诸神如何诞生(*theogonian*)以及诞生之后他们如何相处。"(886c3—6)柏拉图主要专注于这样一个事实,即这些作品强调宇宙的产生(*phusis*)是在诸神诞生(*theogonia*)之前;换句话说,诸神无法对创造物,严格来说即对物理世界做什么。毋庸置疑,这里柏拉图是在重点思考赫西俄德。我们将会看到,赫西俄德在他的《神谱》中至少提供了宇宙产生的两个版本。然而,无论诸神在赫西俄德的神谱诗中扮演什么角色,希罗多德和柏拉图都同意 *theogonia* 是在解释万物的现存秩序是如何建立起来的。总之,在赫西俄德《神谱》的语境中,神谱一词不能在其词源的意义上来理解。为了获得其含义的恰当理解,必须考察整部诗歌的内容。因此 West 写道:"我并非在词源的意义上使用'神谱的'(theogonic),但是为了描述赫西俄德《神谱》中处理的相同主题,即诸神、世界以及导致现存秩序得以建立的事件的起源。"(1966,1)从这个角度来看,形容词"神谱的"(theogonic)与"宇宙演变的"(cosmogonic)同义。关于这一点,亦参 A. W. H. Adkins(1985,39)。

① 参见 West(1966);Kirk(1960,63);Lamberton(1988);Nagy(1982);Rosen (1997);Janko(1982)。Janko 将赫西俄德的作品界定在公元前七世纪上半叶。他认为赫西俄德与阿基洛库斯(Archilochus)和西蒙尼德(Semonides)是同时代人 (94—98)。

② 大约公元前 750 年或之后词源不断出现的碑文表明,这一时期字母表被引入到希腊。就此的一些晚近讨论参 Snodgrass(1971,351);Coldstream(1977,342); Powell(1997,18—20);Burkert(1992,25—26)。Burkert 认为,碑文已经反映了写书实践——希腊人从腓尼基人那里学到的某些东西。

世代相传,训练有素,发出同样的声音,用同一个身份说话,并延续着相同的传统"(1988,2—7)。兰伯顿是口头程式学派的信徒,他认为赫西俄德诗歌的最初形成并不需要书写的帮助。根据口头程式学派的成员,这一点来源于大约60年前帕里(Milman Parry)的发现,他发现古希腊的六音部诗源于可回溯至几代人之前的一种口头传统。尽管这一论点使得创作必然需要表演,使得没有一个诗人的创作和表演与另一个诗人的完全相同,①但事实仍然是"每次表演产生的都是(也仅仅是)对诗人所继承的素材的再创作"。②[43]这解释了为什么很难确定一部诗歌在什么时候定型,因为"赫西俄德"并不依靠"书写"来"创作"它。实际上,书写并不必然转换为文本(Nagy 1982,45)。从这一观点看,赫西俄德本身就是一种虚构,一个匿名的主体。因此,毫不奇怪这一观点的支持者不会相信赫西俄德笔下的传记性因素或地理处所有的任何历史真实性。

如果这是事实,那么我自己的论点就站不住脚。我将赫西俄德视为一个历史人物,而且我试图论证,赫西俄德身处的社会正变得愈发世俗化,他目睹(并参与)了一个重要的历史发展。

尽管赫西俄德的确是口头传统的一分子——他的诗歌活动被书写记录下来并不排斥这一点——但是,没有理由将赫西俄德与根本上由重构继承的素材所构成的传统联系起来。赫西俄德并非只是重新创造价值,而是在提倡新的价值。的确,他完全是新时代个人主义的产物和拥护者。

在这一解释中,我们由此认为,赫西俄德终其一生的作品是用书写这一或多或少永久性的形式去记录的。只有赢得并保持极高

---

① 的确,与观众互动能直接影响创作和表演的形式和内容。

② Gregory Nagy(1982,45)。此外,Robert Lamberton 认为,"我们无法清楚解释这些诗歌的创作与它们在书写中的记录之间的关系,也无法知道这些有类似记载的诗歌与更早期世纪的希腊文学中的诗歌,有多少相似之处",如 Parry 所言,这是因为"它们诞生于口头的语境而非书写的语境"(1988,14)。

赞誉的口述诗歌才能被书写记录下来并世代流传。在这些罕有的作品中，赫西俄德的作品就归属于这一伟大类别。因此，它们的影响力无可否认。

　　根据希罗多德(5.57.1—58.2)的记载，腓尼基人最先将字母表介绍到赫西俄德的家乡波俄提亚(Boeotia)。无论是否真实，事实仍然是，在距离赫西俄德家乡很近的欧波厄亚(Euboea)，字母表有多种多样的用途，包括文学用途。[①] 而且，如果人们考虑到字母表是一种帮助记忆的文字，通过死记硬背学习，并且掌握起来并不需要大量的实践，那么就没有理由相信，赫西俄德没有书写能力。的确，在古希腊，口述诗歌可以通过死记硬背而学习，这一事实会让字母表更容易被学会。[②] 无论赫西俄德最初是否以口述的方式创造他的诗歌，而且，无论他是否在后来将它们用书写记录下来或将它们口授出来，[③]人们都可以认为他的诗歌反映了某种程度的批判意识。至少，从一种社会—政治立场看，与《神谱》相比，

----

　　① 如 L. H. Jeffrey 所言，波俄提亚人(Boeotian)的文字与卡尔基斯人(Chalcidic)的文字相似，"……几乎可以确定，波俄提亚人从卡尔基斯人那里接受了她们的字母表"(1990,90)。这也是 West 的立场："波俄提亚人可能是从卡尔基斯人那里获得了其字母表……他们一定是在赫西俄德时代之前就有了字母表，否则我们现在就不会有他的诗歌。"(1978,29)而且，West 还认为"赫西俄德一定是最早的希腊诗人之一，他将书写诗歌的重要步骤记录下来，或者将这些诗歌口授给懂得如何书写的人。赫西俄德并非专业的歌者，他通过聆听获得创作能力，因为通常人们在国家中表演的口头诗歌是寓教于乐的。但是，在竞赛时他不能将赌注压在片刻的灵感上：他需要提前费尽心思地准备好他的诗歌"(1966,48)。关于欧波厄亚在引进字母表中所扮演的角色可参 Powell(1997, 22)和他在注释 39 中提到的其他参考文献。Robb(1994,257)认为，赫西俄德并非以波俄提亚当地的方言进行创作，而是以一种史诗语言的泛希腊的 *koinē*［希腊共同语］进行创作，而且它是伊奥尼亚语的重要组成部分。

　　② 当然，一些人认为口头诗歌不能通过死记硬背——至少不能一字不差——而学会，因为口头诗歌需要表演，从而需要即兴创作。这里的问题还有书写如何影响表演。

　　③ 这是 Albert Lord(1960)的总体论断。他认为，因为一首口头创作的诗歌在传播中不可能没有较大的变化，而且也因为万一一诗人在写作时丧失能力，所以口传诗歌肯定被口授过(124f)。Lord 还特别提到了荷马，但我认为这也适用于赫西俄德。见 West(1966,47 n8)。Lord 关于口授的论断在晚近得到了 Janko(1990)的支持。

《劳作与时日》无疑显现出一种更为复杂的意识。不过,我的确同意口头程式学派的支持者,他们相信希腊诗歌(口头或书写的)确实需要上演。而且,即便赫西俄德将他的诗歌用书写记录下来,人们也认为这首诗会被上演。赫西俄德在《劳作与时日》中革新性的(即便不是革命性的)立场何以可能有如此的影响力,对我的论点和解释而言,这一点至关重要。

勒兰廷战争

[44]在赫西俄德作品中,口头程式学派成员置之不理的一个至关重要的历史性指涉是所谓的勒兰廷战争(Lelantine War)。因为它涉及到一个历史性事实,在《劳作与时日》(654—659)中的这一指涉不仅让我们可以将赫西俄德的诗歌活动确定为在这一事件之后,而且它暗示了赫西俄德可能借助书写进行创作。就当前的问题而言,更重要的是,赫西俄德的观众和两部诗歌随之而来的目标完全不同:《神谱》代表着对严格的社会分层的一种辩护,而《劳作与时日》则反映了对社会变迁的一种新的领悟。

在《劳作与时日》(654—659 或 725—730)中,赫西俄德夸耀道,在欧波厄亚的卡尔基斯(Chalcis),他在为国王安菲达玛斯(Amphidamas)举行的葬礼赛会中取得了诗歌上的胜利。依据修昔底德(1.15.3),普鲁塔克(*Moralia*[《伦语》]153e—f)将安菲达玛斯和他的死与勒兰廷战争联系起来。这场战争很特殊,因为它让希腊分裂为两个敌对的阵营。为了占有勒兰廷平原上卡尔基斯和厄瑞特里亚(Eretria)之间富饶的耕地,一场大战在卡尔基斯与厄瑞特里亚、优卑亚岛上两个主要的贵族共同体之间爆发了。①

关于这一战争所花的时间及战争的结果,我们所知甚少。据

---

① 更详尽讨论参 Murray(1993,77f)和 Coldstream(1977,200f)。

普鲁塔克(《伦语》760f),在帕耳萨罗斯的克勒俄马科斯(Cleomachos of Pharsalos)(他在一次战斗中阵亡,在卡尔基斯人们用一根柱子纪念他)带领的一支塞萨利骑兵分遣队的帮助下,卡尔基斯人战胜了厄瑞特里亚骑兵,夺得了大部分土地。[①] 在一次海战中(仍据普鲁塔克),一位卡尔基斯贵族、安菲达玛斯,失去了他的生命(《伦语》153f)。在卡尔基斯举行的葬礼赛会就是为了向安菲达玛斯致敬,赫西俄德正是在这场赛会中赢得了奖赏(《劳作与时日》654—657)。

事实上,约在前 700 年,欧波厄亚人的兴趣(interest)几乎从阿尔米娜(Al Mina)——一个重要的优卑亚商业中心——消失了;[②]约在前 710 年,老城勒夫坎地(Lefkandi)被遗弃或损坏了;[③]约前 720 至 690 年间,武士们烧毁了临近的厄瑞特里亚西门(Murray 1993,79;Coldstream 1977,200),还有其他一些旁证提及可追溯至前八世纪后四分之一时期的这两个同盟,这些旁证强有力地表明,很可能就在这一时期的末尾,赫西俄德去过卡尔基斯。[④] 这个城邦肯定还留有足够的力量来举办赛会!

穆瑞(Oswyn Murray)指出,勒兰廷战争标志着一个时代的结束(Murray 1993,78;另参 Jeffery 1976,67—68)。这是一场骑兵或绅士之间的战争,在古老风尚之下,最后的战争在这种风尚的主

----

① 见 Murray(1993,79)。Jeffery(1976,65)指出,如果柱子的确是克勒俄马科斯的纪念碑,那么这是他受到英雄般拥戴的一个可靠标志。

② 这个陶器主要是公元前 700—600 年的科林斯人(Corinthian)的。

③ 当然,这可能只是表明厄瑞特里亚人失掉了这个城邦。

④ Janko(1982,94)认为,赫西俄德是阿基洛库斯和西蒙尼德的同时代人。然而,如果我们将阿基洛库斯和西蒙尼德的鼎盛时期确定在大约公元前 680—660 年(Janko也会同意),那么我认为没有充分理由反驳这个时期也适用于赫西俄德。诚然,Janko在论及这一问题结束时的段落中(在批判性地分析了这一论题的学术文献之后)似乎强化了这一时期:"因此《神谱》的年代最可能是在利兰廷爆发之后,在公元前八世纪的最后几年,而且无疑并非在大约公元前 660 年之后,为了保证西蒙尼德的模仿,《劳作与时日》则要追溯到赫西俄德生涯的晚期。"(1982,98)

要倡导者之间进行。卡尔基斯的贵族被称为驯马者(*hippob-otai*),古代描述战争时会强调"骑兵"(即贵族骑马的士兵)的重要性,斯特拉波(Strabo)在提及厄瑞特里亚时,也对马力有令人印象深刻的呈现,而且更重要的是,[45]在阿尔忒弥斯圣地的一段铭文中记录了一个协议:"不要使用远距离的投掷物",即下层阶层的石头和弓箭(Murray 1993,78—79;见 Janko 1982,94—98)。阿基洛库斯(Archilochus)如此回忆起这一遭遇(残篇 3.4—5):"当阿瑞斯(Ares)在那块平原参战时,没有拉开更多的弓,也没有大量的投石器;不过会有利剑的严厉打击,因为这就是那场战斗的风尚,他们是优卑亚的主人,以剑术著称的王者。"①

科德斯特里姆(Coldstream)指出,前七世纪的厄瑞特里亚西门仪式遗迹显示,武士们在他们死后被授予英雄身份,并被当作他们城邦的护卫者来敬拜。② 而且,武士们被火葬而非土葬,尽管其他阶层和个人也是如此(见 Coldstream 1977,196—197),并且大部分火葬的墓穴与攻击性武器有关。当然,火葬是一种典型的荷马式或史诗式的葬礼实践。在卡尔基斯举行的向高贵的安菲达玛斯致敬的葬礼,这一事实是另一种典型的荷马式或史诗式的惯例或影响。再者,他们熟悉涅斯托耳(Nestor)著名的杯子(在火葬葬礼中打碎),而且为庆典上的宴会创作荷马式的六音步诗,这些事实也都强有力地表明,他们知道并且遵循着荷马式的葬礼实践。科德斯特里姆(1977,350)指出,史诗(特别是《伊利亚特》)的传播可能影响葬礼和其他的贵族实践。无论如何,贵族统治着卡尔基

---

① Murray(1993,79)把将来时看作是回顾往事;West(1966,43)则视之为不再使用投石器和弓的标志——但是他们各自在其他方面的解释是一致的。Jeffery(1976,66)主张"投石器和箭"只是"户外使用的武器"。[译注]此段译文参见 Oswyn Murray,《早期希腊》,晏绍祥译,上海人民出版社,2008 年版,页 72。

② 根据 Coldstream(1977,350),如果说安菲达玛斯在卡尔基斯也获得了同样的拥戴,那么这也就毫不奇怪。Murray(1993,79)也指出了这一点。

斯和厄瑞特里亚的共同体,他们效仿荷马式的模型,这一点存在强有力的证据,而且毋庸置疑的是,国王们或贵族们在任何纠纷中都是首要的仲裁者。的确,在新的城邦(*polis*)世界中,贵族的地位至少最初是建制化的,这意味着他们既是内部纠纷也是外部纠纷的执法官(Murray 1993,78;另参 Gagarin 1986)。后面我将回到这一点。

韦斯特(West)认为,赫西俄德的《神谱》可能打算写给敬拜安菲达玛斯的赛会。支撑这一论点的事实如下:(1)《神谱》的确是写给国王或贵族们、或 *basileis*[国王们]①的颂诗(eulogy);(2)提到一次不久前的丧亲之痛(98—103);(3)提到一次对战斗者、骑兵的赞扬,这些战斗者正在参加体育竞赛(411—452)(我同意韦斯特的观点,尽管我并不必然得出同样的结论)。因此,《神谱》本质上是"保守的",因为,它倾向于赞成和支持贵族制——实际上,因为《神谱》在一种宇宙起源神话中维系着这一建制,所以它给了贵族制一种神话意义上的辩护。

赫西俄德《神谱》中的 *Basileis*[国王们]

如前所述,有证据表明,优卑亚的国王和贵族们的葬礼实践与荷马笔下的描述一致,而且,赫西俄德的《神谱》是为这一阶层的个体所作的。

[46]在《神谱》80—103 行,有段很长的离题话,谈论国王们(*basileis*)与缪斯们(Muses)的特殊关系,特别是卡利俄佩(Calliope)或美好声音(Fairutterance)。在《神谱》84—92 行,赫西俄德这

---

① 主要的颂文见《神谱》98—103 行;亦参 80、430、434 行。我不认为赫西俄德明确区分了国王和贵族。在《劳作与时日》中,在讲到或提到特斯佩亚城的领导者们时,他用了复数的 *basileus*(例如 38、248、261、263)。因为毫无疑问可以有很多国王,我倾向于国王们或贵族们。

样描述国王们：

> 　　众人（*laoi*）抬眼凝望着他，当他施行正义（*itheiēisi dikēisin*），①做出公平（*diakrinonta*）裁决（*themistas*）时。他言语不偏不倚，迅速巧妙地平息最严重的纠纷（*mega neikos*）。明智的国王们（*basilēes*）正是这样，若有人在集会（*agorēphi*）上遭遇不公，他们能轻易扭转局面，以温言款语（*malakoisi epeessin*）相劝服。当他走进集会，人们敬他如神明，他为人谦和严谨，人群里最出众。这就是缪斯送给人类的神圣礼物！（West 英译，略有改动）②

这一段一直提醒学者们注意荷马《奥德赛》卷八 165—177 行，其中强调有了神赐予的雄辩的天赋，国王能"在公众面前言辞优美，虚心虔敬"，能将自己从人群中区分出来（如参 Gagarin 1986，26）。这两段文字的一个共同点是都声称，国王们——即史诗中的国王们恰当的行为——除了做一名成熟武士的能力之外，还包括做一位成熟的公众演说者和能平息党争的仲裁者的能力。

在荷马笔下，*basileis*［国王们］的职责是调解纠纷，而且这些纠纷明显有利可图。当事人同意接受仲裁者的裁决时，仲裁者会收到一笔调停费。因此，阿伽门农通过赠与阿喀琉斯七个人烟稠密的城邦诱惑他。"人们会把他当神，用礼物致敬，在他的 *skēptron*［权杖］下执行他有利可图的法令（*liparas teleousi*

----

　　①　我倾向于依据语境将 *themistes* 翻译为"裁决"（settlement）。如 Robb（1994，80）所言，语境表明这里谈论的裁决是他们自己基于习俗和先例做出的。*dikē* 几乎在与 *themis* 同义的意义上使用，这使得其有许多可能的译法。然而，其一般含义是无可怀疑的，即 *dikai* 乃依据 *themis*，即其口头先例而流传。

　　②　对于这些诗句的不同进路和解释的详细分析参见 Robb（1994，77—78）；Gagarin（1986，24，107）。［译按］中译见赫西俄德，《神谱笺释》，吴雅凌撰，华夏出版社，2010 年版，页 97—98。

themistas)"(《伊利亚特》9.156f)。也就是说,阿喀琉斯将从调停费中获得可观的利益(见 Murray 1993,60)。在《伊利亚特》(18.497—508)谈到阿喀琉斯之盾时,也有关于一个情节的著名描述,即两个诉讼当事人在公判人——长老们——面前争论他们的案子,尽管国王们宣布:"场子中央准备了整整两塔兰同黄金,是给能作出最公正裁决(*dikē*)的公断人的礼物。"(见 Robb 1994,76)

在《神谱》的语境中,很明显,当事人有纠纷,会来到 *basileis* [国王们]面前陈述他们的情况,并根据 *themis*[忒弥斯/法律]或先例解决他们的纠纷。① 然而,似乎国王的判决(*dikē*),不论是曲是直,都将受到"法律"的约束。当事人不能拒绝这一判决(如在荷马的例子中)。*basileis*[国王们]如法官般行动而非只充当调停者,要不然,在《劳作与时日》中,赫西俄德就会容忍偏袒其兄弟佩尔塞斯(Perses)、进行不公正判决的国王们了。而且,在《神谱》中,没有迹象表明,赫西俄德为他在《劳作与时日》中所谓"贪婪礼物"那样的国王们所困扰。的确,在《神谱》中[47]与在《伊利亚特》中一样,这些礼物不是用来贿赂而是仲裁者或法官的权利,而且亦无迹象表明,这些礼物像在《劳作与时日》中那样对仲裁者或法官有影响(如 Murray 1993,60 所言)。

值得注意的是,赫西俄德的主张据说建立在"真理"(*alēthea*,《神谱》28)、一种适合过去、现在和将来的真理(38)的基础之上。

---

① 裁决或判决(*dikai*)以 *themis* 为基础,即以习俗和先例为基础,这表明许多口头法(oral law)口头承传了一代又一代(参 Jeffery 1976)。因为赫西俄德强调诗歌的力量,所以这必将导致"口头先例/习俗"的诗意化,也就是说,将其转换成诗并谱成曲(从而被上演),以便传播。这非常符合《神谱》的目的:缪斯之父宙斯如何为诸神和人类建立一个新的社会—政治秩序。我们要记住,缪斯们言说关于宙斯的真理(*alēthea*)(《神谱》34—52),过去、现在和将来都有效的真理(32),而且这一真理以神圣的习俗和习性(*nomoi* 和 *ēthē*)为基础(65—67)。在我看来,这不会导致如某些人主张的,已经存在大量的口头法,它们构成了成文法典的背景,如参 Roth(1976)。

缪斯们启发诗人歌唱,诗人则以歌颂她们来回报(1—34)。[1] 不过,缪斯们也启发国王。国王们将他们"和解"的技能归功于缪斯们,诗人则将他们的魅力归功于缪斯们。总之,赫西俄德在诗人与国王之间做了一个比较(可能是一次大胆的比较)(80—103),尽管国王还有一个重要特征,他们是宙斯的后代(96)。这不会妨碍赫西俄德谈论国王的权威性。国王和诗人都握有 *skēptron*[权杖]或"神圣的权杖"。[2] 与此相关,值得注意的是,判决是在(或必须在)人类的领域中做出的,这一方式被认为与宇宙的普遍秩序相符,因为权杖(*skēptron*)和判决/习俗(*themistes*)被视为宙斯的礼物(见《伊利亚特》2.205—6,9.98)。因此,判决或裁决(*dikai*)被视为直或曲,是就它们是否符合神圣习俗而言的。理想的国王应该能分清什么是 *themis*[忒弥斯/法律],什么不是(Nagy 1982,58)。

《神谱》的序歌

赫西俄德《神谱》以一段长的序歌开篇(1—115 行),其中解释了诗歌的含义和限度。在序歌中,诗人描述道,当他在赫利孔山的山坡上牧羊时,缪斯们教他 *aoidē*[诗歌]的技艺,即用诗唱歌的技艺(22),为的是揭示和赞美过去和将来的真理(*alēthea*,28)、关于

---

[1]　在第 65—67 行中,《神谱》告诉我们缪斯吟唱(*melpontai*)不朽者的 *nomoi*(法律或神圣习俗)和 *ēthē*(习俗或习性)。这强有力地表明国王的发言被诗写成了音乐。如 Jesper Svenbro(1993,113)所言,*nomos* 和 *dikē* 总是已被分配的(dispensated),也就是说,用于倾听(如《劳作与时日》213,*akoue dikēs*,聆听正义,赫西俄德在告诉佩耳塞斯)。

[2]　《神谱》第 30 行。*skēptron*[权杖]是他们作为诸神的代表的象征。然而,不仅国王(《伊利亚特》1.279)握有权杖,而且祭司(《伊利亚特》1.15)和先知(《奥德赛》11.90)也握有权杖。也正是如此,对于所有支持集会的领导者而言,这至少是临时性的(《伊利亚特》1.245)。见 West(1966,163)。

不死的神族的真理(34)。毫不意外,《神谱》的作者向缪斯们祈求。她们是宙斯和记忆女神(*Mnēmosunē*)的女儿,而且正是记忆女神使诗直接接近其所描述的事件成为可能,因为只有记忆女神掌握着"记忆"——即同时沉思过去、现在、将来的能力(38)。在请求缪斯们启发他歌唱(104—105)时,赫西俄德是在请求她们授予他"记忆"这一礼物。这一礼物作为诗歌表演的必要条件,是想象力之礼物,通过想象力,诗人能够详细描述"过去"发生的事件,即在那个时候(*in illo tempore*),①这一事件导致万物"现存"秩序的建立。如果未来被唤醒,那是因为想象力延长并由此在某种意义上保证了这一秩序的持续性。从这一角度来看,我们在此所拥有的是真实的神话创作,因为,这是"关于一个既定群体的真理概念的传统表达"(Nagy 1990,48)。

[48]这里所谈的那些事件是缪斯们为了歌唱和赞美而创造的事件,即:她们的父亲宙斯如何在一系列社会—政治权利斗争后,战胜他的敌人,作为新的统治者如何在不死者之间分配权利和义务,由此建立和保证万物现存秩序的恒定性(69—75;391f;885)。然而,在讲述那些故事之前,赫西俄德必须提供诸神之间因统治权而发生的那些斗争的场所(即物理性的宇宙),而且介绍参与斗争的都有哪些神。几代神的名单提供了这些因素。正是在这个意义上,诸神的起源与宇宙的起源在赫西俄德的文本中重叠在一起。

宇宙起源

首先,赫西俄德告诉我们,Chaos[卡俄斯/混沌]是生成(*genet'*)的最初实在或力量(entity/power),接着是 Gaia[盖亚](大地),Tartaros[塔耳塔罗斯](大地之下)和 Eros[爱若斯](爱

---

① 见 Eliade(1963,149)。

神）。在某种意义上，这四个原初力量（两个男性、Eros［爱若斯］和 Tartaros［塔耳塔罗斯］；两个女性、Chaos［卡俄斯/混沌］和 Gaia［盖亚/大地］）是同代性的（coeval）。但在另外一种意义上，他们又不是同代性的。由于某种原因，赫西俄德避免给他们任何谱系上的关联。让我们从 Gaia［盖亚/大地］开始。

　　Chaos［卡俄斯/混沌］指一个裂隙或者一个空间的打开。这个词本身来自词根 *cha-* 而且与 *chaskō*（裂开，张开）有关（见 Chantraine）。然而，有两个问题并不清楚。首先，Chaos［卡俄斯/混沌］是一个分化之后的世界的永恒前提，还是对这一前提的一种修饰限定？事实上，如基尔克（Kirk）（KRS 1983,39）追随康福德（Cornford）所指出的，赫西俄德用 *genet'*、"生成"[1]而不是 *ēn*、"已存在"（was）表明 Chaos［卡俄斯/混沌］乃是后者。在这里，裂隙或裂口实际发生之前，已有大量未分化的物质。[2] 当然，这可以说回答了下述这一问题：从什么生成？严格地说，只有在裂隙发生之后，分化的过程或宇宙起源过程才开始。另一方面，有些学者认为（或倾向于认为）Chaos［卡俄斯/混沌］自身就是原初的阶段，即在最初，它是一个巨大的深渊。因此，马松（Mazon 1928,10—11）将第 116 行翻译为 "D'abord fut l'Abîme, puis Terre et Amour"［先是深渊，然后是大地和爱若斯］，他由此认为赫西俄德不会回答"大地如何从深渊中涌现出来"这样的问题。

---

　　[1]　*Gignesthai* 最常在"出生"（to be born）的意义上使用，而且是以有性生殖或无性生殖的方式从母亲那里出生。尽管赫西俄德重述了生成（*geneto*）的过程，最初的宇宙起源强烈表明他不仅"吸引我们去重温出生"，而且正如 J. P. Vernant（1983,370）所言，他也回应了先前存在的问题。斯巴达行情诗人 Alcman（大约公元前 600 年）显然致力于这一先前存在的理论问题："因为当物质（*hulē*）开始被安排时，便形成了一种道路（*poros*），可以说即一个开端（*archē*）。"（残篇 3；Kirk 英译）对 Alcman 神学宇宙起源论的讨论见 Kirk（1983,47—49）。考虑到赫西俄德先于 Alcman 好几代，他自己的神学的宇宙起源论必定影响过 Alcman。赫西俄德的作品一定广为流传。

　　[2]　可以说这与阿那克西曼德的 *apeiron*［无限］相似，后面我们会更理解。

兰伯顿和隆巴多（Lombardo）（1993,13）遵循类似的方向："赫西俄德的宇宙从一个'缝隙'或'深渊'（希腊词是 *Chaos*）开始，在开端处就'已存在'……［而且］现在仍然在。"因此，毫不奇怪他们会认为，Earth［大地］、Tartaros［塔耳塔罗斯］必须和 Chaos［卡俄斯/混沌］共存（13），就好象在说不存在一个宇宙起源过程似的。① 看来，符合逻辑（即便不确定）的是，Earth［大地］、Tartaros［塔耳塔罗斯］和 Eros［爱若斯］以某种方式融合在大量原初未分化的物质中，而且，裂隙，即 Chaos［卡俄斯/混沌］以某种方式在这种前宇宙的物质中发生，这种前宇宙的物质导致了这些实在或力量涌现出来。

[49]第二个显得不清楚的问题是原初裂隙（*Chaos*）的处所。赫西俄德坚定地认为，在裂隙产生之前，Earth［大地］、Tartaros［塔耳塔罗斯］和 Eros［爱若斯］混合在一起。康福德及后来的基尔克和其他学者都认为，裂隙——乌兰诺斯（Uranos）的阉割使它又重复出现了一次——发生在大地与天空之间。② 因此，Tartaros［塔耳塔罗斯］被视为 Earth［大地］的从属物或附属物，而且作为雨或精液的 Eros［爱若斯］位于 Earth［大地］与 Sky［天空］之间（KRS 1983,38）。基尔克指出："大地和天空源于一个团块（mass）的观念可能很普遍，赫西俄德将其视为理所当然，并在最初的分化阶段开始其世界形成的叙述。"（KRS 39）基尔克举了很多希腊和

---

① 这似乎也是 *to chaos* 的含义即"宇宙的最初状态"（LSJ）。Chaos 也被解释为一种黑暗的和无限的荒弃之物（如 Hölscher 1953/1970）。这也更为契合宇宙起源进程的原始状态，尽管某种程度上与在《神谱》736—745 中将 Chaos 描述大地和塔耳塔罗斯之间的裂隙颇为一致。但另一方面，这是对宇宙起源进程开始之后的裂隙自身的自然（nature）的描述，而非对位于临界点的前宇宙材料的描述。对此的讨论参 KRS（1983,41）。更多词源学的讨论，见 West（1966,192—193）。

② Cornford（1950,95f）和（1952,194f）。这一观念可以追溯到 Wilamowitz，见West,1966；KRS（1983,38）；D. Clay（1992,140）；Vernant（1991,369—371）。这一点在柏拉图《法义》10.886c 3—6 中也有所揭示。另外，在 Vernant 的杰出解释中，几乎没有提到塔耳塔罗斯。他分析的焦点是 Chaos 和 Gaia 之间的关系。

非希腊的资料来源来支持他的观点。[1]

另一方面,韦斯特认为,裂隙或空间发生在 Earth[大地]和 Tartaros[塔耳塔罗斯]之间。韦斯特的观点出现于康福德的观点不再流行之时(见 M. Miller Jr. 1983;Lombardo 和 Lamberton 1993,13)。米勒(Miller Jr.)提出了强有力的证据(1983,134),他在许多其他有趣之处注意到,康福德的立场必然导致 Sky[天空]和 Earth[大地]是同代性的(Tartaros[塔耳塔罗斯]和 Eros[爱若斯]也一样),但在赫西俄德的文本中没有任何东西暗示了这一点——更后面的阉割那一幕或许除外。就韦斯特而言,他在如下事实中为其解释找到了支撑:在 Earth[大地]和 Tartaros[塔耳塔罗斯]之间的同一个空间,行 740 称为 *chasma*[浑渊],而行 814 称为 *chaeos*[深渊]。更重要的是,赫西俄德指出在黑暗的 Earth[大地]和模糊的(misty)Tartaros[塔耳塔罗斯]之间有昏暗的 Chaos[卡俄斯/混沌](*chaeos zopheroio*,814),也就是说,一个极大的裂隙(*chasma meg'*,740)。与此相关,赫西俄德说,一个铜砧从 Earth[大地]落到 Tartaros[塔耳塔罗斯]与从天空坠落到 Earth[大地]所花的时间一样多:也就是说,经过九天九夜的坠落,第十天才到达(720—25)。[2] 这强有力地表明,Earth[大地]和 Tartaros[塔耳塔罗斯]之间的距离是极大的。[3] 而且,这需要一种三层或层级对称(stage-symmetrical)的宇宙,其中 Sky[天空]在顶部,大地在中

---

① KRS(1983,42—44);West(1966,211—213)在讨论乌兰诺斯的阉割时也提到了相似的资料来源。

② 据说塔耳塔罗斯被一个高高的铜墙围绕(726),三重 Night[夜晚/黑幕]环绕其颈(727)。至少在我看来,是否三重夜晚/黑幕透过铜墙将塔耳塔罗斯环绕在大地的深处,这一点并不清楚。在第 811 行,我们被告知,进入冥府时有锃亮的门,但没有指定具体位置。

③ McKirahan(1994,12)正确地指出了这一点,此外,他将原始裂隙视为区分天与地的东西。他看到在大地与塔耳塔罗斯之间有一道相似的裂隙。他将塔耳塔罗斯置于底部。

心，Tartaros［塔耳塔罗斯］在底部。① 这一裂隙或裂口被描述为黑色且多风。更重要的是，据说 Earth［大地］、Sea［大海］、Sky［天空］和 Tartaros［塔耳塔罗斯］都有根源（*pēgai*）和限度（*peirata*），也就是说，它们在这个裂口中开始和结束（736—739；807—810）。② 如果原初裂隙不在 Earth［大地］和 Tartaros［塔耳塔罗斯］之间发生，这将有助于解释在宇宙起源的开端处，为什么 Tartaros［塔耳塔罗斯］没有自己的后裔。③

严格地说，在这个宇宙起源论中，Chaos［卡俄斯/混沌］单性繁殖地产生了 Erebos［厄瑞玻斯］（暗冥）和漆黑的 Night［夜晚］。接着，他们相爱交合（*philoteti migeisa*，125）并生下了 Aither［天光］（明亮的天空）和 Day［白天］。Erebos［暗冥］和 Night［夜晚］指"黑暗和潮湿的"环境，也描述裂隙自身，假定裂隙是敞开的。宇宙起源神话中的编年性起点最常用来描述黑暗和潮湿。④ 另一方面，如果 Aither［天光］和 Day［白天］由 Erebos［暗冥］和 Night［夜晚］孕育，这是因为 Night［夜晚］与 Day［白天］不可分离，其中一方必然包含着另一方。⑤ 从［50］宇宙起源的角度来看，白天在逻辑上和时间上紧随夜晚，因为白天代表一种更加成熟的状态（如West 1966，197 指出的，太阳在这个阶段不会发挥作用，太阳光和

---

① 大多数视觉再现（renditions）提供的都是一个球形的宇宙，而不是一个分层的宇宙；例如 McKirahan（1994，12）；Hahn（2001，177—178）。的确，据说天空完全覆盖在大地周围，但是赫西俄德的宇宙几乎不是球形的。

② 在另一个段落中，赫西俄德说，只有大地和大海在裂缝（chasm）中有它们的根（*rhizai*）（728）。更准确地说，他讲到在塔耳塔罗斯之上是大地和大海的根（728）。M. Miller Jr.（2001，263—264）认为这里所说的根就是塔耳塔罗斯自身。

③ 塔耳塔罗斯像 *Chaos* 本身一样无差别地存在着。在最后阶段，宙斯挑战并战胜了怪物提丰，他似乎代表着 *chaos* 的力量。怪物在被打败之后恰好被丢弃在塔耳塔罗斯那里。

④ 来自《神谱》第 884 行的 *chaeos zopheroio* 这一表达，"来自模糊的深渊"。对宇宙起源神话的这一角度的杰出概述见 Eliade（1968，5：60—64）。

⑤ 关于在赫西俄德那里 Night［夜晚］所扮演的角色，参 Ramnoux（1959）。

日光不被视为同一个事物)。因此,Day[白天],或毋宁说Day[白天]的生成,与宇宙形成的过程不可分离。从而,即便这里Chaos[卡俄斯/混沌]与Earth[大地]没有谱系上的联系,它们也联系紧密。我们接下来看看Earth[大地]。

据赫西俄德,Earth[大地]首先(*prōton*)产生了(或"生下了")繁星无数的天空,然后是丛山和大海(126—132)。所有这些都由Earth[大地]单性繁殖地孕育(*ater philotetos ephimerou*,132),即通过一种自发的产生。这增加了那些认为原初裂隙在Earth[大地]与Tartaros[塔耳塔罗斯]之间的观点的可信度。的确,如前所述,在这一点上,正如我们所期望的那样,男性的Tartaros[塔耳塔罗斯]不会产生属于它自己的任何孩子(这可能也解释了为什么它只有与Earth[大地]配对才能参与Typhoeus[提丰]的生产)。①

尽管Eros[爱若斯]与Earth[大地]和Tartaros[塔耳塔罗斯]是同代性的,但是像Tartaros[塔耳塔罗斯]一样,它不再被提及。它被赋予的生殖功能,是Chaos[卡俄斯/混沌]生殖功能的自然对应:然而,Chaos[卡俄斯/混沌]表示分化和分离,Eros[爱若斯]则表示结合和整合。从这个角度来看,Eros[爱若斯]将与Aither[天光]和Day[白天]的产生相关,因为不将Aither[天光]和Day[白天]的生成与宇宙的形成联系起来是困难的,作为一种原初力量的Eros[爱若斯]与宇宙产生的关系,不亚于Chaos[卡俄斯/混沌]、Gaia[大地]和Tartaros[塔耳塔罗斯]与宇宙产生的关系。②

---

① 关于赫西俄德在第119行对塔耳塔罗斯的中性复数形式的使用可参 Miller Jr. (1983,138)。

② 为了让Eros[爱若斯]成为"唯一"(the)运动原则而非"一种"(a)运动原则,需要Eros[爱若斯]也存在于使Chaos[混沌]和Earth[大地]能各自生产其后代的生殖能力的背后。柏拉图在《会饮》178b中指出,可以确定的是在《神谱》中Eros[爱若斯]没有父母。

在关于"物质性宇宙"之起源的描述中,尽管宇宙的每一特征都是拟人化的,但是这一阶段的语言仍然缺乏神话意象。① 的确,这里人格神明显缺席。然而,我们有几种不同的物质性宇宙形成的描述(如 Chaos[卡俄斯/混沌]产生 Erebos[暗冥]和 Night[夜晚],后两者又产生了 Aither[天光]和 Day[白天],Earth[大地]无性地产生了 Sky[天空]、Mountain[山丘]和 Sea[大海]),还是说,只有一种物质性宇宙形成的描述,这一点并不清楚。事实上,Sky[天空]被描述为"繁星无数的"(asteroenth', 127)可能导致日光依然缺席,而且因为 Erebos[暗冥]和 Night[夜晚]是 Mountain[山丘]、Sea[大海]和 Sky[天空](第二代)的同一代,所以 Aither[天光]和 Day[白天]可能被视为下一代(第三代),因此是同一个宇宙起源的延续。无论如何,看来物质性宇宙(如我们在《埃努玛·埃利什》开篇看到的那样,在这个阶段并未出现一个胚胎式的宇宙)现在是在为拟人或非宇宙性的诸神的相继家族的产生和到来提供场所,也为后者的最高权力之战提供场所。

提坦神(Titans)是 Earth[大地]和 Sky[天空]第一代拟人化的后代,他们包括:奥刻阿诺斯(Ocean)、科伊俄斯(Koios)、克利俄斯(Krios)、许佩里翁(Hyperion)、伊阿佩托斯(Iapetos)、忒娅(Theia)、瑞娅(Rheia)、忒弥斯(Themis)、谟涅摩绪涅(Mnemosyne)、福柏(Phoibe)、忒提斯(Tethys),以及最后,克洛诺斯(Kronos)(133—38)。当然,[51]提坦神的特征并无模棱两可。例如,奥刻阿诺斯更经常地与环绕着 Earth[大地]并与所有其他河流相连的大河有关(337,362,789—92)。奥刻阿诺斯也是忒提斯的哥哥和丈夫,忒提斯同样与水有关。在荷马笔下,提坦神为万物的最终源泉(《伊利亚特》14.201,246)。忒弥斯和谟涅摩绪涅代表习俗和记忆,是任何有序共同体的必要条件。忒娅和许佩里翁(荷马笔

---

① 甚至在语法上是中性的 Chaos[混沌]也被当作阴性:hē chaos。

下太阳的别称,如《伊利亚特》8.480)是太阳、月亮和黎明的父母(371);光亮的福柏(Phoibe)可能与月亮有关(136);伊阿佩托斯是普罗米修斯的父亲;科伊俄斯和克利俄斯更模糊,而瑞娅是著名的克洛诺斯的妻子,他们是奥林波斯神的父母。① 盖亚(Gaia)和乌兰诺斯(Uranos)还生下了库克洛佩斯(Cyclopes):布戎忒斯(Brontes)、斯特若佩斯(Steropes)和阿耳戈斯(Arges)(鸣雷、闪电和霹雳以及如此而来的个性化现象)和三个百手神(139—153);所有这些神都代表力量和强力,并在随后的故事中发挥基础性作用。

乌兰诺斯的阉割与第二次宇宙起源

叙述乌兰诺斯的阉割(154—210)的著名一幕被无可非议地视为宇宙起源的第二个版本(或重复)(见 Cornford 1952,194;KRS 1983,38;及 Vernant 1991,1:373)。的确,这一幕再一次叙述了Earth[大地]和Sky[天空]是如何以及为何被分离的。然而,在这次描述中,神人同形同性论(anthropomorphism)及其相应的动机和情感占了支配地位。这一故事是这样展开的:乌兰诺斯生了十八个孩子(如上列举的提坦神、库克洛佩斯和百手神),但是,因为他和 Gaia[盖亚/大地]过度交合(Eros[爱若斯]的消极面),阻止他的孩子们见到天日(*es phaos ouk anieske*,157),并阻止他的孩子们接受其合理份额(*moira*)的荣誉(*timai*)。没有光,且繁衍停滞,Gaia[盖亚/大地]便请求她的孩子们伸出援手。最年轻的克洛诺斯接受了这一挑战,并实施了母亲想出来的残忍(*dolien*)而邪恶

---

① 忒娅(Theia)、伊阿佩托斯(Iapetos)、科伊俄斯(Koios)、克利俄斯(Krios)、瑞娅(Rheia)和科洛诺斯(Kronos)并非任何事物的拟人化。对于接下来的事值得注意的是,与奥林波斯神相比,提坦神也一样是好事物的给予者。关于这一角度,《神谱》46—110 行可能要么只提到提坦神,要么同时提到提坦神和奥林波斯神,而不是像在第 663 行那样只提到奥林波斯神。

的计谋(*kakēn technēn*)。克洛诺斯隐匿在藏身处,合适的时机到来时(乌兰诺斯与 Gaia[盖亚/大地]交欢时),他阉割了父亲。这一行动再次象征着大地与天空的分离,以及由此而来的光的出现和提坦神的实际产生(与提坦神不同,库克洛佩斯和百手神并非从 Gaia[盖亚/大地]的子宫中释放出来),以及与胜利相关的荣誉(*timai*)和特权(*gera*)的实际产生。

接着,克洛诺斯和瑞娅生下了奥林波斯神,但与他的父亲乌兰诺斯一样,克洛诺斯对他的孩子们同样轻视。他们未被给予荣誉的份额(*moira of timē*,392f,882)或特权(*geras*,393,396)。瑞娅和盖亚一样,不情愿地生下了奥林波斯神——德墨特尔(Demeter)、赫斯提亚(Hestia)、[52]赫拉(Hera)、哈德斯(Hades)、波塞冬(Poseidon)和宙斯(Zeus)。但是克洛诺斯注意到了他父亲的恐吓,即他将为其恶行遭受报应(210),把孩子们一个接一个吞下,以避免被其中之一取代(462)。然而,克洛诺斯被最年幼的儿子——宙斯(在盖亚和乌兰诺斯的帮助下)蒙骗了,并被迫释放了他的孩子们(470f)。所有这些行动者(提丰[Typhoeus]除外)现在已为最终的统治权之战准备就绪。

统治权之战

一场暴力斗争,即著名的提坦大战,在克洛诺斯与宙斯所领导的两个阵营之间持续了十年(636)。战争持续着,直到在 Gaia[盖亚/大地]的建议下,宙斯从地底下找回百手神——他们最初被乌兰诺斯、接着被克洛诺斯放逐到了那里。在百手神的帮助下,提坦神最终被击败,并被发配到 Tartaros[塔耳塔罗斯](690—735,814,820)。然而,宙斯接着面临一个新的威胁:提丰(820—80)、Tartaros[塔耳塔罗斯]和 Gaia[盖亚/大地]的孩子。提丰象征原初混沌向有序世界的回归(Vernant 1991,377)。尽管他力量惊

人,但他还是在一场战斗中被宙斯击败,并被迅速丢回他的真正住
所:Tartaros[塔耳塔罗斯]。提丰是迅疾和难以预测的风的来源
(869—880)——可能是永远不能被完全征服的破坏力的一种
象征。

正如乌兰诺斯的阉割及其结果完善着《神谱》的宇宙起源阶
段,提丰的战败标志着统治权之战的终结。伴随宙斯的胜利,在
Gaia[盖亚/大地]的建议下,宙斯毫无争议地被宣布为王,然后他
(与乌兰诺斯和克洛诺斯不同)依照最初的誓言(*horkon*)为他的所
有支持者们分配荣誉。一个新的政治和道德秩序由此开创出来。

人类的起源

人们可能期望人类的起源紧随宙斯的胜利和随后的婚姻,但
事情并非如此。人类的起源或至少其出现,存在于普罗米修斯的
插曲中,这一插曲发生在《神谱》开始和结束之间的中途(535—
616),在一系列斗争开始之前。① 无论这是什么原因,事实是,赫
西俄德需要解释人类的起源和实际的人类状况——荷马并不觉得
必须去做这些事情。在荷马笔下,人类仅仅作为世界当然的一部
分(作为命运或 *moira*[命运]的一部分)。为了解释人类的起源,
如我们将看到的那样,一种人类起源论是前苏格拉底派一般宇宙
起源论的一个基本组成部分。

[53]普罗米修斯神话解释了人类的起源和状况(Vernant
1983,238—240)。赫西俄德是否知道人类起源的其他版本,或者

---

① 这至少是为何赫西俄德的《神谱》看起来缺乏结构的原因之一。最近一个有
趣的分析强有力地挑战了这一观点,参 Hamilton(1989)。Mazon(1928)认为,赫西俄
德将普罗米修斯这一幕放在这里是为了表明人类被打败比提坦神被打败更容易。根
据 Hamilton,人类的利益是这个故事的核心:他们不仅要受到审判,而且火是为了他们
的利益而偷的,火的保留带给他们损害,但没有提到女人是作为一种恶为他们而造的。

为什么他会选择这个版本而不是其他版本，这一点并不清楚。①
所有赫西俄德自己的解释通常是，最早的凡人种族最初在无需劳
作、操心、劳累或疾病的状态下生活着。他们"整全地"从大地上出
现，而且从不变老；他们的死亡像平静的睡眠一样。②

在《神谱》中，我们知道有一个时期，人类与诸神和平地生活在一
起——这就是黄金时代。但是，在一次宴会期间，负责分配食物份额
的普罗米修斯，为了凡人的利益（我们未被告知为什么普罗米修斯代
表凡人）欺骗了诸神。③ 为了替自己报仇，宙斯藏起火种不让人类发
现，也就是说，人类需要天上的火来烹调食物。但是，普罗米修斯帮
助人类并再次欺骗了宙斯，偷了火种藏在一根茴香杆里。的确，没有
火种，人类便不再能够养活自己，并由此被迫处于毁灭之境。宙斯通
过创造女人（*gunē*）潘多拉（Pandora）来还击，潘多拉将是人类罪恶
的主要来源，尽管同样也是人类的一种重要资产（asset）。④ 人类与

---

① 然而在《劳作与时日》中的"金属神话"里也存在一个版本。在这个版本中，通
常所谓金属据说由诸神所"造"（*poiēsan*）（110）。

② 尽管这些引征来自赫西俄德在金属神话中对黄金时代的描述（《劳作与时日》
90—92，109—125），但是毫无疑问这同样也适用于在普罗米修斯干预之前的人类状
况。女人的地位并不清楚。我们将会看到，无论是在《神谱》的普罗米修斯插曲的语境
中，还是在《劳作与时日》里，都没有叙述男人的起源，只提到了女人的起源。

③ 希腊人显然能够明白他们获得了较大部分的献祭。普罗米修斯插曲也清楚
解释了原因，而且结果是从今以后人类必须向诸神献祭以重建破裂的关系（《神谱》
556—557）。

④ 在《神谱》创造女人的版本中，女人实际上不叫潘多拉，或者其他什么名字。
除了赫菲斯托斯（用土塑造她，571）和雅典娜（恰当地给她穿上衣服）以外，没有神赋予
她魅力，尽管她同时呈现在男人（*anthrōpoi*）和诸神面前（《神谱》585—588）。在《劳作
与时日》中（按照同样的先后次序谈到了普罗米修斯与宙斯的对抗），赫菲斯托斯用土
和水（61）将潘多拉塑造成一位甜美的处女。接着由雅典娜教她手艺，包括编织，被阿
佛洛狄忒引诱并被赫尔墨斯欺骗，等等。此后，在宙斯的命令下每一位奥林波斯神都
赋予她一个特质，她被命名为潘多拉，是所有诸神献给男人的礼物（80—82）。此外有
些反常的是，事实上男人最初整全地从大地母亲上出现并享受着大地丰富的成果，而
大地的自然对应物、女人，无疑是被造的，尽管也是大地自身创造的。Walcot（1966，
65—70）试图将潘多拉这一形象追溯到埃及，但考虑到埃及女人被视为与男人完全对
等，因此很难对赫西俄德在此对女性的极端厌恶做出解释。

诸神的分离暗示着对人类种族而言的一种状况。人类将不再像植物一样从大地上涌现；所有新的产生将是生殖的结果；而且如今人类将在时间中痛苦地生活。然而，人类并非没有某种资源。火种礼物将不仅使人类能够养活自己，而且将有一种文明化的结果；它能使人类获得其他技能，并在时间中进步。① 如克莱(Clay)(1989,124)所言，人类将不再停留在"独居野蛮的水平上"。的确，宙斯在胜利之后缔结的婚姻似乎证实了这一点。至少在《神谱》中，这可能是人们必须遵循的社会—政治秩序类型。然而，这一故事的主要寓意似乎是去欺骗宙斯，是与宙斯所建立起来的世界秩序竞争，并且对这一行为的惩罚因此将是值得效仿的。

宙斯的婚姻

在《神谱》中，正如世界秩序源于个体和个体化的神灵一样，所有社会—政治概念都是诸神和诸女神，如死亡(Death)、睡眠(Sleep)、梦呓(Lies)、诽谤(Distress)和悲哀(Sarcasm)等非社会性概念也是这样。事实上，许多最重要的概念产生于奥林波斯神之前：忒弥斯(Themis)和谟涅摩绪涅(Mnemosyne)是乌兰诺斯和大

---

① 在《神谱》中有一个有趣但很少被提及的段落，在对诸神和提丰的斗争(820—880)的描述中，赫西俄德比较了在提丰遭到宙斯闪电霹雳打击之后烧毁提丰的火焰与年轻人或工匠(*aizēon*)用技艺(*technē*,863)将铁(或锡)熔入熔瓮中所使用的高温/火焰(862—864)。这一段表明，赫西俄德懂得人类试图通过过火的技艺让自身变得文明。关于这一点，可参 Schaerer(1930,4)。更重要的是，没有迹象表明这一技艺是神秘的，即只限定在创始者那里的神圣而受保护的秘密。的确，人们并不清楚赫西俄德是否将火视为诸神的礼物。在《赫尔墨斯颂歌》(Hymn to Hermes)中(年代并不确定，但显然是在公元前七或六世纪，参 R. Janko 1982,133—150)，正是赫尔墨斯最先发明了烧火棍和火(111)，这一新的 *puros technē* 使人类能够随意制造和控制火。对此的讨论可参 J. Clay(1989,95—151)。

地的孩子(135);①命运女神、友爱女神和复仇女神是黑夜无性地生下的孩子(217—224);墨提斯(Metis)和欧律诺墨(Eurynome)是奥刻阿诺斯和忒提斯的孩子(358)。意料之中的是,宙斯在获胜之后,与这些概念中的几个缔结了一系列婚姻,最初[54]是和墨提斯(Metis)(精巧思虑)、接着是和忒弥斯(Themis)(习俗—法律)、欧律诺墨(Eurynome)(良好秩序)和谟涅摩绪涅(Mnemosyne)(记忆)。对于赫西俄德的叙述来说,这些婚姻必不可少。

与墨提斯(精巧思虑)的第一次婚姻,使得继承秩序将在宙斯这里终止。墨提斯命中注定会生下一个强于宙斯的孩子。但在盖亚和乌兰诺斯的建议下,宙斯吞下了墨提斯,而不是如克洛诺斯那样吞下他的儿子,终止了继承的循环,并确保没有诡计在任何时候惊扰他(886—900)。与忒弥斯的第二次婚姻显得稳固、持续和秩序井然,由此生下了时辰女神(秩序女神、正义女神和和平女神)和命运女神(901—909),她们象征着归属于各自的分配和限度以及由此绝不能跨越的边界。与欧律诺墨的第三次婚姻生下了三位美惠女神:喜悦、节庆和丰裕(907—909),她们是正义和永久秩序的结果,也就是说,她们是名副其实的文明的结果。第四次婚姻是和德墨特尔(Demeter)(912—914)。这次婚姻的后代是珀尔塞福涅(Phersephone),她后来被哈德斯掠走。掠走尤其重要,因为掠走象征着死亡与再生。由于死亡只能是人的死亡,所以在下述的意义上,再生必定是最初三段婚姻的结果:如果人死了,缪斯就会通过记忆的发生保证他的存活。这解释了宙斯和谟涅摩绪涅的第五次婚姻以及九位缪斯女神的诞生(915—917)。缪斯女神的功能,是保存让宙斯的统治和意愿具有了下述特征的一切事物:文明社

---

① 因此忒弥斯和谟涅摩绪涅都是提坦神。这无疑意味着提坦神在战败之后不会被移交给塔耳塔罗斯。当然,忒弥斯和谟涅摩绪涅所代表的东西对于宙斯自己的改革而言是不可或缺的,但奇怪的是赫西俄德并没有为我们准备这些。对此更为全面的讨论可参 Solmsen(1949)。

会的神圣习惯和方式(见 Havelock 1963,101)。

因此,赫西俄德的《神谱》解释了诸神的组织结构和价值法典(code of values)的起源,而且引申开来,它也解释了赫西俄德时代英雄和贵族的起源。这一点在《神谱》的序歌中(100f)很清楚,在其中我们被告知,诗人的目的是歌颂古老的人类(*proterōn anthrōpōn*,100)和奥林波斯诸神的伟大事迹(*kleea* 100)。赫西俄德提及的人类国王(80 行开始)是他们的后代,"当他们施行正义,作出公平决断(*diakrinonta themistas itheieisi dikeisin*,84—85)",这些决断乃基于他们人类和神的祖先的 *nomoi*[礼法]和 *ēthē*[习惯](文明社会的神圣习惯和方式,因此乃基于宙斯的意愿)。这就是普罗米修斯插曲的主要教诲之一:欺骗宙斯就是欺骗新的社会—政治世界秩序,而且会遭到权位的报复。①

对《神谱》的一般解释

毫无疑问,赫西俄德的神谱之诗是向宙斯致敬的赞美诗。序歌已清楚地宣告了这一点。但一般而言,如何完整地解释这一文本呢?赫西俄德的神谱之诗是对现存世界秩序历史[55]的一种理性化(rationalization)。他的方法是,在一个巨大的诸神谱系的伪装下,既呈现出世界的历史,也呈现出其价值体系——这一体系毫无疑问建立在权力的基础之上。

宙斯胜利之后的一系列婚姻使这种解释更加可信。宙斯四次婚

---

① 无论这是否为赫西俄德自己所加,毫不奇怪的是,在《神谱》的结尾处有一段简短的英雄起源。毕竟,英雄是宙斯及其军团的后代。但奇怪且令人费解的是宙斯必须和凡人女子结合,而女神也必须和凡人男子结合(963—1018)。这样做的最终结果是,英雄社会于是被视为与神的社会是同时代的,也是神的社会的模型。这如何与普罗米修斯的故事相符是另外一个问题。相一致的是生殖(procreation)仍然是繁殖(reproduction)的自然手段,而非整全地从土里出现。

姻的结果,即随后哈德斯与珀尔塞福涅的婚姻意味着,尽管人类生活不确定,但是源于最初的三段婚姻并且以一个文明社会为特征的 *nomoi*[礼法]和 *ēthē*[习惯](66),能够被保持也必须被保持。它们通过一首歌得以保持,这首歌像珀尔塞福涅一样,不断提醒着,对于社会的救治而言,什么是本质性的东西。从这一角度来看,宙斯的意愿变成了我们祖先的意愿。诸神和人类被视为分享了一个相似的社会政治结构和价值体系,这一事实使这一猜测似乎更可信了。

仪式的缺席

赫西俄德所呈现的宇宙起源神话与《埃努玛·埃利什》的宇宙起源神话之间最显著的区别在于仪式(ritual)的缺席。的确,尽管赫西俄德的《神谱》提供了一个关于世界起源与演变的解释,并且为由宙斯建立的世界秩序之中的人类生存,提供了一个值得效仿的社会—政治模型,但是赫西俄德的叙述最引人注目的是,在其中,世界、人类和社会周期性的更新不再必须。

人们常说,在赫西俄德《神谱》中核心的组织原则是一种继承神话(succession myth),而且,这一继承神话明显与东方神话有许多相似之处。① 两个例子的文本都赞扬统治整个宇宙的一位神的

---

① 许多学者(例如 Kirk 1970,212—222;Eliade 1978,1;139—161;Murray 1993,87—90)认为,赫梯人/胡里人(Hurrian)和迦南人(Cannaanite)的统治权比《埃努玛·埃利什》更接近赫西俄德的叙述。从我对 Pritchard 的 *ANET*(1969)中的文本的阅读来看,显然并没有获得同样的印象。虽然存在显而易见的类似之处,我同意 Walcot(1966,26,32f),这些类似在《埃努玛·埃利什》那里更为接近。尽管《埃努玛·埃利什》(参本章注释 16[即本书页 68 注释②])的现存形式要最少追溯到公元前十一世纪或十二世纪,更为古老。而且,史诗一直延续到塞琉西王朝时代(Seleucid period),因为 Baal 的懂两种语言的祭司 Berossus 在他的 *Babylonica* 中有使用。事实上,Laroche(1981/1994,1;528)明确主张,之所以赫梯人/胡里人和迦南人的多神论组织和诸神间的斗争(pantheistic organizations and theomachies)的相似之处如此明显,是因为他们必定有相同的来源:巴比伦(亦参 Kapelrud 1963,70)。当然,在此还有另一个问题。Murray (转下页注)

力量,秩序是他战胜失序之力的产物。《埃努玛·埃利什》是这样,它呈现了一位神性的角色、马杜克,在许多方面他都与赫西俄德《神谱》中的宙斯一样。两个文本都讲述了作为文本核心角色的一位神的产生和战斗。为了反对并杀死象征着混乱和失序的龙(前者是提亚马特,后者是堤福俄斯),最重要的主角、马杜克和宙斯,被选为他们各自同盟的首领。杀死怪物之后,主角被宣布为其他诸神的王。接着,他们着手在宇宙的不同区域为那些支持他们的诸神分配特权和天命。这就是为什么这些创世故事有资格被视为统治权的神话。但是,这两个文本能显示出如此明显的相似性,却如何可能在最为重要(至少看起来)的仪式问题上仍然有分歧呢?这[56]可能是由于一个极为重要的历史事件:迈锡尼文明的瓦解。的确,迈锡尼世界与同时代的近东王朝在某种程度上相似存在有力证据。考古和文献证据(来自对线形文字 B 字迹的辨认)揭示了一个建立在宫殿和圣地基础上的管理制度和经济体系。迈锡尼社会(及其相应的众神)像其近东的对应物一样,明显有等级,国王和贵族在顶层,奴隶在底层,而农民、工匠和区域共同体的统治者在中间。① 在等级秩序中最顶层的是 *wanax*[统治者]、荷马关于国王的用词之一。*Basileus*[国王]是可以找到的荷马(和赫西俄德)关于国王的另一用词,但它似乎被用来指任何群体的领袖(Chadwick 1976,70)。尽管大多数情况下,*wanax*[统治者]指一个人类的统治者,但似乎这个词也被当作一个神圣的称号(1976,

---

(接上页注)(1993,90)认为,没有证据表明在赫西俄德那里拥有一套独立于荷马史诗的特殊词汇,我们可以说这套特殊的词汇是用他自己程式化的语言建立起来的神谱传统。根据 Murray,迈锡尼的持续存在(在此我也这么认为)并非必然,而且也的确不太可能。因此,他认为赫西俄德一定是有意识地从那个时代在波俄提亚(Boeotia)的物资流通中借鉴了一些东方元素。然而,Burkert(1992,87—124)却明确呈现了东方文本和荷马史诗之间大量显而易见的相似之处。其中有一些与我们在赫西俄德那里发现的非常相似。

① 关于万神庙和城邦的结构见 Faure(1981,330—340)。

70—71)。的确,尽管没有神圣王权的确切证据,国王不被理解为神的儿子和人间的代表(或对应物)多少有些奇怪。[①] 尽管国王们本性是有死的,但荷马笔下的国王们无疑认为自己拥有神的血统。而这些国土正如他们在近东君主国(monarchies)中的副本一样,要为自然节奏的规律性和整个社会的良好状态负责。的确,来自不同近东中心王室档案的许多文献,都证明了被视为神之子的国王—祭司(king-priest)处于顶层的强大等级神权国家的存在。而且,有强有力的证据表明这些文本旨在被仪式化,即被吟诵和重演。的确,不仅这些文本或诗歌建立在节奏和韵律之上,而且在每个例子中,我们都发现神圣的英雄每年必须与一个原始的龙或蛇进行斗争。[②] 最后,在每种情况中,统治权神话与丰收神话都存在联系。由此,自然和社会都服从每年重演的仪式。[③]

如果说在赫西俄德那里,与宇宙更新相联系的仪式的功能缺席了,这是因为赫西俄德无意中提到的迈锡尼文明在大约公元前1200年突然瓦解了。[④] 这一核心宫殿的瓦解,重新分配了经济文明,也导致必须以其存在为前提的社会实践的消失。由此,我们有理由询问,是否宇宙更新仪式的消失不会导致对正义(Justice)女神的拒绝,如赫西俄德在《神谱》中所设想的,即不会导致对遵照宙斯(或祖先)意愿生活的拒绝。的确,一方面仪式使人们反抗失序的力量,另一方面,仪式能更新他们生活的世界。换句话说,仪式保证在

---

① Paul Faure(1975,109)显然认为这是理所当然。

② 因此,赫梯人的统治权神话,乌利库米之歌(*Song of Ullikummi*)结束于牛(或混沌的象征)自夸它将重新回来占领天国。

③ 关于这些统治权神话中神话与仪式的相互关系可参 Eliade(1978,1:139—161)、Arvid Kapelrud(1963,67—81)和 Johannes Lehmann(1977,273—287)。许多不同的研究这些神话的学术文章都讨论了这些统治权神话的仪式方面,见 Bonnefoy 1991,vol. 1。

④ 迈锡尼文明的瓦解最初被认为是因为外族的入侵,但是目前的证据似乎表明这是源于迈锡尼的希腊统治者的内部斗争,尽管也有人认为有其他因素,如大地震。

创世过程中造物主所意愿的自然和社会秩序保持是其所是。恰恰是国王、造物主的儿子和人间的代表,为整个宇宙的[57]稳定、丰饶和繁荣负责。这解释了在更新仪式期间国王的根本职责。

但是,在赫西俄德或其后继者的作品中,根本不是这样。事实上,赫西俄德《神谱》描述宇宙起源论的方式,强烈地暗示着仪式性的更新不再有存在的理由。宙斯与马杜克在他们各自宇宙起源中所扮演的角色之间的对比,充分地证明了这一点。例如,与马杜克不同,宙斯并不干涉万物的自然秩序;他仅仅位于一个新的社会—政治秩序的开端处。① 这可以解释,为什么赫西俄德的诸神起源文本在一种完全线性且不可逆转的方式中展开。② 与马杜克不同,宙斯不会再造已然存在的东西:正如我们所知的物质世界。进而,与大多数其他宇宙起源论文本中发生的相反,宙斯(或我们祖先)的意愿对在"人类时代"中发生的东西没有控制。当然,通过缪斯这一中介,赫西俄德能够回到"诸神的时代",以便讲述宙斯的意愿。尽管如此,赫西俄德不会创造(即他不会实际地更新)在诸神的时代(或"神话时代")中所发生的一系列事件。恰恰相反,赫西俄德只是一个保障者(guarantor):他是进行保存和传递的人。但赫西俄德所宣称的东西,可能被他的观众接受,也可能被忽视,可能被他的观众保留,也可能不被保留。

纳吉(Gregory Nagy)正确地指出:"史诗的叙事结构,和通常的神话和神话创作思想一样,为支撑并在实际上教育一个既定社

---

① Eliade(1978 1:148—149,247)坚持认为相比于在巴比伦人那里发现的东西,《神谱》中的宇宙起源行动与我们在赫梯人/胡里人的宇宙起源论中发现的东西更为接近,在这个意义上,既不是宙斯也不是风暴之神创造了宇宙;宇宙起源行动先于它,如Eliade自己很快就指出的,证据表明它会周期性地再生。

② 人们可以反驳说,在所有这种类型的神话中,至高的神并不都是像马杜克一样的造物主。因此,导致万物现存状态的事件的发生可以被视为是线性的。尽管如此,但事实仍然是,在赫西俄德的《神谱》中,由宙斯倡导的社会第一次不再是人类实际生活于其中的社会,从而也不能通过仪式的方式去更新。

会的价值系统提供了一个框架。"(1982,43)而且,尽管很难论证赫西俄德《神谱》在多大程度上是他自己的创作,但无可争议的是,《神谱》将在观众面前上演(可以说由此而仪式化过)。进而,毫无疑问,这一上演是针对贵族精英的,且旨在提高他们的价值系统(如果有的话):一种荷马式的、至少就当时的标准而言保守性的价值系统。保守是因为赫西俄德在(或仿佛在)提倡一种社会—政治模型,在其中,所谓的 Basileus[国王]或王是宙斯在大地上的代表,而且他们的言词与宙斯的言词类似,从而必须被遵守。当然,似乎当国王没有做出不公正裁决时,赫西俄德并不质疑这一保守的价值系统,而且,据说这一价值系统涵盖着过去、现在和将来。

但是,《劳作与时日》呈现了一种非常不同的立场。

作为《神谱》续篇的《劳作与时日》

如果口头文学、传统和神话是社会观察自身和衡量自身稳定性的一面镜子,那么赫西俄德的《劳作与时日》就是一口醒钟。[①]尽管它包含一些传统神话(包括东方[58]元素),这些神话传递着这样的信息,即社会群体被视为通过其祖先来承传,[②]但是在很多方面,《劳作与时日》都在主张一种新型的社会变革,一种新型的普遍 aretē[德性]。从这一角度看,赫西俄德是柏拉图的先驱。

《劳作与时日》包含两个部分。第一部分,用神话和道德戒律(有意识地为此一时机创作)教导人们,没有人能欺骗宙斯且不受惩罚(普罗米修斯神话和潘多拉神话),而且如果做了不正义的事,人类将是失败者(种族神话)。第二部分给我们提供了这一危机的

---

①　在《劳作与时日》中,战争是过去的事情这一事实可能表明竞争的城邦最终相互耗尽,考古学据似乎也证实了这一点(见 Murray 1993,79)。人们也可以认为赫西俄德创作《劳作与时日》是在《神谱》之后的某个时间。

②　对东方元素的分析参 West 的导论和注疏(1978)。

解决办法:按诸神想要的方式耕种土地和辛勤劳作,以变得成功和正义。[1] 尽管普罗米修斯插曲教导我们,宙斯不能被愚弄,但没有谁、包括宙斯,能阻止人类居住于其中的社会遵循自身的进程。对人类而言,生活在时间之中是合适的,即便时间归根结底来自宙斯,也就是说,宙斯是"时间的主人"或"天象之神"。是人类自己决定他们想要如何日复一日地生活。[2]

因此在 genē[种族](种族、时代或世代)神话中,战争如劳作一般,以 dikē[正义]或 hubris[肆心]为特征。当战争以 dikē[正义]为特征时,如在黑铁时代,它是人类的职责。对赫西俄德而言,黑铁时代不能仅仅以恶为特征,因为善常常混合着恶(179)。这一点是根本性的,因为它表明,注疏家们常常强调的不断退化远非不可逆转,严格来讲它并非起点。赫西俄德仿佛在说,人类常常能够意识到他们的错误并纠正这种状况。[3]

《劳作与时日》被许多注疏家视为已创作出的最阴郁的哀歌之一,但人们仔细阅读时会发现,它实际上非常乐观。[4] 的确,一些自传性段落呈现给我们的赫西俄德形象与悲观的看法形成了鲜明对比。

---

[1]　在赫西俄德笔下,正义与农事之间的有趣关系可参 Nelson(1996)。

[2]　宙斯掌管着所有大气现象:风、雨和雪等等,这些直接影响着农耕生活。宙斯引申为印欧语系的 Dyēus,其在语源上是日常天空的神和更一般的天象之神,见 Chantraine(1968—1980,2:399)。

[3]　因此,著名段落"但愿我不是生活在第五代人类中,要么先死要么后生"(174—175,Lattimare 英译),无法将循环的历史观归于赫西俄德。这种表述仅仅表明赫西俄德厌恶当下。关于这一神话的比较有趣而且我也深表认同的分析,参见 Rosenmeyer(1957)。

[4]　许多学者提到,金属神话表明赫西俄德本质上是一位悲观主义者。他们将这个神话解释为人类在不断退化,而赫西俄德生活的黑铁时代是所有时代里最坏的时代。这里不太可能给予这个神话应有的位置,我自己的立场是,很清楚,赫西俄德是非常乐观的。关于这一神话简明而更乐观的分析(我也认同)见 David Grene(1996,36—42)。亦参 Rosen(1997,487),在他看来,赫西俄德是在告诉我们如何有成效且有道德地在这个世界上生活,这是荷马诗歌中未能告诉我们去做的事情。根据我的偏好,有个人对这一神话的分析让赫西俄德过于独创性和非历史性了,见 Gregory Nagy(1982,58),他倾向于追随 Vernant 过于极端的结构性方法。

传记细节

赫西俄德告诉我们,他父亲是小亚细亚爱奥尼亚(Eolian)海岸的一名商人。他厌倦了漂泊,更厌倦了在生意中所获得的可怜报酬,于是在得到一块农田后,在阿斯克拉(Acra)定居下来(《劳作与时日》633—640)。① 赫西俄德的父亲去世时,这块地在他和他的兄弟佩尔塞斯(Perses)之间进行分割。但两兄弟就分割起了争执,并将他们的诉讼提交到当地贵族(basileis[国王们])的议事会。然而,佩尔塞斯与这些贵族达成一致从而获得了多过他应得的份额(35—41)。佩尔塞斯不只是个骗子;他也很懒惰,很快挥霍了他那部分家产。沦落到乞讨的地步后(396),[59]佩尔塞斯向赫西俄德求助。赫西俄德最初对他兄弟的处境表示同情,并给了或借给他生活必需品(394)。但佩尔塞斯并不满足。最终,赫西俄德受够了并拒绝再给他兄弟任何东西(396—397)。他告诉他兄弟,如果他少花点时间在市场上去追求"堕落"的方法(可能他仍然在寻找一种欺骗哥哥的方法),并在土地上劳作,真正的正义(宙斯的正义)就将获胜。这种正义将保障他的生存和幸福,而且赫西俄德很懂得这一正义。

与通常认为的相反,诗人并不只是一位为富裕贵族服务的贫困低微的农夫。他更接近斯塔尔(Chester Starr)说的"半—贵族或中产农民"(1977,126)。② 赫西俄德是自己的主人并且经济独立,他有自己的牛、骡子、奴隶和领薪水做工的人——他常常为此抱怨(597—608;765—769)。他希望卖掉自己的剩余农作物(630—632),并获得更多土地(341)。在炎夏,赫西俄德找寻石下

---

① 关于这一点参见 West(1978,30)。

② 对于赫西俄德农场的估算大小(二十五至三十以上英亩)的有趣分析见 Neale 和 Tandy(1996,27—31)。他们坚持认为赫西俄德就是一位农夫(26—27)。

荫之地并喝着比布洛斯(Biblos)酒(589—596)。

　　但赫西俄德不只是一位成功的农夫。他也是一位有名望的诗人,赢得了在卡尔基斯(Chalcis)举行的向安菲达玛斯致敬的著名的诗歌竞赛(650—662),并赢得一只双耳三足鼎奖品。他无疑也赢得了他同胞的钦佩,并可能活到看着他的诗歌上演。因此,很难断言赫西俄德不会将自己视为宙斯所宠爱的一分子,或者说,很难断言赫西俄德真的相信正义实际上已经离开了人间。

有关 *aretē*[德性]或成功的矛盾观点

　　毫不奇怪,赫西俄德与荷马的 *aretē*[德性]概念竞争,并提出另一种德性概念来取代它。① 从标准上说,德性不再是贵族和英雄的所有物,而是属于另一阶层的人。*panaristos*[极好的人]、完美的人,是成功的农夫,同时,*aretē*[德性]现在指能使家庭兴旺、避免饥馑的种种品质。② 在赫西俄德的新界定中,做一个有 *aretē*[德性]的人,大约是要在冷静思考或寻求和听取好的建议之后学着去行动。*aretē*[德性]的获得尽管困难(289—292),但它并不局限在高贵出身的那些人中。赫西俄德很可能会说:"听着,佩尔塞斯,我是 *agathos*[好人],而不是腐败的法官。"③

————————

　　① *aretē*[德性]在一般意义上指人类卓越的品质,这能让一个人成功并让他在他的社会中成为一位天生领导者。在荷马时代的社会中,只有富裕的男性社会精英才会具有这种品质,从而在战争时代和平时代成功。他们也显现出保护他们的对象/臣民的品质。这些男人能提出 *aretē* 标准并符合像 *agathos*(好)或 *aristos*(最好)的称呼。关于荷马笔下的这一概念,参 Adkins(1997)。

　　② 关于作为一种新的德性的重体力劳作见 Saunders(1991,43)。

　　③ 我同意 Oswyn Murray——尽管并非因为同样的理由——认为赫西俄德用别的东西取代了荷马时代主要的社会性德性(*timē*[荣誉]),Murray 将之称为 *Dikē* 或正义(1993,61)。

赫西俄德和 *Basileis*［国王们］

在《劳作与时日》中，正如在《神谱》中一样，国王再次占据舞台的中心。然而，赫西俄德在前者中的描述完全不同于后者。

[60]鹞子和夜莺的故事（235—245）使这一点变得清楚，即国王对其臣民有相当大的权力（即便不是绝对的话），而且使用这些权力不会觉得不安。正如我们中的大多数人一样，赫西俄德有这样一种观点，绝对的权力导致腐败。① 国王体现的是 *hubris*［肆心］或暴力，亦即强权（might）或纯粹的自利便是正当（right）、而非正义（justice）的荷马式原则。赫西俄德相信，如果没有正义，人们将像野兽一样毁灭自己，而且这将是一种霍布斯式的自然状态——与先前宙斯的统治不同。然而，赫西俄德不会像在鹞子和夜莺故事中让人们相信的那样轻易受到威胁。他用惊人的自由演说直接挑战特斯佩亚城（Thespies）的国王们。这首诗在希腊世界广泛上演的事实恰恰强化了这一点。在《劳作与时日》中，国王无疑以"贪婪"为特征，他们的"裁决"非常腐败。② 在三处地方，赫西俄德将他们描述为"受贿者"（*dorophagoi*, 39, 221, 264），并且将他们的判决（*dikai*）描绘为歪曲或不公正的（*skoliai*）（221, 250, 262）。国王也与 *dēmos*［民众］或人民形成了鲜明对比（261）。

在《神谱》中，收受礼物作为给出判决的交换，是仲裁者或国王的权利，毋宁说赫西俄德在这里描绘了一副习俗的诌媚画面。但在《劳作与时日》中，赫西俄德明显对礼物制度感到苦恼，他怀疑这种裁决或 *dikē*［审判］是否正直，而且，他认为他拥有关于这一点

---

① 关于荷马和赫西俄德笔下正义概念的区别参见 Saunders（1991, 39），他指出在赫西俄德那里已经存在一种变革，特别是纯粹的自利或不正义无需付出代价。

② 《劳作与时日》，第 248—250 行。而且，和库克洛佩斯一样，国王们似乎并不害怕诸神（*theōn opin ouk alegontes*），第 251 行。

的第一手知识。统治者似乎关心礼物明显胜过关心判决,结果,至少从赫西俄德的角度来看,这一系统无论如何必须被取代,因为它明显具有法律力量。① 更糟的是,国王们视他们的 *dikē*[审判]为一个 *timē*[荣誉]问题。赫西俄德主张完全摒弃国王们,因为他们体现并且的确认可破坏性的 *eris*[不和神]或竞争。这是勇敢的一步——更为大胆的是它将反复上演。这明显是革命性的。事实上,赫西俄德似乎相信人民将为贵族的傲慢付出代价,除非 *dikē*[正义]而非 *timē*[荣誉]成为首要的德性(见 Murray 1993,61)。这很明显也来自他的两个城邦范本:*dikē*[正义]的城邦和 *hubris*[肆心]的城邦(225—247)。*hubris*[肆心]为饥荒、贫困、瘟疫等等负责(240f)。然而,在 217—218 行,赫西俄德声称 *dikē*[正义]将最终战胜 *hubris*[肆心]。*Dikē*[正义女神]将惩罚贪婪的人们(220—223)。从 213 到 285 行,赫西俄德用了 21 次 *dikē*[正义],这一事实是 *dikē*[正义]重要性的标志。赫西俄德将正义视为一种程序方法,并试图将这一概念具体化。*dikē*[正义]是拟人化的并且成为社会的保护者,这个事实强化了这一信念。② 随着国王或贵族被排除,剩下的

---

① 见 Jeffery 1976,42 以及更晚近的 Murray 1993,60。

② 此外,贵族的 *dikē* 是宙斯的 *Dikē* 的产物。我不同意 Gagarin(1986),他认为 *dikē* 常在司法(judicial)意义上被使用。在我看来 Nelson(1996,23)是对的,与 Gagarin 相反,她认为 *dikē* 也在道德的意义上被使用,这种观点并不鲜见。另一方面,在令人信服地论证了农事与正义的关系之后,她认为 *dikē* 与"人对宇宙的普遍平衡(the universal balance of the cosmos)的参与"(24)无关,因为赫西俄德只专注于特别典型的"史诗"(25)。我认为这是难以理解的,因为宙斯自己存在于自然的节律背后。Ralph Rosen(1997)将《劳作与时日》中的 *dikē* 定义为"体现在人类日常生活之中的宇宙正义(cosmic justice)",这更接近我的立场。此外,Rosen 也正确地指出荷马与赫西俄德在解决人类如何共处上的根本差异:"简单地说,赫西俄德的说教试图促进人类和平共处的世界,通过法律解决他们的纷争,并将暴力视为对 *dikē* 的违背。"(485)这可以解释为什么 *dikē* 与 *metron* 和 *kairos*("适度"或"适当的尺度")都有关联。的确,不仅赫西俄德在同样的意义上使用这两个术语,尤其是在《劳作与时日》中(694):"遵循恰当的尺度,适度是万物中最好的(*metra phulassesthai, kairos d'epi pasin aristos*)",而且荷马笔下并没有出现这些术语。

如果不是对成文法典的要求,那会是什么呢?①

法律的到来

[61]前 750 至 650 年之间,书写开始在希腊普及。尽管,有证据表明书写最初用于私人性质的铭文(绝大部分在六音步诗中),但并非偶然的是,书写出现后不久,成文法就出现了。洛克里的扎琉科斯(Zaleukos of Locri)和西西里卡塔拉的喀荣达斯(Charon-das),它们的法律都出现在约前 675 年,有一部来自克里特岛的德瑞罗斯(Dreros)、铭刻在石头上的现存法律,大约在同一时期(前 650 年)出现。② 戈耳廷(Gortyn)(克里特岛的另一个城邦)最早的法律(实际上是最早出土的一部完整法典),大约也出现在前 650 年左右。③ 在希腊西部的洛克里和卡塔拉,扎琉科斯和喀荣达斯已经在尝试确定每项犯罪的惩罚,他们这样做时,似乎已经在试着统一司法系统,并保护邦民远离判决的波动起伏,也就是说,远离法官或贵族的恣意妄为。④ 来自德瑞罗斯的现存法律,其主要

① 这一新的正义概念能在没有成文法典的情况下被实施吗? Havelock(1978, 19)将这一在宇宙中新出现的正义原则和秩序视为基于从口头文化到书写文化的过渡。他认为,口头文化不能使日常程序的实际应用之外的正义概念化。贵族们的正义不是宙斯的正义,尽管他们自己可能视之为正义,并将其视为 *timē* 或荣誉问题。*Dikē* 是贵族们在特定情况下、在某些人之间有权去期待的某些东西。Murray(1993,61)认为,赫西俄德也创造了一套政治语汇。

② 尽管大多数学者更为关注扎琉科斯和喀荣达斯,但 Robb(1994,84)认为克里特岛是最好的,因为它"带给我们最早的关于希腊土地上不管任何地方存在过的成文法碑文"。他认为引征洛克里和卡塔拉(Catana)的资料都太晚了,不太可靠。

③ 较好的讨论参 Willetts(1977,216—223)和更为晚近的 Robb(1994,99—124)。Detienne(1988,41)曾指出,法典出现的一个有趣特征是它们在所有人都能看见的公共场合被呈现。看见比读到更重要。

④ 关于这一点,参见 Gagarin(1986, 62—66),其中包含类似的文献,亦参 Detienne(1988,39)。Detienne 指出在许多场合都贯彻着这一条款,书写是一种政治和公共的姿态。

目的是(或至少显得是)确定权限,特别是城邦(*polis*)最高执法官(*kosmos*)的权限。① 戈耳廷的法典就其本身而言,明显意味着执法官受法律条文的约束。② 与此相似的某些事物在赫西俄德笔下得到了发展。③

据托马斯(Caroline Thomas)(1977),人们只有在法典编纂成文之后才意识到不平等。她将"批判意识"视为法典编纂和字母表共同影响的结果。④ 但很明显,在赫西俄德那里,批判意识在其作品中的盛行先于法典编纂。没有书写的发明和传播,法典的编纂将是不可能的,而且即便赫西俄德的活动确实始于书写的引入之后,仍没有迹象表明成文法已然存在于它的母邦。但要支持托马斯的立场就必然会出现这种情况。⑤

习俗像自然法(natural laws)一样,最初被认为是不可更改的。从而,某些事情的发生会导致系统的崩溃。很明显,在传统价值的颠覆背后正是东方世界财富的重新发现,以及不惜代价地与其竞争的欲望。⑥ 与此相关的渴望是不惜代价的财富的一个典型

---

① Coldstream(1977)认为,这是最早且最著名的例子,"字母文字的书写被用来为城邦服务"(302)。Gagarin(1986,81)认为,"德瑞罗斯人(Drerian)的法律的主要目的是防止司法过程的堕落或为了政治和经济利益在其他方面被滥用"(86)。我非常认同这一点。亦参 Robb 1994,84。对此完全不同的解释参 Osborne(1996,186),他认为法律的主要目的是"在精英内部控制权力的分配",因此是精英的"自我调节"。

② 对戈耳廷法律的详细分析,参 Robb(1994,102)和 Willetts(1977),Willetts 甚至认为"戈耳廷的法典表明一个农奴家庭也有真正的社会和法律地位"(169)。

③ Gagarin(1986)指出,很可能在类似于赫西俄德描述的情况下,最终的成文法典已经颁布(109)。亦参 Jeffery(1976,42)。

④ Gagarin(1986,124)似乎与她的观点一致:"很可能对正义的关注……是成文法的结果而非原因。"

⑤ Giorgio Camassa 在 Detienne(1988,131)中恰好注意到这一点。

⑥ 这可以解释为什么喀荣达斯和扎琉科斯的法律中有许多是为了调节商业行为,参 Gagarin(1986,65—66)。Robb 的论文(1994,87)认为在第一部法律的背后是已建立起来的习俗,认为第一部法律并没有处理核心的公共关怀,这让我觉得太不可能了。

例证。这就是赫西俄德塑造的与"卑劣的不合神(Eris)"相对照的
"竞争或正直的不合神",当一位懒惰的农夫看见一位富裕的农夫
辛勤劳作时,后者便出现了:

> 这位不合神(*Eris*)有益于(*agathē*)凡人。
> 陶工妒陶工,
> 木匠妒木匠,
> 乞丐嫉乞丐,
> 歌人嫉歌人。(《劳作与时日》24—26)①

[62]显然这是一种新的世俗精神在起作用。现在是财富而非
出生决定着人。这是否意味着 *basileis*[国王们]放弃了 *agathos*
[好]的称号? 当然不是。此处有趣的是:现在有两种几乎没有共
同点的活动,都在要求被授予 *agathos*[好]这一强有力的称号。

最后,如果我们认为《劳作与时日》明确声称 *basileis*[国王们]
的正义系统必须被一个更客观的(即便不是法典化的)正义概念取
代的话(而且因为它必定会定期上演),那么,《劳作与时日》必定对
后来的几代产生持续性和颠覆性的影响。从这种角度来看,赫西
俄德的确是西方政治教化的一个催化剂。实际上,赫西俄德是一
种新的革命性思想方式的倡导者和开创者,这种新的革命性思想
方式将影响种种政治观念及其相应的宇宙论模型。

----

① ［译注］译文见赫西俄德,《劳作与时日》,吴雅凌译疏,华夏出版社,2015 年版,
页 2。

第三章 阿那克西曼德的"探究自然"

引言:作为首位哲人的阿那克西曼德

[63]尽管一些学者(如 McKirahan、Lloyd 和 Mansfeld)将哲学的定义性特征等同于对探究本身的严格证明和质询,①而另一些学者则将其等同于拒绝神话创作(*mythopoesis*)并采纳理性的解释,②但他们

---

① G. E. R. Lloyd 是第一种思路的主要支持者(如参 Lloyd 1979,226—267)。不过,Lloyd 仍清楚表明阿那克西曼德不仅是"第一位哲学作家,而且是最早的散文作家之一"(Lloyd 1991,131)。的确,他明确讲道希腊自然哲学与对一种身份的明确辩护有关(Lloyd 1991,1125)。尽管他并未明确谈到这一点。对 Lloyd 论文的较详尽批评分析可参 Hahn(2001,22—39)。在一篇即将发表的文章《赫拉克利特:第一位哲学家?》("Heraclitus:The First Philosopher?")中,Richard McKirahan 认为赫拉克利特应被视为第一位哲学家。他拒绝将赫拉克利特的前辈视为第一位哲学家有三个理由:错误的领域、未能从哲学角度处理哲学问题和缺乏证据。他也认为在 KRS(1983)中可以找到支撑其立场的证据,其中讲道"哲学不应被理解为对万物自然的一阶(first order)探究(现在这是自然科学的领域),而应被理解为对某物存在或运动或杂多究竟意味着什么的研究"(KRS 1983,213)。KRS 很清楚,这是两种完全不同类型的看法,但我们仍然可以将二者都称之为哲学(1983,213)。不过,Kirk(KRS)并不否认米利都人是哲学家。这在该书第 213 页表达得很清楚。Jaap Mansfeld(1985,45—65)对此问题做了非常狭义的理解,他认为因为宇宙论和物理学不再是哲学,我们就不能说哲学始于米利都人。

② 例如可参 F. M. Cornford(1952,249f);W. K. C. Guthrie(1962,34—38);J.-P. Vernant(1983,345f);W. Burkert(1963,97—134);M. L. West(1971,97f);R. Hahn(2001,16—20)。

都一致同意西方哲学(和科学)肇始于公元前六世纪的伊奥尼亚城邦米利都，①也一致同意第一位哲学作家是米利都的阿那克西曼德。②

　　阿那克西曼德的著作 *Peri phuseōs*「《论自然》]是已知最早的散文之一，也是第一部哲学散文著作。③ 阿那克西曼德选择散文而非诗歌写作，可能是在尝试将哲学语言(或将要成为哲学的东西)从对诗歌的不良偏见中解放出来。诗歌一直是神话的载体，其节奏和措辞可能(在他来看)已经阻碍了思辨性思考。当然，作为思辨性思考之媒介的诗歌并未消失。④

　　著名的编年史家阿波罗多洛斯(Apollodorus of Athens)(约公元前 180 年)认为，在前 547/6 年，即第 58 届奥林匹克运动会的第二年，阿那克西曼德 64 岁，并于此后不久逝世。⑤ 这一日期与

----

　　① 　为什么说哲学一般而言起源于古希腊，特殊而言起源于米利都城邦，就此没有一个简单的答案。有许多相互矛盾的假说，但据我所知，没有人认为哪个假说能成为充分原因。常被提到的解释性假说有(1)贸易与经济的发展；(2)信仰的混合物；(3)读写能力(literacy)；(4)技术和(5)城邦(见 Lloyd 1979,234f)。尽管政治因素显然是最重要的，但在我看来，其他因素也或多或少与此相关。我在其他几篇晚近的文章中，在一般而言的古希腊和特殊而言的米利都的语境中详细阐述了这些因素(Naddaf 2002,153—170;2003,20—32)。在本书第三章的第二部分中，我对此略有探讨。

　　② 　当然，泰勒斯(约前 624—545 年)可能被视为第一个抛弃神话表述(mythological formulation)的人，但阿那克西曼德是我们有确切证据的第一人。事实上，我们并不清楚泰勒斯写了什么。阿那克西曼德和泰勒斯在同一时期生活在同一个城邦(更详细讨论参 Guthrie 1962,45—51)，而且很明显他们是亲爱伙伴(Theophrastus[DKA9,17])。尽管阿那克西曼德是本章的焦点，但泰勒斯这个人物还是会不时出现。

　　③ 　Kahn(1960/1994,240)。就建筑师对阿那克西曼德在他著作的写作中采用散文而非诗歌的影响，Hahn(2001,55—95)做了最有说服力的解释。

　　④ 　的确，这仍然是作为米利都学派对手的所谓意大利人偏爱的媒介(详后)。更重要的是，没有一般而言的书写这一媒介和特殊而言的希腊字母表，思辨性思考就不会问世。我们将会看到，阿那克西曼德明确意识到了这一点。

　　⑤ 　Diogenes Laertius 2.1—2(= DK12A1)；亦参 Heidel(1921,253f)。阿波罗多洛斯似乎在阿那克西曼德的书中找到了关于他的信息，并表明阿那克西曼德在 64 岁时发表了他的书。Kirk 指出，64 岁"对于作者这一身份的平均年龄而言是相当大的"，但这并非不可能(KRS 1983,102)。

希波吕托斯(DK12A11)的说法一致,即阿那克西曼德出生于前
610/9 年(第 42 届奥林匹克运动会的第三年)。这意味着阿那克
西曼德出生于前 610 年左右。这一日期对于理解哲学出现时的历
史和文化条件十分重要。①

　　在第一章,我们看到,虽然 *phusis*[自然]一词并未出现在早期
伊奥尼亚的首部哲学著作中,但正如在古代那样,如今人们一致认
为,[64]*phusis*[自然]这一概念正是伊奥尼亚科学的产物。这个
词使伊奥尼亚人能够展示一个新的世界概念,在其中,自然/理性
的原因/解释取代了神话的原因/解释。而且我们发现,无论古代
还是现代的绝大多数注疏家均一致认为,成文的前苏格拉底派作
品的主要目标,是提供一种 *historia peri phuseōs*[探究自然],即
对万物自然的研究。与此相关,始于早期伊奥尼亚派的前苏格拉
底派,将"万物"(*ta panta*)或"宇宙"(*to pan* 或 *to holon*)作为他们
首要的研究对象。在 *historia peri phuseōs*[探究自然]的表达中,
正是这一整全意义必须通过 *phusis*[自然]一词得到理解。同时,
我们发现,依据对 *phusis*[自然]一词的语言分析,这一术语基本的
和词源的含义是生长,而且作为一个以-*sis* 结尾的动态名词,其含
义为一个事物从始至终的整个生长过程。因此,当 *phusis*[自然]
一词在整全的意义上被使用时,这一术语指研究万物从始至终的
现存秩序的起源和发展。总之,前苏格拉底派对宇宙史感兴趣:有
兴趣解释其起源(*phusis*[自然]作为绝对的 *archē*[始基])、解释其
发展阶段(*phusis*[自然]作为生长的过程),并最终解释其结果,即
我们所知的 *kosmos*[宇宙/秩序](*phusis*[自然]作为结果)。

　　然而,事物的现存秩序包括物质世界(如被构想为一个结构整
体的自然世界,每一组成部分都有一个位置)和研究者或作者居于

---

　　① 在后文中我将考察这些条件的其中一部分,但对米利都人古老时期的历史更
详细的考察见 Naddaf(2003, 19—32)。

其中的社会—政治世界。从这个角度来看，我在某些程度上同意海德尔（W. Heidel）的观点，他认为阿那克西曼德的 *Peri phuseōs*〔《论自然》〕的目的是"勾勒宇宙自其从无限中出现的那一刻直到作者自己时代的生命—历史"。[①] 这恰恰是赫西俄德试图在《神谱》中所做的事情。赫西俄德试图解释宙斯如何建立自然事物和社会事物的现存秩序。这也是一般而言的宇宙起源神话的目标，阿那克西曼德显然也试图实现同样的目标。这就是为什么阿那克西曼德从一种宇宙起源论开始，接着走向一种人类起源论，并最终走向一种政治起源论。然而，阿那克西曼德的方式却截然不同；他的解释并不只是自然主义的，他还清楚明白地区分了所有三个发展阶段。

阿那克西曼德并非空谈型哲人。他通过调查和发现构思他的理论；他到处旅行，尤其曾（后面将会谈到）经由瑙克拉提斯（Naucratis）前往埃及。埃及，或者更准确地说是尼罗河三角洲，被视为文明的摇篮，同时就某方面而言也被视为宇宙的中心、在其转移到米利都之前的中心。有大量旁证可以证明这一点，但论据必须被解读为一个整体。其中一些论据将印证伯纳尔（Martin Bernal）关于希腊与埃及之关系的主张，尽管原因并不相同。这是某位作者所谓古代希腊的埃及幻影的所有部分（Froidefond，1971）。

[65]检审阿那克西曼德之探究，我们必须依据的信息当然非常有限。事实上，我们只有一个残篇，其真实性无论就整体还是部分而言都毫无争议（DK12B1；A9）。[②] 然而，许多学说汇纂可以帮

---

① Heidel（1921，287），亦参 H. Cherniss（1951，323），Cherniss 认为"阿那克西曼德的目的是对人类所居住的地球做地理学、民族学和文化的描述，而且方法正是如此"。E. Havelock（1957，104—5）也持类似立场。我在后文中会对此略做探讨。

② Havelock（1978，78）显然是个例外。他甚至怀疑在辛普里丘的文本中是否保存了阿那克西曼德的一个词句。关于一般而言的前苏格拉底派资料来源见最近收于 A. A. Long（1999）里的 J. Mansfeld（1999）中有趣和有用的简要讨论。在辛普里丘的《亚里士多德〈物理学〉评注》中发现的著名残篇（后文将会讨论）引用了忒俄弗拉斯图斯（Theophrastus）的《自然学家们的观点》（*Opinions of the Physicists* （转下页注）

助我们重建阿那克西曼德的 *historia*［探究］（调查）。尽管其宇宙起源论一直是许多人关注的焦点，但阿那克西曼德在人类社会的起源和发展方面的观点却鲜为人知。大多数人都将其归于证据不足。不过有一个证据，虽然并不一定来源于漫步学派，但许多学者都将其视为唯一有效的证据。尽管在重构中一定会有一些推测，这是理所当然的，但在我看来，他的立场不好推测，可是大量关于如何解释（和重建）的观点，常常与关于他的宇宙起源作品的学说汇纂证据相冲突，这一点更难推测。就目前的问题而言，更多的焦点应该集中于重建阿那克西曼德著名的地图，以及如何依据学说汇纂和历史证据解释他自己 *historia*［探究］的真实目的。

　　我对阿那克西曼德 *historia*［探究］的研究，将从对宇宙论模型的起源和发展的分析开始。这必须从分析他的编年史起点，即作为 *archē*［始基］的 *phusis*［自然］，以及他为什么选择 *apeiron*［无限］来界定这一实在（entity）开始。

作为 *archē*［始基］的 *phusis*［自然］

　　阿那克西曼德用 *to apeiron*［无限］这一术语描述作为 *archē*［始基］的 *phusis*［自然］。物质性宇宙从这一原初物质（primordial substance）中形成。关于阿那克西曼德用 *to apeiron*［无限］指什

（接上页注）［*Phusikōn doxōn*］），frag. 2 = Diels, Doxographi Graeci 476，4—11 = DK12A9，4—8 和 B1。忒俄弗拉斯图斯仍然是我们关于阿那克西曼德和一般而言前苏格拉底派信息的主要来源（例如 KRS 1983，4；Long 1999，5），因为他负责编纂从泰勒斯到柏拉图的哲学观念史，作为他对由他主人亚里士多德所建立的百科全书式活动的贡献。事实上，大多数学者认为亚里士多德和忒俄弗拉斯图斯是我们所有学说汇纂信息的唯一来源（如 Paul Tannery 1930，21；Kahn 1960/1994，17—24；25—26；Conche 1993，51），这似乎表明没有其他人能独自参考他们的著作。关于这一点仍有异议（如 Heidel 1921；Cherniss 1935；McDiarmid 1953，85—156；Hahn 2001）。我更同意后者。

么这一点,存在极大争议。在提到阿那克西曼德名字的《物理学》(*Physics*)的著名段落中,亚里士多德就这一概念提供了一些重要信息。这一文本澄清了阿那克西曼德 *to apeiron*[无限]概念的某些方面,以及一元论者通过术语 *arche*[始基]通常所理解的东西。①

> 因为所有事物,要么是本原(principle),要么来自本原(*ē archē ē ex archēs*)。但不能是一个无限(infinite)的本原,因为这将会是对无限的限制。而且,作为一种本原,它既不可产生,也不可毁灭(*agenēton kai aphtharton*)……如我们所言,这就是为什么没有 *this*(这)的本原,而这也正是其他事物的本原,而且这包含一切并控制一切(*periechein hapanta kai panta kubernan*),正如那些人断言的一样,他们不承认如心智(Mind)或友爱(Frindship),连同无限和其他原因。进而,他们将其与神圣的东西(*to theion*)等同,因为就像阿那克西曼德和大部分自然学家所说的那样,它是不死的和不灭的(*athanaton kai anōlethron*)。(《物理学》3. 203b6—15;Hardie 和 Gaye 英译)

[66]亚里士多德显然是在区分一元论者与后来那些假定需要一个独立运动原因的学者。对于一元论者而言,顾名思义,一个 *archē*[始基]足以实现两种职能。他们认为物质确实是活跃

---

① 辛普里丘说阿那克西曼德是第一个将 *archē* 称作原初本原的人(《亚里士多德〈物理学〉评注》24. 13—16;150. 23—24)。考虑到在开端和起源意义上被使用的 *archē* 在荷马(如《伊利亚特》3. 100;22. 16)、赫西俄德(如《神谱》115)和忒奥格尼斯(Theogonis)(行 607、739、1114、1133)笔下很常见,没有理由相信阿那克西曼德不会使用 *archē* 一词来界定他的原始物质(originative substance)(见 Conche 1993,55—62 和本书第一章注释 43[即本书页 36 注释①])。这的确可被视为对赫西俄德的直接挑战。

的(alive),据此,"物活论"(hylozoism)这一表达可以用来界定这一学说。① 据亚里士多德,就泰勒斯将水视为万物的 *archē*[始基]而言,他是第一位一元论者(《形而上学》1.983b7ff)。换句话说,泰勒斯不仅认为水对于所有动物和植物的持存是根本性的,而且他也认为水是所有事物的基质(或终极本原)。如果说宇宙充满生气,那么从泰勒斯的角度看这是因为它有 *psuchē*[生命](亚里士多德,《论灵魂》1.5.411a7)。*psuchē* 一词指"生命"(它来自动词 *psuchein*,"呼吸、吹气"),而且也被公认为所有意识和所有生命的源泉。②

既然万物都充满灵魂,那么灵魂一定不朽和不灭,因为它在根本上内在于原初的 *phusis*[自然]。动物、植物、地球等都是充满 *psuchē*[生命/灵魂]的同一物质的不同形式。如果泰勒斯认为"一切都充满着神",那是因为这种类型的活动性只能被界定为神性(*to theion*)。

然而,亚里士多德认为,不仅阿那克西曼德的 *apeiron*[无限]是无法创造(*agenēton*)和不可毁灭的(*aphtharton*),而且也是不死(*athanaton*)和不灭的(*anōlethron*)。这些差异很重要,因为鉴于前两个谓词并没有表明这里谈到的本原有生命,更别说有神性(*to theion*),而后两个谓词则明确表示这一本原不仅活跃(或有生

---

① R. Eucken(1879,94)认为,物活论(hylozoism)这一术语首次出现在 Cudworth 笔下。这个词的三种可能含义参 KRS(1983,98)。

② 在荷马笔下,*psuchē* 是为所有身体带来生命的无差别的生命。以个体人格为特征的意识的功能和灵魂用 *thumos* 一词来表达。见 E. R. Dodds,《希腊人与非理性》(1951)。但是在公元前六世纪和五世纪,*thumos* 被 *psuchē* 同化了——从被认为是阿那克西美尼的这一句话可以看出:"我们的 *psuchē*,它是气,它让我们结合在一起,并控制着我们。"(*sugkratei hēmas*)(Aetius 1.3.4=DK13B2)这最后一句话非常重要,因为如果 *psuchē* 在此指所有人类的个体的人格,那么这可以解释阿那克西曼德说他的 *apeiron* 指一般而言适用于自然的万物。这也可以解释为什么阿那克西美尼将他自己的原初物质描述为气,和神一样(见 KRS 150 中的文本;对此出色的讨论参 Onians(1951,116f)。

命)而且有神性(*to theion*)。①

因此,可以理解的是,如果 *apeiron*[无限]既有生命又有神性,那么它就是环绕和掌控着万物的(*periechein ha panta kai panta kubernan*)。动词 *kubernaō*,"掌控、驾驭、引导、统治或指导",这一词语不仅出现在阿那克西曼德的著作中,也出现在赫拉克利特、帕默尼德和阿珀洛尼亚的第欧根尼(Diogenes of Apollonia)的作品中。在每一场合,这个动词都有某种政治特性。② 动词 *periechō* 的意思是"环绕"、"遍及",本质上有空间的意义,尽管也能使人联想到"统治"或"控制"的含义而且还有政治回响,但在阿那克西美尼(Anaximenes)的气的观念中,气也环绕着整个世界(*holon ton kosmon*,DK13B2)。③

这一描述给人如此印象,*apeiron*[无限]是一个既有意识又有理智的动因(agent),启动整个过程,据此,宇宙依照自然和不可违背的法则产生和发展。④ 然而很可能阿那克西曼德并没有把

————————

① 希波吕托斯(*Refutation* 1.6.1)用一个相似的表达界定阿那克西曼德的 *apeiron*(DK12A11 和 B2 中的 *aidios kai agērōs*)。这与古老的荷马界定诸神的方式很相似:*athanatos kai agērōs*(见第一章)。关于永恒(*aiōn*)的 *apeiron*,见 Conche(1991,148—149),在这里永恒指保有生机。

② 例如,见于赫拉克利特,"智慧乃一事,认识到真知,万物如何由万物掌控(*ekubernēse*)"(DK22B41)。在 DK22B64 中我们发现同样的表达,但用的是动词 *oiakizein*,"统治、控制":"霹雳统治万物"。亦见于帕默尼德:"神统治(*kubernai*)万物"(DK28B12.3),以及最后一位一元论者,第欧根尼(Diogenes of Apollonia):"所有人都被气统治而且其权利遍及万物"(DK64B5)。关于阿那克西美尼可参 KRS(1983,158—162)。

③ 例如,见亚里士多德,《形而上学》12.1074b3。一个主要的事情就是区分最初的哲学家和诗人或神学家(*theologoi*),对于前者而言,统治宇宙的伟大法则内在于原初物质,而对于后者而言,正如亚里士多德明确指出的那样《形而上学》12.1091b2—6),不是原初力量而是一位后来者宙斯到场,他作为指挥者和王者掌握着真正的权力/力量(*kratos*)。换句话说,泰勒斯的水、阿那克西曼德的 *apeiron*[无限]和阿那克西美尼的气作为神性元素,都包含着荷马和赫西俄德为宙斯和原初实在所保留的同样作用。

④ 显然,这对于阿那克西曼德的同时代人阿那克西美尼和克塞诺芬尼同样如此,他们认为理智或 *nous*[心智]内在于原初的 *phusis*[自然]之中,并因此存在于宇宙的自然过程背后。

apeiron[无限]构想为一个有意识并有理智的动因。正如我们将看到的,阿那克西曼德并没有解释 *apeiron*[无限]如何启动这一过程。他只提到 *apeiron*[无限]分泌了一粒种子或 *gonimon*,种子被构成宇宙的基本元素[67]充满。但其中显然有这种含义,即如果人们认为 *apeiron*[无限]启动的自然过程没有"能力"改变它自己的自然,那么 *apeiron*[无限]就会来"统治"。所以,阿那克西曼德可能将从始至终的整个过程都视为一个纯粹自然的过程,这与赫西俄德在《神谱》114—132 中对世界起源的半哲学化的描述非常相似。从这一角度看,没有任何证据表明人类被视为 *apeiron*[无限]的有意识的产物,或者说没有任何证据表明 *apeiron*[无限]是一个必须被敬畏的神。然而,人们很容易理解阿那克西曼德是如何将其宇宙论模型看作应该得到某种敬畏的,正如我们在欧里庇得斯的著名残篇 910 中看到的那样。或者,我们也能理解在柏拉图眼中它如何包含着无神论的种子。

对术语 *to apeiron*[无限]的语言学分析

术语 *to apeiron*[无限]必须作何理解?为什么阿那克西曼德会使用这一术语?我们从语言分析开始。*apeiron*[无限]一词是否定形容词 *apeiros* 的中性形式,与它在荷马笔下的对应词 *apeirōn*,*apeiritos* 和 *apereisios*(见 LSJ)一样,该词是以 *a-* 为否定前缀的合成词,表示某物之缺乏。就词源而言,有两种明显的可能。它可能来自名词 *peirar* 或 *peras*,"终结、限制、界限",由此 *apeiros* 一词具有"无界的、无限的、不定的、无穷的"等含义(Chantraine 1968—1980, 1. 870—71)。它也可能来自动词词根 *per*,"向前、穿过、超过"之意,比如在"*peirō*"("跑着穿过")和"*peraō*"("穿越")以及"不能从一端到另一端被穿越的东西"这些词语含义中可找到例证。由此 *apeiros* 具有"巨大的、无边的"含义。① 无论采纳哪个词源，显然阿那克西曼德的 *apeiros* 一词至少需要被看作在时间上是无限的。此外，这也是亚里士多德列举的在无限（*apeiron*）的现实性中需要一种信念的五个原因中的第一个（《物理学》3.203b4—15）。很明显，亚里士多德将这一原因归于阿那克西曼德和其他"自然学家"。经由这一归因，我们在转向考察现代注疏家的观点之前，先来考察一下古代注疏家的观点。

在《物理学》3.203b4—15 中，亚里士多德认为，阿那克西曼德和其他自然学家正确地将 *apeiron*[无限]作为本原或来源（*archē*），因为一种本原或来源必须被界定为"时间上的无限"。这也是为什么阿那克西曼德和其他人将 *apeiron*[无限]看作"不死和不灭的"。但亚里士多德将阿那克西曼德的 *apeiron*[无限]视为 *archē*[始基]，既作为"时间上的无限"，也是"空间和数量上的无限"。这在如下段落中很清楚："所有自然学家都将无限（*tōi apeirōi*）理解为隶属所谓元素的另一些自然的属性（*heteran tina phusin*）：水、气或它们[68]的居间者。"（《物理学》3.203a16）同样明显的是，*heteran tina phusin* 的表达指的是 *apeiron*[无限]这一术语，而且其根本含义是"空间上的无限"。在亚里士多德看来，所有的一元论者都将他们的 *archē*[始基]或第一本原视为空间上的无限。

就阿那克西曼德为什么选择 *apeiron*[无限]这一术语来命名他的 *archē*[始基]，亚里士多德给出了两个理由：

1. 必须有一种无限的来源，以便事物的产生和消灭不间断地交替进行（《物理学》3.203b18—20＝相信无限的第三个理由）。

2. 因为这些元素自然就对立（如火热而气冷），如果其中

---

① 见 Chantraine(1968—1980,1:96)和 LSJ。对此极好的讨论及 *apeiron* 在早期希腊文本中的相关例证，可参 Kahn(1960/1994,231—239)。

一个无限,其余的将会被消灭;所以 *apeiron*[无限]必定是元素从其中生成的无定物质(《物理学》3.204b22—32)。

第一个理由证明了原初物质(substance)在空间上是无限的这一假说,第二个理由则证明了原初物质"在数量上不确定"。然而,即便在第二个假说中,原初物质在空间上也是无限的。埃提乌斯(Aetius)坚定地认为,忒俄弗拉斯图斯(Theophrastus)至少将第一个假说、或许还有第二个假说归给了阿那克西曼德(*Placita*1.3.3＝DK12A14)。与此同时,辛普里丘(Simplicius)在其对残篇 12B1 的解释中,明确将暗示亚里士多德的第二个假说的推理归于阿那克西曼德:"显而易见,在观察到四种元素转换成另一元素的变化后,他并不认为应当将这些元素中的其中之一作为物质基质(material substratum),而应当是这些元素之外的其他东西。"(《亚里士多德〈物理学〉评注》24.16—17＝DK12A9;B1;Kahn 英译)但在其《亚里士多德〈论天〉评注》615.15—16(＝DK12A17)中,辛普里丘却明确将第一种假说归于阿那克西曼德:"他[阿那克西曼德]是第一个将 *apeiron*[无限]假定为本原的人,旨在为(后来的)世代提供充足的供给。"

总之,古代注疏家们认为,阿那克西曼德对 *apeiron*[无限]这一术语的使用意味着,要么原初物质在空间上无限(infinite)并暗示在数量上无定(indefinite),要么原初物质在数量上无定并暗示在空间上无限。但是,我们能将空间上的无限归于阿那克西曼德的 *apeiron*[无限]吗?亚里士多德明确将"空间上无限的物质"归于所有自然学家(《物理学》3.203b16—17;208a3—4),但如果将阿那克西曼德的 *apeiron*[无限]理解为空间上的无限或许是一种时代错误。

在当代注疏家中,最显著的分歧在于对 *apeiron*[无限]的这种"空间上的"解读。注疏家们分成两派。一派赞同亚里士多德的观点(以及其他古代注疏家的观点),即阿那克西曼德的 *apeiron*[无限]可以意指或直接意指空间上的无限。另一派对此强烈反对。第一派使用的推理，[69]与亚里士多德在论证 *apeiron*［无限］意指"无限制"并因而指"空间上的无限"时所用的推理相同。①第二派则认为在几何学的新发展出现之前，"空间上"和"数量上"的无限概念是无法想象的。只有当数学家们认识到无限空间的可能性（简言之，需要一个空间，直线和平行线可以在其中无穷地产生）时，自然学家们才会承认自然中有无限空间。②

在后一种情况下，虽然阿那克西曼德的 *apeiron*［无限］并不被视为"空间上无限"，但仍被视为"空间上巨大"。此外，一些学者，例如第尔斯（Diels）（1897）和康福德，将其归于球形。康福德（1952，176）在如下事实中为此找到了支撑，即 *apeiron*［无限］这一术语常常被用于指球形或圆形：一个圆或球的圆周既没有起点也没有终点。若此，那么起点和终点之间便不可能有区别。因此，恩培多克勒谈到了"光球，滚圆且完全无界限"（*pampan apeirōn Sphairos kukloterēs*，DK31B28）。因此，当阿那克西曼德／亚里士多德主张 *apeiron*［无限］围绕着万物（*periechein hapanta*）时，这意味着 *apeiron*［无限］具有球体的形状。③

迄今为止，重点一直在 *apeiron*［无限］一词的空间和／或数量的含义上。但是 *apeiron*［无限］一词也可以有质量（qualitative）的含义。我们足可将 *apeiron*［无限］理解为"没有内部界限（*perata*）

---

① Burnet（1930/1945，23），Hussey（1972，17），Barnes（1982，28—37）；Kahn 总结道，阿那克西曼德是第一位用这一术语指无限空间的人："无限（the Boundless）实际上是我们所说的无限空间，原子论者的虚空的前身，也是柏拉图《蒂迈欧》中'产生'的容器或发源地（Nurse）。但这一空间并非是从材料填充于其间中抽象出来的思考。空间和物体在此结合为一个观念。"（Kahn 1960/1993，233）亦参 Conche（1991，63—67）。

② 根据 KRS，"在连续延伸和连续可分的问题被麦里梭和芝诺（Melissus and Zeno）提出之前，这一承认可能不会出现。亦参 Guthrie（1962，85）；无疑还有 Cornford（1952，172，1936）。最近，Richard McKirahan 主张（极具说服力）甚至在芝诺那里 *apeiron* 也没有无限的技术性意义（1999，139—141）。

③ Cornford 提供了许多例证，见《空间的发现》（*The Invention of Space*），（1936，226f）。

或内部差异",也就是说,一种 *apeiron migma*[无限混合]。如果我们考虑到阿那克西曼德从已经出现的万物中寻找原初物质,那么这种说法貌似可信(McDiarmid 1953,198—200)。这一含义完全符合上面提到的第二种假说。而且,既然阿那克西曼德的宇宙起源论从来自 *apeiron*[无限]的对立物的分离/隐藏(separation/secretion)开始,这表明在宇宙起源过程开始前,在对立物之间没有 *perata*[内部界限]:只有一种无限的或未分化的混合物(亚里士多德,《形而上学》3.2.1069b19—24;《物理学》1.4.187a20—23)。①

下面是一个关于不同可能性的列表:

作为原初物质的 *apeiron*[无限]

总是	原初含义	隐含含义
时间上永恒	空间上无限	质量上无定
时间上永恒	空间上无定(广大无边)	质量上无定
时间上永恒	空间上无限(球体)	质量上无定

或

时间上永恒	质量上无定	空间上无限
时间上永恒	质量上无定	空间上无定(广大无边)
时间上永恒	质量上无定	空间上确定(球体)

[70]我们发现,阿那克西曼德的 *apeiron*[无限]具有多种含义,而且因为专业术语还在形成之中,所以他可能在不只一种含义上使用这一术语。因此,如果我们想要回答在这一考察之初提出的两个问题(即 *to apeiron*[无限]这一术语必须作何理解? 它为什么会为阿那克西曼德所用),那么这样说不失审慎,即 *apeiron*[无限]这一术语指的是一种空间和数量上无限的巨大团块

---

① Cornford(1952,177)、Guthrie(1962,85—87)和 KRS(1983,111—113)也强调这一含义。

(mass)，而阿那克西曼德之所以选择这个词语，是因为这是他能找到的用来解释过于复杂而无法被还原成一种确切元素之物理现象的最好语词。总之，宇宙是从数量和空间上不确定的 *phusis*［自然］中出现的。但要获得有关这一原初材料的更好观点，重要的是记住，阿那克西曼德不仅将其理解为不可创造（*agenēton*）和不可摧毁的（*aphtharton*）——这是所有本原的必要条件——而且同样也是不死（*athanaton*）和不灭的（*anōlethron*）。后面这两个特点非常重要，因为它们可以解释这一团块（mass）为何会被认为是神圣的（*to theion*），乃至于为何会被认为是一种能将其自身朝向其自然目的的物质，也就是，如观察者所感知的宇宙。

宇　　宙

现在让我们转向阿那克西曼德如何设想宇宙的形成和形状。这意味着我们将从作为 *archē*［始基］的 *phusis*［自然］概念转到作为过程的 *phusis*［自然］概念，接着再转向作为结果的 *phusis*［自然］概念。

宇宙起源论：宇宙的形成

根据一些学说汇纂，宇宙的形成始于一个过程，这一过程被描述为由永恒运动（*dia tēs aidiou kinēseōs*）所导致的"对立物的分离（或分泌？）"（*apokrinomenōn tōn enantiōn*）。[①] 这就立即引出了两

---

① 辛普里丘，《亚里士多德〈物理学〉评注》24. 23—25；41. 17—19；150. 22—25。亚里士多德用动词 *ekkrinesthai* 而不是 *apokrinesthai*，并说从一或 *apeiron* 中"对立物被分离或分泌"（*tas enantiotētas ekkrinesthai*）（《物理学》1. 187a20—23）。亦参希波吕托斯，*Refutations* 1. 6. 2 和伪普鲁塔克，*Miscellanies* 2＝DK12A10。对 *apokrisis* 和 *ekkrisis* 的有趣讨论可参 Conche(1991,136—137)。

个重要问题。第一，分离出什么样的对立物？第二，对立物如何设法将它们自己从 *apeiron*[无限]中分离出来。

　　辛普里丘似乎提供了第一个问题的答案。他说这里谈到的对立物是热和冷、干和湿及其他等（*enantiotētes de eisi theron psuchron xēron hugron kai ta alla*）（《亚里士多德〈物理学〉评注》150.24＝DK12A9）。然而，并不清楚阿那克西曼德是否还假定了许多不同的对立物。伪普鲁塔克（Pseudo-Plutarch）的文献来源显然是忒俄弗拉斯图斯，他在其著名的宇宙起源段落中（详后）只提到了热和冷，而且埃提乌斯（Aetius）[71] 在 *Placita* 2.11.5＝DK12A17a 中也确认了这一点，他在其中认为，天（heavens）由热和冷的混合物构成（*ek thermou kai psuchrou migmatos*）。这看起来非常有道理。同时，对立物，无论一或多，必须被认为并非描述物体的特征或特性，而是实在或事物。实际情况是，在阿那克西曼德的时代（如上所述），并没有专门术语能够区分一种物质（比如土）与它的属性（比如冷和干）。在宇宙起源过程开始前，我们能够或者必须设想对立物在不确定的状态中完美交融或混合在一起，"像酒与水的混合物"（Cornford 1952，162），或处于"一种动态平衡的状态"中（Vlastos 1947/1993，80；KRS 1983，130 n2）。

　　那么，对立物如何设法将它们自己从 *apeiron*[无限]中分离出来？答案与 *apeiron*[无限]本身的运动有关。学说汇纂表明，分离由 *apeiron*[无限]的永恒运动或生命力激发。*apeiron*[无限]的运动据说是"永恒的"（*aiōn*），这根本不奇怪，既然它被认为是神性的。而且如果 *apeiron*[无限]是神性的，那是因为它是"活跃的"，活跃的东西必然处于运动之中。问题是：*apeiron*[无限]的永恒运动如何使对立物从 *apeiron*[无限]中分离（或分泌）出来？

　　亚里士多德认为，*apeiron*[无限]的原始运动是一种"涡旋"（Robin 1921/1963，63；J. M. Robinson 1971，111—118）。亚里士多德的文本如下：

那么，如果地球现在保持其位置是因为强制，由于旋转它才在中心聚集在一起（*dia tēn dinēsin*）。这种假定的因果形式，它们均借自对液体和空气的观测，在其中较大和较重的物体总是朝向中心旋转（*pros to meson tes dines*）。这就是为什么所有那些试图谈论天体形成的人会说地球在中心聚集起来（《论天》2.295a7—14，J. L. Stocks 英译）。

但不久后，亚里士多德实际上通过如下事实将阿那克西曼德从大多数自然学家中区分出来，即对阿那克西曼德来说，地球保持在宇宙的中心是因为它的平衡，也就是说，因为从天体周围所有的点到中心都等距（《论天》2.295b10—15）。换句话说，原因是数学上的，尽管如我们将看到的，也有物理的成分。此外，并没有恩培多克勒之前的涡旋理论的学说汇纂证据。所以问题仍在：如果我们把阿那克西曼德的 *apeiron*［无限］想象成在临界点上的一种动态平衡状态，那么是什么引发了宇宙起源的过程？我们发现在赫西俄德那里似乎也有类似情况。首先有一团无差别的物质，接着出现了一个裂隙（就是说初始前提的改变以某种形式发生）。当然，阿那克西曼德可能［72］只是没有询问这一问题。但是考虑到 *apeiron*［无限］是自然原始的创造力，被明确描述为神性的（而且的确被描述为一种控制力），人们很容易将运动（*archē kinēseōs*）的本原和诸存在（*tōn ontōn*）的本原视为一个存在物（Being）。如我们在第一章所见，荷马的大洋便符合这一描述，阿那克西曼德年轻的同时代人、尤其是阿那克西美尼和克塞诺芬尼的神性原则，也适用于这种情况。

从这个角度来看，至少在阿那克西曼德宇宙起源的语境中，从生物学/胚胎学意义上的分泌/分泌物，而非机械意义上的"分离/分离物"来解释动词 *apokrinesthai* 和 *ekkrinesthai* 以及名词 *apokrisis* 和 *ekkrisis*，可能更为恰当。因此对立物可被视为从

apeiron[无限]中"分泌出来"。

宇宙起源论的学说汇纂对阿那克西曼德如何构思宇宙形成的描述,可以在伪普鲁塔克的《札记》(*Miscellanies*)中找到,内容如下:

> 他[阿那克西曼德]指出,在宇宙形成过程中,产生冷热(即胚芽)的东西从永恒生命力中被分泌(或被分离/抛离)出来(*to ek tou aidiou gonimon thermou te kai psuchrou kata tēn genesin toude tou kosmou apokrithēnai*),而且从这里[即胚芽]产生一种火焰球包裹在气/雾环绕的地球之上(*tōi peri ten gen aeri*),就像树皮包裹着树(*hōs dendrōi phloion*)。当其[即火焰]在特定的环中中断或终止(*apokleistheisēs*),太阳、月亮、星星便形成了(*Miscellanies* 2=DK12A10)。

这段文本说明了如下的宇宙起源进程:

1. *apeiron*[无限]或"永恒的生命力"以某种方式产生和分泌出一个胚芽(*gonimon*),它能在宇宙起源过程中产生两个主要对立物或元素。

2. 胚芽(*gonimon*)包含(或孕育着)热和冷的事实证实了某些其他学说汇纂的说法,依据它们,宇宙形成的第一个阶段与对立物的分泌或分离相关。

3. 胚芽(*gonimon*)这一术语强有力地表明,阿那克西曼德将宇宙设想为像一个生命有机体一样从一粒种子里生长起来(Baldry 1932;Lloyd 1970,309f;Conche 1991,142)。

在这些评论之后,重要的是,要说 *to gonimon* 这个术语的字面含义是"有产生能力的东西",由此指"种子或胚芽",这可能正是阿那克西曼德关于起源的观点,尽管在漫步学派之前还相当罕见

(见 KRS 131)。① 这个词显然有[73]生物学的含义,尽管有一些关于这个意象究竟是植物学的还是胚胎学的讨论。巴尔德瑞(H. C. Baldry)(1932,27)表明,术语 *apolrinesthai*、*aporrēgnusthai* 和 *phloios* 在某种程度上都与胚胎学有关。亚里士多德用 *sperma gonimon* 表达一粒肥沃的种子而非贫瘠的种子(《动物志》523a25),忒俄弗拉斯图斯用 *gonimon* 来表征动植物的生命(《论火》44)。*Phloios* 这个词,我们把它翻译成"皮",据巴尔德瑞,这个词来自动词 *phleō*,也与产生的概念相关,它指在生长过程中包裹着有生命的植物或动物机体的皮(1932,30)。② 实际上,术语 *phloios* 不仅能在亚里士多德那里找到,它指的是包裹着卵子的薄膜(《动物志》558a28),而且也能在其他归于阿那克西曼德的学说汇编集中找到,在其中它用来表示包裹在最初的动物生命形式上的多刺的皮(DK12A30)。此外,如果人们考虑这里谈论的时期和 *phusis*[自然]这一术语基本的和词源的含义,那么,说阿那克西曼德的宇宙起源是依据有机生命而描述的,就不会令人奇怪。在第一章中我们已经见过许多希波克拉底派的文本,其文本不仅在植物的生长(*phusis*)和胚胎(*embryos*)的生长之间进行类比,而且在人类胚胎的生长(*phusis*)与宇宙的生长之间进行类比。这些文本

---

① Kahn 认为 *gonimon* 一词可能出自阿那克西曼德本人,因为伪普鲁塔克的文本无疑是忒俄弗拉斯图斯的(1960/1994,57)。Conche 持相同立场(1991,153)。菲勒塞德斯(Pherecydes of Syros)、阿那克西曼德的同时代人(也用散文写作)说,Zas、Chronos 和 Chthonie(宙斯、时间和大地)总是存在,而且"Chronos 从他自己的种子里(*ek tou gonou heautou*)造了(*poiēsai*)火、水和风"(= *Damascius On Principles* 124 bis;见 KRS 1983,56)。考虑到年代,很可能是埃及人影响了菲勒塞德斯和阿那克西曼德。正是从 Atum(这位神的名字意指"一切和无")的种子里产生了第一对夫妻 Shu 和 Tefnut,气和湿,接着又产生了 Geb 和 Nu,大地和天空(见 Derchain,收 *Mythologies* 1,91;及 J. A. Wilson,收 Frankfort 1949,62—64)。关于阿那克西曼德可能去过埃及,详后。

② 与树的类比相关的具体问题,参见 Heidel(1912,686f);G. E. R. Lloyd (1966,309—312),和 Hahn(2001,192—196,216—217)。Hahn 恰当地提示我们,最早的神庙的柱子由树干做成。而且,他注意到阿那克西曼德宇宙论模型(从三维角度来看)的形状像一个圆筒(详后)。

和其他一些文本都清楚地表明,这样的类比是一种常态而非例外,且这种标准贯穿了整个 *peri phuseōs* [论自然]传统的历史(包括帕默尼德与原子论者)。① 简言之,毫不奇怪阿那克西曼德会将如下事实视为理性的和自然的,即世界源于一种胚芽、种子或蛋,可是他仍然不接受基于宇宙起源神话的性交配的拟人化形象。重要的是这一过程从此以后都归于自然原因。

那么,核心的观念是,宇宙的生长像来自一颗种子或胚芽的生命一样。这个胚芽包含两个基本对立物热和冷,而这又离不开对立物的干和湿。热和冷的胚芽在一个包围着冷和湿的中心(如树皮包裹着树木)的火焰球中(热和干)发展或成长。热(和干)作用于冷(和湿)的中心(充分凝结从而形成土),导致由气/雾(*aēr*)构成的第三个同心层在其他两层之间发展(可能是通过蒸发)。气/雾这一中间层的压力通过火焰球的爆炸最终打破了连贯的统一体,并在此过程中形成天体。随后热(来自太阳)的活动导致地球上的干和湿分离成陆地和海洋。

这些描述被其他一些学说汇纂所证实。埃提乌斯(2.13.7＝DK12A18.28—29)说,在阿那克西曼德那里,天体[74]是气/雾构成的布满火焰的轮状浓聚物。希波吕托斯(Hippolytus)实际上使用了相同的术语(*Refutations* 1.6.4＝DK12A11)。而且,就位于地表的海洋而言,埃提乌斯指出,对阿那克西曼德来说,海洋是绝大部分原始湿气被火焰烤干之后残留下来的部分(3.16.1＝DK12A 27.19—21)。亚里士多德也强有力地指出了这一点(《天

① 亚里士多德说,当毕达戈拉斯派开始研究万物的自然(*peri phuseōs panta*)时,他们谈到了宇宙的实际生成(*gennōsi to ouranon*,《形而上学》1.989b34),他对他们宇宙起源的描述在某种程度上与对胎儿的描述相似。的确,在《形而上学》14.1091a12—20中,亚里士多德解释道,对于毕达戈拉斯派而言,宇宙开始于一颗种子(*ek spermatos*),而且试图通过进入(*heilketo*)最接近无限的部分成长。而且这一类比乎由公元前五世纪的毕达戈拉斯派 Philolaus of Croton 所证实(对此的讨论参 Guthrie 1962,1:276—280)。我们将会在下一章考察前苏格拉底派中许多相似的类比。

象论》[*Meterology*]353b5—11＝DK12A27.7—10)。

根据对阿那克西曼德宇宙起源论的这一分析,所有自然变化的原因都是对立物的相互作用。一旦互相敌对的对立物开始分离,通过对立物交互力量的自然运作,宇宙起源过程使自身得以持存(在一个循环过程中)。在我们分析阿那克西曼德唯一幸存残篇时,这一问题将会进一步得到更详细的考察。

宇宙学:宇宙的结构

阿那克西曼德如何设想(或构想)初步发展之后的宇宙结构?从这个角度出发,我们将作为过程的自然[*phusis*]概念转向作为结果的自然[*phusis*]概念。

考虑到阿那克西曼德的宇宙论模型是西方哲学/科学传统中的第一个理性模型,所以它值得仔细研究。但对它却有许多种解释。我们从地球的位置开始我们的考察。据亚里士多德(《论天》295b10＝DK12A26),阿那克西曼德认为地球在天球(celestial sphere)的中心,它是静止的,这是天球的均衡性(*dia tēn homoiotēta*)所致,这意味着地球到圆周上所有点都是等距的。在希波吕托斯(*Refutation* 1.6.3＝DK12A11)看来,地球是静止的,因为它不受任何事物控制(*hupo mēdenos kratoumenēn*),因为它与所有事物等距(*dia tēn homoian pantōn apostasin*)。[1]

对这些段落最常见的解释是,阿那克西曼德对于地球的静止状态和位置的推理是数学的和演绎的(*a priori*)(如 Cornford 1952,165;KRS 1983,134;Kahn 1960/1994,77;Guthrie 1962,

---

[1]   与此相似的描述和对阿那克西曼德本人的提及,可参柏拉图,《斐多》108e—109a 和《蒂迈欧》62d—63a。

99；McKirahan 1994,40；Wright 1995,39）。这涉及到充足理由律：如果一个物体没有理由朝一个方向而不是另一个方向移动，那么它就会待在原来的地方。这一说法遭到一些学者的激烈反驳，特别是罗宾森（John Robinson）（1971）和福莱（David Furley）（1987,1.23—30）。罗宾森从他在亚里士多德 [1] 和辛普里丘 [2] 那里所获得的文本支撑出发，主张存在于地球静止状态背后的是涡旋和气。福莱认为，某些意象（如 Pseudo-Plutarch 的 *Miscellanies* 2＝DK12A10.36 中的树干类比）表明[75]宇宙的总体形状对阿那克西曼德而言并不重要。福莱进一步指出，只有球形的地球才可能与所有边界等距。[3] 因此，如果地球是静止的，那是因为它是平坦、均衡的，并且漂浮在气中——总之，是基于纯粹物理的原因。尽管有少量学说汇纂证据能够支持阿那克西曼德的涡旋或地球静止在气中，但是宇宙起源的发展显然让人们认为解释地球静止的原因是*物理的*（physical）。地球仍然静止在球体的中心，是由宇宙起源发展所导致的地球惯性（inertia）使然。[4] 的确，这一宇宙起源发展中两种最初的对立物，热（与干）和冷（与湿），分别以运动和静止为特征，这又解释了地球的惯性。此外，在宇宙起源发展结束时地球发现自身处于充满物质的空间（plenum）的中心，因为它被一个球体所包围，这个球体由火、雾及二者之间的气这三个同心环（其中包含天体）构成。但是，如果我们考虑到（a）地球位于由三个同心环所包围的球体中心，（b）地球尺寸的比例类似于三个环的尺寸和距离，（c）从

---

① 《论天》2.13,295a8—15,在其中亚里士多德认为，所有认为地球聚集在中心的人，都将其归因于涡旋（*dinē*）和地球的平坦。

② 辛普里丘,《亚里士多德〈论天〉评注》532.13。

③ Hahn 聪明的解决方案是，阿那克西曼德同时构思了二维模型和三维模型。从二维模型的角度看，地球到天球圆周上的所有点都是等距的，而从三维模型的角度看则不是（2001,198f）。

④ 尤参伪普鲁塔克,*Miscellanies* 2＝DK12A10.33—36。

而,地球与天体圆周所有的点以及三个环等距,由此我们可得出结论(d)阿那克西曼德对世界物理结构的推理是算术的或几何的。总之,阿那克西曼德的推理可能是如下情况:我能如何设想明确显现出秩序的宇宙的物理结构,从而符合最完美的几何形状即圆?

同时,伪普鲁塔克告诉我们,阿那克西曼德将地球的形状构想为圆柱体(*kulindroeidē*),其深是其宽的三分之一,这就是说,其直径是其高度的三倍(*echein de*[*sc. tēn gēn*]*tosouton bathos hoson an eiē triton pros to platos*)(*Miscellanies* 2 = DK12A10. 32—33)。尽管这个解释并非毫无争议(一些人更喜欢译为高是宽的三倍),但绝大多数注疏家仍坚持这一观点。此外,在某种特定意义上,它被希波吕托斯(*Refutation* 1. 6. 3 = DK12A11)和埃提乌斯(3. 10. 2 = DK12A25)所认可,他们告知我们,在阿那克西曼德看来,地球的形状像柱形的鼓(*kionos lithōi paraplēsion*)。地球,正如我们所看到的那样,也是确定其他天体大小和距离的重要因素,因为它们的大小和距离与地球的尺寸类似。

阿那克西曼德将天体设想为在某种程度上像车轮(*harmateiōi trochōi paraplēsion*)一样的火焰环(*kukloi*),被气(*aēr*)或雾包围,只有一个小孔(*stomion, ekpnoē*)在外,火焰从小孔喷出。[1] 他假定了三个这样的环:一个是太阳所在的环,一个是月亮所在的环,还有一个是恒星所在的环。[2] 至于它们相对于[76]地球的位置,阿那克西曼德将太阳置于最远处,接着是月亮,最后

---

[1]   许多学说汇纂似乎都出现过这些描述:伪普鲁塔克,*Miscellanies* 2(= DK12A10. 37);希波吕托斯,*Refutation* 1. 6. 4—5(=DK12A11. 9—16);埃提乌斯(Aetius)2. 13. 7(= DK12A18. 28—29);埃提乌斯 2. 20. 1(=DK12A21. 11—13),2. 21. 1(= DK12A21. 14—15),2. 24. 2(= DK12A21. 16—17),2. 25. 1(= DK12A 22. 19—21),和 2. 29. 1(= DK12A22, 23)。

[2]   阿那克西曼德谈到了恒星的圆环(*kukloi*)。有许多问题与此相关,但是更相关的是它们相对地球的位置。

是恒星。① 这个文本在这一点上非常清楚，并无争议。然而，当人们转向三个环的实际尺寸和距离，由于我们文献证据缺失，这一问题有了极大的猜想空间。

据希波吕托斯，太阳环（*ton kuklon tou hēliou*）的大小（直径）是地球所在环的 27 倍（*heptakaieikosaplasiona*）。尽管文本提及了月亮，但由于文本残缺，无法获得与其大小相关的数目。② 关于太阳环大小的 27 这个数目得到了埃提乌斯的其中一部学说汇纂的证实（Aetius 2.21.1＝DK12A21.14—15）。然而，埃提乌斯的另一部著述（Aetius 2.20.1＝DK12A21.10—13）认为，太阳环是地球（*tēs gēs*）大小的 28 倍（*oktōkaieikosaplasiona*）。

尽管数目 28 经常被一些人忽略（如 Sambursky1956/1987，15—16），并被另一些人视为讹误（Kahn1960/1994，62；West 1971，86），但它仍是大量推断的来源。的确，塔内里（Paul Tannery）（1887/1930）之前的推断仅限于太阳环，而在他之后，推断已经扩展到月亮环和恒星环。③ 这是因为流传到我们这里的只有这个比例，即月亮环的大小是地球的 19 倍（*enneakaidekaplasiona*）（Aetius 2.25.1＝DK12A22），而且因为和太阳环一样，月亮环的大小应是 3 的倍数，这就导致一大批学者（自 Tannery 始）得出结论说，在希波

---

① 人们并不清楚为什么阿那克西曼德让恒星离地球最近。学者们对此问题分歧很大。然而，如果说 George Burch（1949/1950，156）认为距离无法用肉眼分辨是对的，那么阿那克西曼德提出的秩序（而且这也适用于天体的大小和距离）就不能建立在观察的基础上。讽刺的是，如天文学家向我保证的那样，通过月亮分辨星星的星蚀（occultation）并不困难。这也导致了如下结论：阿那克西曼德提出的秩序不可能建立在观察的基础上。

② 希波吕托斯，*Refutation* 1.6.5（＝DK12A11）。如 I. Neuhäuser（1883，399）和 Albert Dreyer（1906，15 n1）等一些学者认为文本并非残缺不全，而且阿那克西曼德认为太阳的周长是月亮的二十四倍。然而，这将导致阿那克西曼德使用不同于地球的其他度量单位（这将使得地球比它实际少许多倍），而这几乎是不可能的。基于这一理由，我在后面不会讨论与之相关的观点。对这些观点的详细讨论见 Naddaf（2001）。

③ 对在 Tannery（1887/1930）之前的推断的有趣分析，见 O'Brien（1967，423—424）。

吕托斯的文本中缺失的月亮环大小的数值应该是 18。由于恒星构成最靠内的环,所以虽然没有数字记录单个恒星环(或多个恒星环)的大小,但与太阳环和月亮环相似,学者们一致认为(仍是从 Tannery 之后)其与之相应的比例应该为 9 和 10。总之,现在有两个数列:9、18、27 和 10、19、28。但为什么是两个数列?

据塔内里及其他许多人,[1]较小的数字(9、18、27)代表环的内径,而较大的数字(10、19、28)则表示环的外径。然而,在基尔克(Kirk)及其追随者看来,[2]这涉及到计算错误。因为如果是指直径,而且如果我们假定圆环自身相当于一个地球的直径的厚度(太阳据说与地球大小相同这一事实看似证实了这一点),[3]那么就应该把 2 而不是 1 加在倍数上分别得出 11、20、29。[4] 因此,基尔克认为稍大的数列"可能代表了圆环的外沿到外沿的直径",而较小的数列则"某种程度上指气实际外圈的内沿到外沿之间的距离"(KRS 1983,136 n1)。据基尔克计算,从圆环的内沿到内沿距离分别是 8、17、26。

[77]在对这个问题更详细和清晰的一个论述中,布莱恩(O'Brien)(1967)认为,毫无道理的是(与 Kirk 观点相反),我们不应考虑与地球直径的一半相等的圆环的厚度,也就是说,厚度与地球的半径一样(1967,424)。因此,如果比较一下地球的半径与圆环的半径,即在相同情况下比较,那么得出的数目将保持不变。[5]

----

① Tannery(1887/1930,94ff),Burnet(1930,68)追随他;Diels(1897,231);及 Heath(1913,37)。

② KRS(1983,136,n1),Guthrie(1962,96)追随他;Burkert(1962/1972,309,n59);Conche(1991,209—210)。

③ 埃提乌斯 2.21.1(= DK12A21)。

④ 尽管在 KRS 中重点在太阳环上,但是这对三个圆环都有效。

⑤ 事实上,根据 O'Brien(1967),只要我们"保持比较地球的半径和太阳轮的边缘的厚度或宽度,那么我们思考的从地球半径、直径和周长到太阳轮的距离(笔者强调[原注])的数目就能被把握"(425)。因为 O'Brien 认为圆环是地球直径的一半,所以他推测为减半,数目 4 占优势(425)。

　　然而,尽管布莱恩的设想的确表明天体环是等距的,而且也与阿那克西曼德的均等倾向一致(似乎大家都同意这一点)[1],但是阿那克西曼德似乎着迷于以 3 为单位,而非像布莱恩分析的那样以 4 为单位。[2] 而且更重要的是,这种说法(圆环是地球大小的 27 倍)表明地球半径并不是计量单位。[3]

　　就我而言,我同意那些主张数列 9、18、27 来自阿那克西曼德自己的人。的确,阿那克西曼德用不止一个单位来表述圆环的大小的做法较为奇怪,因为地球被视为是衡量圆环大小的单位(太阳被视为与地球大小相同这个事实似乎可以证明这一点),而且由于地球直径被认为是其高度的 3 倍,亦即是 3 的倍数,那么,较小的数列而非较大的数列(10、19、28)似乎才是正确的。

　　在此有一个宇宙论模型的平面图(图一),其中也考虑了较大数列 10、19、28。地球直径被视为计量单位,而且地球的中心(而非外缘,例如 Hahn 2003,84)是每一种可能性的基本焦点。因此,我们设想阿那克西曼德可能主张将 3 作为 π 值——这有其历史合理性。

　　在阿那克西曼德的模型中,地球直径是其高度的 3 倍,周长是

---

[1]　少数例外之一见 Joyce Engmann,《阿那克西曼德的宇宙正义》("Cosmic Justice in Anaximander"),*Phronesis* 36(1991),22。

[2]　O'Brien 通过减半三个圆环的直径(和大多数人一样,他假设分别为 9、18、27)获得 4 这个单位,并坚定圆环自身的厚度为地球直径的 $\frac{1}{2}$。所以,每个圆环之间的距离是 4 个地球的直径,而且如果我们为恒星环和月亮环的厚度各增加 $\frac{1}{2}$,那么从地球中心到太阳环的内周长的距离是 $13\frac{1}{2}(\frac{1}{2}+4+\frac{1}{2}+4+\frac{1}{2}+4)$。

[3]　围绕着这些数目有大量争论(和困惑),这些是因为注疏家似乎对比较和衡量的对象无法达成一致:是地球的半径? 还是地球的直径? 或者地球的半径和直径? 还有在度量单位上也无法一致:是地球的半径? 还是地球的直径? 或者地球的周长? 还是地球的厚度? 还是两个或更多的结合?(见 O'Brien 1967,425)关于圆环自身的厚度及其在数目中所承担的角色也不能达成一致。在我看来,地球的直径和数目 3 是整个问题的关键,而且将其放入更广的视角中去看的话,大多数(如果不是全部的话)问题和困惑可以消除。在最近的两篇文章/研究中我试图处理这一问题(Naddaf 1998;2001)。而且晚近的研究(例如 Couprie 2003)也未能改变我的观点。

直径的 3 倍。根据假说,数列 9、18、27 表示与地球的尺寸和位置相关的三个圆环的大小和距离,详示如下:

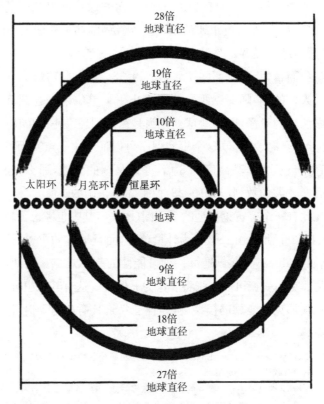

图一　宇宙论模型的平面视图

　　* 恒星环的周长是地球周长的 9 倍(或 1×3×3),①从恒星环中心到地球中心的直径(或大小)是地球的 9 倍(或 1×3×3),从恒星环中心到地球中心的半径也是 9 倍(或 1×3×3)。

---

　　①　一般认为恒星环或诸恒星环变得和离两级的恒星一样更小,这只适合位于天球赤道的恒星环或诸恒星环。但似乎很明显阿那克西曼德并未对此进行思考。再者这似乎必然导致实测天文学并非其宇宙论模型背后的灵感来源。

* 月亮环周长是地球周长的 18 倍(或 2×3×3),月亮环的直径是地球直径的 18 倍(或 2×3×3),恒星环中心的距离到月亮环中心的距离是地球半径的 9 倍(或 1×3×3),地球中心到月亮环中心的距离是地球半径的 18 倍(或 2×3×3)。

* [78]太阳环周长是地球周长的 27 倍(或 3×3×3),太阳环直径是地球直径的 27 倍(或 3×3×3),月亮环中心的距离到太阳环中心的距离是地球半径的 9 倍(或 1×3×3),地球中心到太阳环中心的距离是地球半径的 27 倍(或 3×3×3)。

[79]总之,正如以地球为测量标准那样,在相互之间 1:3:9 的比例关系(高:宽:周长),三个环的大小和距离比例都是 1:2:3,相互之间以及相对于地球的尺寸而言都是如此。

人们从所有这些之中能推论出什么? 简言之,阿那克西曼德依据数学或几何的方案来构思他的世界或宇宙论模型,其中反映了一种关于遵循着序列 3 的几何学的相等性和对称性的倾向。

宇宙论模型的来源

这一假说由塔内里(Tannery)在十九世纪晚期首次提出,尽管有推测的性质,却仍以这样或那样的方式为许多注疏者采纳。[1]

---

[1]　Diels(1897,232);Heath(1913,37—38);Burnet(1945,71);Robin(1923,62); Jaeger(1943/1945,1,157);Gomperz(1943,166—167);Vlastos(1947,75 n105);Baccou (1951,77);Burch(1949/1950,155—156);Cornford(1952,164);Matson(1954/1955, 445);Sambursky(1956/1987,15);Rescher (1958/1969,22—25);Kahn(1960/1994, 88);KRS(1983,136);Guthrie(1962,95—96);Burkert(1963, 97—134);(1972,307); O'Brien(1967,95—96);Lloyd(1970,28);West(1971,86);Furley(1987,28);Engmann (1991,22);Conche(1991,209—210);McKirahan(1993,38—39);Couprie(1995,160); Wright(1995,42);以及 Hahn(1995,102;2001,181—200)。

然而,他们就数字(numbers)的起源和意义,以及由此而来的宇宙论模型的起源远未达成一致意见。主要 ① 有以下四种假说：

1. 数字是一种神圣启示或神话启示的结果；
2. 数字是一种天文学启示的结果；
3. 数字(至少三分之一)是一种建筑学或技艺性启示的结果；
4. 数字是一种政治启示的结果。

鉴于阿那克西曼德的宇宙论模型在西方/希腊哲学和科学史上的重要性,这四个假设均值得仔细考察。

神话假说

以某种方式提出第一种假设的有塔内里、第尔斯、希思(Heath)、伯奈特(Burnet)、罗斑(Robin)、康福德、塞姆伯斯基(Sambursky)、雷施尔(Rescher)、格思里(Guthrie)、伯克特(Burkert)、韦斯特(West)和福莱(Furley)。② 不过,第尔斯似乎是提这一假说的始作俑者。他与其他人一起比较了许多国家(包括希腊)的古代观念中数字 3(和 9)及其倍数在神话和宗教上的重要性。第尔斯总结道,阿那克西曼德的数字并不比印度人所讲述的毗湿奴从大地伸展到天空的三个步骤告诉我们的更多。然而,数字并未涉及神的步骤,而是在讲从一个共同的中心建立完美的几何圆的直径,这

---

① 尽管大多数学者同意阿那克西曼德赋予宇宙结构一个算术或几何的基础,但我没有发现任何人为灵感(inspiration)仅仅是演绎的(*a priori*)这一立场辩护。甚至 Cornford,他最初宣称数字"是演绎的而不能建立在任何观察的基础上"(1952,165),后来却承认它们不能缺乏对观察的参考(170)。我注意到,KRS(1983),Jaeger(1943),Vlastos(1947)和 Wright(1995),他们对任何类型的灵感的态度都不太明确。

② Tannery(1930,91);Diels(1897,231);Heath(1913,38);Burnet(1930,68);Robin(1923,62);Cornford(1952,164);Sambursky(1956,15—16);Guthrie(1962,95);Burkert(1963,97—134);West(1971,89);Furley(1982,28).

一简单的事实（正如 Kahn[1960/1993,96]指出的那样）表明，[80]他们的标准来自另一种秩序。这也适用于韦斯特的主张（1971，87—93），他认为阿那克西曼德的宇宙论模型的几乎每一个方面都包含东方元素：战车车轮的形象（巴比伦人）、天体的秩序（波斯人）、宇宙的规模（埃及人）等等。① 事实上，即便人们承认阿那克西曼德宇宙论模型的各个方面可能并不缺乏外界的影响，但事实仍然是，正因为阿那克西曼德丰富的想象力才将这些元素转化成一个高度理性的模型，这一模型远远领先于他的前辈（包括东方人）的模型。②

天文学假说

第二个假说主要由伯齐（Burch）（1949/1950,154）、巴库（Baccou）（1951,77）、卡恩（Kahn）（1960/1964,96—97）、孔什（Conche）（1991,208）和库普里（Couprie）（1995；2001,23—48）提出。这一假说主张数字的进展完全是实测天文学（但很粗糙）的结果，无论是阿那克西曼德自己的那部分，还是从他的巴比伦前辈那里获得的能够使用的数据，都是如此（Kahn 97）。

然而，根据这一特定时期可获得的知识来看，值得怀疑的是阿那克西曼德是否具有必需的能力来断言天体的大概尺寸以及天体之间的距离。同样值得怀疑的是，卡恩在书中提到，在公元前五世纪下半叶前，资料就传到了希腊，原因只是巴比伦人自己没有这一资料。③

---

① 事实上，连同埃及人的叙述，West 甚至将数字 36 添加到数列中去解释"outer ouranos"（外部天空）即 *apeiron* 的直径，它包围着整全（1971,92）。

② 这也是赫西俄德《神谱》（722f）著名段落的立场，在其中据说一个青铜砧从天空落到大地与从大地落到塔尔塔罗斯所花时间是一样的（间隔九天）。诚然，在此我们无法处理由一个共同中心建立的等距同心圆。

③ 见 Neugebauer（1957,25、107 和 140）；Dicks（1970,4—47）；G. E. R. Lloyd（1979,176—177）和（1991,278—302）。事实上，阿那克西曼德从巴比伦人那里获得的这类数据甚至与天体的大小和距离无关。Lloyd（1991,294—295）指出，他们的天文学是计算性的（computational）而不是理论性或几何性的。

再者,如果这些结论正确,那么,大小、距离和天体的秩序等不可能基于任何形式的天文观测。

建筑学假说

第三种假说由麦克尤恩(Indra McEwen)(1993)和哈恩(Robert Hahn)(1995,2001)①提出,这种假说认为宇宙论模型背后的灵感是建筑学的(并因而是技术性的),尽管麦克尤恩所述远不及哈恩详尽。的确,在哈恩看来,其灵感恰恰就是一个柱形鼓状的地球。②哈恩认为,这一时期前后,伊奥尼亚的希腊建筑师从埃及建筑师那里借鉴的不仅是巨石砌筑房屋的技术专长,也有用平面图和高空视角来提前设计建筑物的理念。他还指出了一些有趣的特点,例如古代伊奥尼亚神庙的整体结构大致上一样:高为一个单位、宽为两个单位、长为三个单位。③[81]因此,阿那克西曼德在构想他的宇宙时,可能很好地运用了平面图与高空视角。的确,如哈恩正确指出的那样,既然阿那克西曼德的宇宙是几何的,这使它必须服从图示法(graphic representation),而且一些学说汇纂认为他使用了图表或模型。出于这种考虑,哈恩在他试图呈现阿那克西曼德灵

① Hahn(1995)及其更晚近的(2001),以及 McEwen(1993)。Hahn(1995,101)声称他从 Samburksy 和 Kahn 那里获得他的部分灵感,他们认为力学模型(mechanical models)在阿那克西曼德的宇宙图景中扮演着重要角色。我也同意阿那克西曼德很可能使用了力学模型(亦参 Brumbaugh,1964,20—22),但是从这一点得出结论说它们就是阿那克西曼德宇宙论模型背后的灵感来源,这是很难想象的。McEwen 的观点是,哲学的起源建立在建筑学的基础之上。这也是 Hahn 在他最近一部著作(2001)中的观点,尽管是从一个完全不同的角度而言的。在后文中,我会讨论 Hahn(1995)和(2001)的观点。

② Hahn(1995,99—101);McEwen(1993)也指出了这一点,尤其是在与比例相关的意义上(27)。然而,她将重心放在一般而言作为灵感来源的模型的重要性上,对此我表示同意。

③ Hahn(1995,111);McEwen(1993)认为希腊神庙建筑建造于他们的立式织布机之后——与埃及无关(107—118)。Hahn 最近推翻了这一主张,许多描述呈现的完全相反。

感的可能来源时提出了一些有趣的见解。首先,他比较了一棵树与宇宙形成期间出现的火焰球和内环形象的横截面的再现(rendition)(1995,115—116;2001,193)。借着这些再现,哈恩把注意力转向了柱形鼓状结构,以此来呈现 *anathurōsis* 技术(一个现代术语,建筑史学家用其表示这样一种技术,它能通过只修饰边缘而非修饰石料触及的整个表面,而将大块的石料和柱形鼓组装起来)如何与阿那克西曼德宇宙的平面图模型再现具有惊人的相似性。实际上,根据哈恩的再现,我们不仅有三个同心环,而且在鼓的中心还有一个为了放置木制转轴的方孔——让一切都更加引人联想。[①] 最后,哈恩考虑了阿那克西曼德可能的宇宙高空视角及若干再现。但他指出,其高空视角的问题在于,如果我们同意福莱的观点,即认为只有球形的地球才能实现到各个边界都是等距,那么亚里士多德对阿那克西曼德的论述就是错误的。然而,平面图视角可以证实亚里士多德的观点,因为平面图视角会显现出一个圆形的地球,而圆形的地球到任何边界都是等距的。

这篇颇具启发且极富才气的论文之要点是,阿那克西曼德宇宙论模型的理性结构(甚至一般而言希腊哲学理性的起源),不能被理解为不依赖"文化性植入"(cultural embeddedness)(Hahn 1995,123)。然而,阿那克西曼德是从他对柱状鼓的观察中获得其宇宙的几何学洞见——得出这样的结论仍然颇为奇怪,尽管卡恩似乎同意这一点(1995,116—117)。总之,这意味着要说站在宇宙的几何学洞见背后的是埃及人(1995,117 n75)。从柱状鼓中大致呈现出三个同心环,宇宙自身必须被设想为有三个圆环或三种天体。这样的结论似乎同样奇怪。

在更为晚近的作品中(2001 年),哈恩认为,与阿那克西曼德同

---

① Hahn(1995,117—118)和(2001,194—198)。同样有趣的类比见后文关于 *hestia* 的注释 71。

期的建筑师所著的散文著作是记述不朽建筑之技术的理性散文,这一技术由他们的埃及对手所启发。哈恩对处理阿那克西曼德(和泰勒斯)与建筑师们的关系提供了一个很好的范例,尤其是根据 *phusiologoi*[自然学家]和 *architectones*[建筑家]所创造的可靠成就的罗列来处理这种关系(2001,55—66)。正是共享利益与成就的共同体为哈恩对他们可能有合作的假说[82]提供了依据。此外,就诸多阿那克西曼德"哲学上的"后继者继续以诗歌写作而言,我们可以合理地认为,他决定用散文而不是用诗歌来写作是受伊奥尼亚建筑师以散文来写他们著作的影响。现在,人们可以设想在寺庙建造过程中遭遇困难时,用来解决问题的是理性探讨与几何设计,而非神话创作。而且,在其中显然还有这样一种意义,即建筑师致力于"积极地解释自然的物理原则"(2001,220)。阿那克西曼德可能深受建筑师的影响或启发,这一点极富说服力。但是为什么同样的情况却无法适用于埃及建筑师呢?希腊建筑师从他们那里获得启发和技术知识(2001,66—86,97—162)。他们在建筑寺庙时不是用"理性探讨和几何设计而非神话创作"吗?更重要的是,尽管哈恩就建筑师对阿那克西曼德的影响做了最令人信服的解释,但是仍然难以想象,阿那克西曼德对一般的寺庙建筑结构的反思和对特殊的柱状鼓的结构的反思,可以解释他理性的思维方式及其著名的宇宙和大地的地图的产生。此外,也很难理解为什么这种理性化的后果能影响他对宇宙和陆地生命的起源和发展的自然的和理性的解释,阿那克西曼德因此而非常著名。尽管如此,哈恩仍为理解技术对哲学经验的贡献提供了一个很好的范例,他也为通过建筑学把埃及和希腊联系起来提供了一个很好的范例。事实上,埃及对阿那克西曼德及哲学起源的影响,可能要比先前认为的重要得多。

政治假说

现在还有第四种假说,这种假说认为阿那克西曼德的模型是政治启示的结果。贡珀茨(Heinrich Gomperz)首次明确提出了这一假说：

> 在宇宙学中，政治和艺术的范型似乎占有主导地位。宇宙像一个城邦，宇宙的城墙环绕着它，自然秩序以权利和义务的平衡为基础(例如，白天有权持续一定的时间，而夜晚也有权持续相应的时间)，而且一旦违反这一秩序，这种违反必将遭到报复。另一方面，地球的形状是一个鼓形，高是宽的三倍，星星、月亮和太阳离地球中心的距离的比例是1:2:3,这被视为事实——并非是因为任何测量造成这样的结果，而是因为这个样子再合适不过了。(Gomperz 1943,167)①

[83]我之所以说贡珀茨是首位以一种明确的方式提出第四种假说的人，是因为在他之前，宇宙论模型并未被看作遵照一种社会—政治模型。根据以权利和义务的平衡为基础的自然法，贡珀茨似乎在阿那克西曼德的宇宙论模型与他著名的宇宙论法则之间做类比。然而，贡珀茨并未深入，他仅满足于评论。韦尔南(Jean-Pierre Vernant)首次②以令人信服的方式明确论述了这一论点。③

---

① 换句话说："科学家需要像建筑家建造一个城邦和设计一个神庙那样的态度。他觉得某些形式、尺度和比例在这种情况下是必要的，而且据此他可以很快确定与它们实际相符的事实。"(Gomperz 1943,166)

② Vernant 受到 Vlastos（1947/1993, 156—178; 1952/1993, 97—123; 1953/1993,337—366)和Kahn(1960/1994,191—193)的著作启发。Vlastos 和 Kahn 让我们注意到，一般而言的前苏格拉底派和特殊而言的阿那克西曼德用社会—政治语汇解释宇宙是如何运作的。但是如 Vernant 所言，他们并没有发现宇宙法则与宇宙结构之间的关系。至于 Vernant,他则没有提到数列或三个同心圆。

③ Vernant 在一些文章中所阐述的观点被重新编排入《希腊人的神话与思想》(*Myth and Thought Among the Greeks*)(1983)的第三部分，"空间的组织"，页125—234。

韦尔南的论点是，在希腊人中，尤其是在米利都人中（阿那克西曼德是最显著的例子），空间的几何化并非源于在他们之中诞生了几何学家这一事实，而是通过一种政治现象，即希腊 *polis*［城邦］的产生才得以可能。为了支持其假说，韦尔南考察了古老东方君主国中人类的宇宙与物理宇宙之间的关系，以及希腊 *polis*［城邦］与阿那克西曼德宇宙论结构的关系。他令人信服地呈现了政治空间与物理空间之间的休戚相关。

东方类型（即世界的神话构想）的古老宇宙叙述，其特征是大地状态反映着天空状态的结构。① 原因在于宇宙被视为一种权力的等级体系，其结构与人类社会类似。而且，在这种类型的叙述中，整个宇宙被置于一位最高统治者的统治之下，即被置于一种君主统治之下。一旦最高统治者建立了万物的自然秩序，即我们所知的物理宇宙，他将在新创造的世界中为其他每一位掌权者（或神）分配权利和义务。如韦尔南公正地指出的，结果将不是一种均质空间（homogeneous space）的宇宙，而是一种金字塔式的或等级式的宇宙。而且，由于社会政治组织的类型，伴随着他的胜利，最高统治者（或神）强加于物理宇宙与最高统治者（或神）强加于掌管地球的神王是一样的，物理空间和政治空间之间休戚相关，它们都反映了一种金字塔结构。总之，自然和社会是混同的（confounded）。

但是，希腊 *polis*［城邦］的产生是如何引发将重点放在中心和圆环的空间表象的呢？根据韦尔南的研究，市场的出现解释了城市空间的转换导致新的几何式世界观的出现。

如果存在任何独特的希腊城邦，那么它是这样一种特殊的城市规划，所有房屋围绕一个称之为市场的中心广场（或公众聚集

---

① 如我们在本书第二章所见，我们有理由相信在赫西俄德那里已经在改变。亦参 Naddaf（2002）。

区)而建造。① 尽管城邦最初在希腊殖民地出现,但其精髓来源于古老的勇士集会,这种勇士集会围成圈举行,而且每个人可以在其中自由言说,只要 [84] 他进入圆圈并将自己置于 *en mesōi* [中心]。② 在一系列经济和社会转型之后,这种平等的集会成为城邦中所有邦民(尽管最初只是贵族)可以辩论和讨论共同体事务的市场。市场因此是圆形的,中心的空间让所有邦民将他们自己视为

---

① 事实上,城邦作为一种独特的希腊现象可以被定义为一个小型的独立自治的共同体,在其中所有主要活动:政治的、宗教的和社会的活动都集中在一个特定的场所,*agora*[市场]或民众聚集地位于城邦的中心。

② 我认为有许多文本证据支持这一点。当军队集结成一个军事队形时,他们会以一个中心形成一个圆圈,并将中心描绘成一个主要焦点(如《伊利亚特》19.173f)。这个圆圈构成一个人们能进行公共讨论的地方,希腊人称之为 *ēgoria*、说话的平等权利。而且,在中心(*en meson*)和公共或共有(*dēmion,xunon,koinon,xunēia*)之间有直接联系。由此在《奥德赛》卷二中,忒勒马科斯召集全伊萨卡岛人集会(*agorē*——该词指集会或集会的地方——在这一段落被用在好几个场合:2.10、11、26、37)。一旦圆圈建立,忒勒马科斯坐在有着特殊地位的长者(*gerontes*)之中(亦参《伊利亚特》18.502—505)并一直坐着发言。发言时,"他站在会场中央"(*stēde mesēi agorēi* 2.37),手握神圣权杖并自由演讲。讲完之后,他离开圆圈,而另一个人则取得了他的位置。很明显忒勒马科斯说的必须与整个群体相关(或对整个群体而言是共同的东西)(*dēmion*,32,44)。似乎在任何时候集会都要谈论一个公众或公共议题,人必须来到群体中央并手握权杖。因此,特洛伊的使者来到集会地(*ein agorēi*,《伊利亚特》7.382)而且一旦他站在群体中间(*stas en messoisin*,384)便开始讲话。此外,似乎处于中间的无论什么事都被视为公共的或公众的(*xunon or koinon*),而且战争的战利品被视为 *xunēia* 或"公共的",并在它们被分配之前放在中间(如《伊利亚特》,9.328;19.242f;23.704;《奥德赛》24.80—86)。

这些例子不仅清晰地呈现了坐落在城邦中间作为一个公共集会地的 *agora*[市场]的起源,而且呈现了它如何变得既与对于邦民而言是"公共的"事物相关,也与"自由演讲"相关。而且,其中一些例子表明,在荷马笔下,我们发现希腊政治组织(organization)的基本形式已经出现:一个共同体中所有成年人的集会(*agorē*)、一个长者(*gerontes*)的议事会(*boulē*),上述集会附属于这一议事会,此议事会的形式就像像阿伽门农的那样,他是选出来或世袭的地方行政官。事实上,公众观点的重要性也是公认的。由此,忒勒马科斯召开集会的目的是"激起公众反对求婚人的情绪"(Heubeck,West 和 Hainsworth,1988/1992,1;128)。总之,全体集会已经被大多数判决所采用。最后,决策以辩论为基础,也因此做一个在人民面前或在议事会中让人印象深刻的辩论者被看作和做一位 *basileus*[国王]的伟大勇士一样重要(如《伊利亚特》2.273;18.105,252,497—505;19.303;《奥德赛》2.502—505)。显然,哲学出现的许多必要条件、包括在公共场合在自由演说,都已经有了根基。

是 *isoi*(同样的人)和 *homoioi*(地位相当的人),而且互相进入到一种平等、对等和互惠的关系中。总之,他们凝聚在一起形成一个联合起来(united)的宇宙。

市场首先是一个有利于讨论的空间。它是一个与邦民在其住所中的私人空间相对的公共空间,一个人们可以自由争论和辩论的政治空间。并不让人惊讶的是,这个空间成为公共生活的真正中心。根据韦尔南的研究(1983,184—185),这就是为什么 *en koinōi*[公共](使公开、使公共)的表达有一个同义词——*en mesōi*[中心],这个词的空间价值显而易见。公开辩论(*en koinōi*[公共])常常需要来到 *en mesōi*[中心]。

因此,市场是一个根本区别于东方君主国的空间结构标志。权力(*kratos*[力量]、*archē*[始基]和 *dunasteia*[权力])不再处于阶梯的顶端。在人群中,权力处于 *en mesōi*[中心]。[①] 而且这表明市场起着政治中心的作用,人们在市场中为整个共同体建立一个公共家园或 *Hestia koinē*[公共家火](韦尔南 1983,187—189)。[②]

对提及阿那克西曼德的学说汇编传统的仔细考察表明,政治空间和物理空间休戚相关。在此给出一些例子。依照阿那克西曼德,如果说地球在天空圆周的中心(*epi tou mesou*)保持静止(*menein*),那是因为它要和它的相等物,即天球(*pros ta eschata*)上的点,保持相等(*homoiotētos*)关系(亚里士多德《论天》2.13 295b10=DK12A26)。在另一处,他说如果地球位于 *mesēi*[中心],是因

[①] Vernant 认为,这解释了为什么政治性的表达 *en koinōi*[公共],"使公开,公之于众"会有一个空间意义很明显的同义词 *en mesōi*[中心],"置于中心,坐在中间"(1983),184—185。

[②] 与此同时,需要重点指出的是成文法典被理解为 *ta koina*,即"公共的"或"公众的"裁决,并由此被置于公共空间让所有人可见。梭伦说法律为所有人撰写,并在一个公共的中心位置颁布和展示,这一位置即普利塔尼(Prytany)(在这里管辖着城邦的地方行政官),靠近 Hestia、公共的灶社(Common Hearth)(Detienne 1988,31—33;Loraux1988,95—129)。

为它不受任何东西控制(*hupo mēdenos kratoumenēn*)，也就是说，因为它要和圆周上所有的点保持相等关系(希波吕托斯 *Refutation* 1.6.3＝DK12A11)。总之，在阿那克西曼德的宇宙学中，中心性、相似性和统治的缺乏这些术语，如它们在政治思想中一样是紧密联系的(韦尔南 1983,192)。如此，我们在这两个例子中发现了一种 *isonomia*[平等]，在此意义上，宇宙中没有单独的元素或部分被允许统治其他的元素或部分。① 因此，可以合理地说，如同在古老东方的宇宙学中一样，阿那克西曼德的宇宙学表明政治空间和物理空间休戚相关。事实上，和讲述宇宙论神话的诗人或个人一样，阿那克西曼德在设想他的世界秩序时，他的视野聚集在城邦(或社会—政治结构)上。[85]在这方面，阿里斯托芬的《鸟》有一个有趣段落。在前来为有羽毛的生物服务的人物中有一个名叫墨同(Meton)的天文学家。墨同也是一位城市规划者。阿里斯托芬让他大踏步地出场宣告道："我将用我所用的一套直尺来测量，从而使圆变成方，市场在中间；笔直的公路通向市场，犹如从一个圆的星体向不同方向笔直地射出光。"(《鸟》,1002—1009)这一宣告激发了旁观者钦佩的喝彩："这人真是一位泰勒斯啊！"

　　墨同在此所做的是用两条垂直的直径画一个圆，而且一个呈辐射状的顶点代表处于城邦中心的市场，街道从不同方向汇聚向市场。换句话说，这是一个有着辐射状街道的圆形城邦的构想。②

　　这可能是在隐喻大约公元前547年泰勒斯向泛伊奥尼亚议事

---

　　① 我在这样一种意义上理解 *isonomia*[平等]这一术语，即阿尔克墨翁(Alcmeon of Croton)在健康是 *isonomia tōn dunameōn*(DK24B4)这种表达中使用的这一术语，它指力量的平衡(另一方面，疾病就是 *monarchia*[君主制]的结果)。总之，*isonomia*[平等]必须被理解为一种"平衡"或"均衡"，发生在构成性力量充当相等物时。*isonomia*[平等]这一概念和这个词本身与这里所谈的时代完全相符。关于这一重要问题，参见 Pierre Lévêque 和 Pierre Vidal—Naquet(1997)，以及 Vlastos(1953/1993,1—35)。

　　② 对这里谈到的这一段落的分析，参见 Wycherley(1937,22)。另对此的图示和讨论亦参 Lévêque 和 Vidal-Naquet(1997,129)。

会(Assembly of Panionians)提出的意见,即在居鲁士(Cyrus)战胜克洛伊索斯(Croesus)之后,泰勒斯提议建一个单独的 *bouleutērion*[议事会](即位于忒欧斯[Teos]的议事会),因为这个岛在伊奥尼亚的中心(*meson Iōniēs*)(希罗多德 1.170)。对他们来说,其他城邦仍然有人继续居住,而且有相同的地位,仿佛它们是 *dēmoi*[领土],即相等物。总之,泰勒斯的提议导向一种城邦的几何学构想并强调中心(即忒欧斯),的确让人想起他的同胞和年轻的同时代人阿那克西曼德的宇宙论模型。当然,这也可能是在隐喻阿那克西曼德本人。像墨同一样,在物理宇宙上设计一个方案之前,阿那克西曼德很可能已经按照相同的路线构思了一个理想城邦的方案。[1] 在阿那克西曼德几代之后,我们发现米利都的希波达姆斯(Hippodamus),亚里士多德提到的一位城市规划者、政治理论家和气象学家,他并不区分物理空间、政治空间和城市空间。[2]但这并非全部。希波达姆斯也作为一个理想城邦的倡导者出现,这个理想城邦有三个不同(但相等)的阶层和三个不同(但相等)的领土。[3]

---

[1] 墨同使用的 *gnōmōn* 或三角尺(set square)也与季节性的日晷不可分离,这一时效性的装备被认为与阿那克西曼德有关(DK12A1),它能识别出二至点和二分点,并由此成为空间几何化(天体事件周期性发生)和世界中自然的力量在时间之上的规律性与均衡性的证据。正如我们将会看到的那样,这是阿那克西曼德一个现存残篇中的中心意象。而且,关于阿那克西曼德及日晷的记录与他对斯巴达的访问有联系,斯巴达的公民则以 *homoioi* 著称(亚里士多德,《政治学》5,1306b30 以下)。

[2] 亚里士多德,《政治学》2.8,1267b22f。尽管,希波达姆斯被视为希腊直角设计的发明者,Rykwert(1976, 87)认为"直角设计可以在所有已知世界中找到",而且其目的是适应宇宙几何构造的整体。两个交叉的坐标作为太阳旋转的中轴(202)。

[3] 由雅典的克里斯提尼(Cleisthenes of Athens)(507—506)开始的改良可作为极佳的例证,其目的是接受分离雅典社会(和阿提卡地区)的三个因素:*pediakoi*(平原的居民或贵族)、*paralioi*(海岸边的居民或中产阶层)和 *diakrioi*(高原上的居民或平民)(亚里士多德,《雅典政制》13.4;21.4)。然而,与希波达姆斯相反,克里斯提尼为了在社会领域中建立一个均衡状态,采纳了居中的圆形宇宙的形式。对此简要的描述见 Vernant(1983,207—229)。Vidal-Naquet 和 Lévêque(1997)让我们注意到这样一个事实,克里斯提尼对阿提卡的三分导致了三个差不多是同心轴的区域得以建立(128)。

如果确实如此,那么我们可以公正地质疑,在阿那克西曼德的宇宙论模型中,转译着天体的尺寸和距离的数字,在某种意义上并不符合在阿那克西曼德时代形成的许多城邦(包括米利都)的三个社会群体:贵族、(新的)中产阶层和农民(或穷人)。[1] 被视为对等/平等(isoi)的这三个社会群体,每一个都符合一个天体环(celestial ring)[2],天体环的数量转译着同样的平等、对等和互惠的关系,9($1\times3\times3$):18($2\times3\times3$):27($3\times3\times3$)或 1:2:3,三个天体环与地球的关系正如三个社会群体与城邦的关系。[3]

---

① 在此我将阶层理解为共有某种相似的经济和/或社会地位的一群人。大多数学者同意在古风时期(公元前 800—500 年)之前,希腊社会被有意识地区分为两个截然不同的社会群体:贵族和 dēmos。此外,少数学者认为这一情况在古风时期没有得到激进的改变,这种改变与城邦的演变密切相关。尽管不能用单一的因素来解释这一现象是如何发生的,但是经济扩张似乎扮演着重要角色,因为经济扩张不仅导致现有社会的巨变,而且导致重甲步兵的革命,许多著名学者都认为这与一个新的中产阶层有关。这正是我在前文中提到的这一中产阶层。如参 Forrest(1966,94);Mossé(1984,113—114);Snodgrass(1980,101—111);Starr(1977,178—179);Andrewes(1971,62);Finley(1981,101);Naddaf(2003,20—31)。

② 这可以解释,在一个著名的证词中,阿那克西曼德用复数的 ouranoi 描述自己(见后文注释 75)。Ouranoi 可能只是与三个社会群体相应的三个圆环。为了避免赋予任何一个圆环称之为 ouranos 的独一无二的特权——这相当于支持 monarchia 这一观念——阿那克西曼德给予了每一个圆环这种特权。对此的讨论见 Naddaf(1992,145—152)。

③ Vernant 注意到在他的讨论中,为了体现中心的价值,灶社(hearth)必须建在中间,它不属于任何一个家庭,而属于整个共同体:整个政治共同体的共同灶社(Hestia koinē)。与此同时,他讲道:"哲学家赋予不动的并固定在宇宙中心的地球的名字实际上是 hestia……他们所做的是将源于建立城邦之人类社会的完全一致的观点投射到自然世界。"(1983,188—189)我相信,这强有力地支持了我的论点。但还有一些东西也很重要。在更详细地讨论 Hestia(127—175)的其他章节中,Vernant 讨论了 Louis Deroy(Le culte du foyer,32 和 43)在灶社(hestiē-hestia)和圆柱(histiē-histia)之间建立的关联。然而,Vernant 没有在阿那克西曼德的地球和圆柱之间建立联系。在此我想要说的是,因为灶社需要某种石板,很可能共同体的灶社使用了一个圆形的石板,比例大约是 3 比 1。我将指出,这也由相关的词 omphalos(肚脐)所表明,这个词不仅指中心或中间点,而且也相当于德尔菲神庙的一个"圆形石头"。如果是这样的话,阿那克西曼德的模型可能代表了理性主义与宗教之间的妥协。

[86]接下来的几点更能支持这一假说。城邦的演变以及政治因素对阿那克西曼德宇宙学的影响非常强大,从而比上面讨论的其他三种假说更有说服力。阿伽塞美鲁(Agathemerus)告诉我们,阿那克西曼德是第一位用地图描绘人类居住的地球的人(DK12A6)。而且,人类居住的地球不仅被描绘成圆形的,而且地球团块(earthly mass)本身被划分为三个相等尺寸的部分:德尔菲、米利都和在中间的尼罗河三角洲(见下文)。第欧根尼说,在他看来,阿那克西曼德是第一位构建一个宇宙论模型的人(DK12A1)。① 埃里安(Aelian)认为,阿那克西曼德亲自指导了一个米利都殖民地的建立,这个殖民地在黑海上的阿波罗尼亚(Apollonia),这表明一位哲人所思虑的是他那个时代的问题(Aelian 3. 17=DK12A3)。最后,既然古老的宇宙论神话终结于他们的起点(完美的社会结构),或者,如果人们愿意,社会的类型将反映创造者的意愿,那么,阿那克西曼德自己寻求的理想城邦允许他那个时代的人们生活安宁或者遵照自然法则而兴盛,这难道不可能吗?② 考虑到阿那克西曼德所处时代的米利都被经济繁荣和内乱所撕裂,他很可能希望用他自己的平等观去解决这一状况。③

① 虽然我并不排除阿那克西曼德的宇宙的三维力学模型,如果他实际构造了一个模型,因为前面已经提到的理由,这不太可能是天文观察的结果(关于这个模型的复杂性参见 Couprie,1995 和更晚近的 Hahn 2001,217—218)。我所看到的是一个刻在木头、石头或青铜上的平面模型,这与他著名的航海图和城邦平面图有些类似——总之,是三个对应的模型。

② 阿那克西曼德在世期间,米利都能成功和持续地稳步推进与这一地区的一些主要力量的 *xenia*[主客关系],或友好互利的协议,包括吕底亚(Alyattes 和 Croseus 统治下的)、埃及(Neco 和 Amasis 统治下的)和波斯(Darius 统治下的)(见 Naddaf 2003,27—30)。这似乎也可能影响了阿那克西曼德对自然和宇宙的洞见。

③ 普鲁塔克,*Greek Questions* 32 = *Moralia* 298c 和希罗多德5.29。我在 Naddaf 2003,26—31 中对此有更为详细的讨论。其他解释和对相关文本的详细分析见 V. Gorman(2001,102—121),她将冲突置于公元前七世纪的背景中。

Isonomia［平等］与自然

与此相应，阿那克西曼德倡导作为平等的是哪种类型的建构，它又如何同他关于事物自然的观念相符合？据阿那克西曼德的著名残篇（它解释了万物的现存秩序是如何持存的），自然的秩序建立在权利与义务平衡的基础之上，也就是说平衡发生在构成性的力量和基本对立物（万物的基本成分或本原）充当相等物时："万物［自然事物］毁灭于这些事物之中，这些事物来自他们所有的/源出的存在［＝对立物］，根据必然性：因为这些事物［基本对立物］为它们的不正义相互交付惩罚和赔偿，根据时间的评判。"（*ex ōn de he genesis esti tois ousi，kai tēn phthoran eis tauta ginesthai kata to chreōn. didonai gar auta dikēn kai tisin allēlois tēs adikias kata tēn tou chronou taxin.* 辛普里丘，《亚里士多德〈物理学〉评注》24.13＝DK12A9；B1)[①]

目前，力量/权力（powers）只能是相等物和充当相等物，如果它们能相互抗衡的话；也就是说，避免阿尔克墨翁（Alcmeon）所谓的一个人的统治或 *monarchia*［君主制］。否则，世界历史

[①]　关于残篇开始于何处、结束于何处以及术语的严格含义都有极大争议。而且对残篇逐字逐句的翻译有几百种。在我看来到目前为止，对此最好的讨论仍然是 Kahn(1960/1994，166—196)。他对这一残篇/学说汇纂语言的语言学和历史分析使我相信上述引文至少是真实的。较晚近的详细讨论见 Conche(1991，157—190)。这一残篇之前的段落是："阿那克西曼德说 *apeiron* 是存在着的事物（*tōn ontōn*）的本原和元素。他说既不是水也不是其他任何所谓的元素，而是另外一种 *apeiron*［无限的］自然，从其中所有天上的东西（*tous ouranous*）和它们之中的 *kosmoi*［秩序］（*tous en autois kosmous*）生成了。"在我看来，在此提到的毫无疑问是物理过程。但是对残篇的解释至少有两种完全不同的进路。解释取决于是否认为残篇中提到了 *apeiron*。我自己的解释是一个元素（和/或循环）的优势被另一个的优势所取代，而且这一过程以一种平衡的形式无限地（*ad infinitum*）延续。总之，物理过程与 *apeiron* 并不相关。

将是一系列持续不断的不受约束的侵犯,而且这带来的将不是一种秩序而是混乱。正是时间(Chronos)的固有法则确保基本对立物充当相等物。[87]总之,万物的自然秩序(而且的确是一般而言的自然事物)是基本力量或对立物之间不断交换的结果,同样的力量或对立物存在于宇宙的最初成型背后:热和冷;湿和干。对立物自然地互相侵犯,但它们也必须自然地为其侵犯或不正义(adikia)交付惩罚(dikē)和赔偿(tisis),因为时间是评判者和执法官(taxis)。基本对立物之间的斗争或交换存在于所有自然现象背后:夜晚和白天、季节的变换、气象现象、生物的生和死以及其他等等。有时间作保证,相持局面将无限期地发生。

如果确实如此,那么这样的自然法则如何与阿那克西曼德的宇宙论模型相协调呢?这一问题的答案似乎是,宇宙论模型的几何学结构是中道法则(law of measure)的缩影。但是,宇宙论模型不仅仅只是中道法则的一个理想例证。因为,宇宙论模型与天体不可分离,而且天体的运动(互动)在变化的循环之后,①总之,存在于自然法则背后的正是宇宙论模型。从这个角度来看,宇宙论模型与时间的评判紧密相连。②

这是否意味着宇宙论模型及其相应的法则受影响于或源自于阿那克西曼德对变化的循环的观察?或者它们是否受到阿那克西

---

① 尤其是在夏天和冬天里,热和干似乎要与冷和湿竞争。这也证明在夜晚和白天与在夏天和冬天的二至点等等。当然,天体也存在于气象现象的背后。虽然在阿那克西曼德对气象现象的解释中,风的确占主导地位,但归根结底,风仍需太阳来解释(DK12A24,27)。

② 我并不像许多人那样认为 apeiron 统治着世界秩序。如果是这样的话,那么 apeiron 与赫西俄德的宙斯一样是一位君主(monarchia)。宇宙也不需要一个终点或者回归 apeiron,为了其成分所遭受的罪恶或不义而赎罪。然而,如果我们认为 apeiron 分泌 gonimon,它在过程背后主导万物的现存秩序,而且如果我们认为这些自然过程(即对立物之间的斗争)服从于无法改变的法则,那么就会继续统治或控制万物的现存秩序。

曼德对他那个时代的社会—政治状况的观察的影响或源于他的观察？

宇宙学与社会秩序

在不同的历史时期，强大的统治者实施法典，不仅能消除社会和政治动乱（至少暂时），而且能消除对造成动荡的自然力的感知（例如，变化莫测的神），①仿佛人类尚未被视为自律的行动者。但是当一个社会—政治秩序瓦解了，与之相应的宇宙论模型和依赖于它的宇宙起源论也随之瓦解。

如果确实如此，那么这是否意味着阿那克西曼德的宇宙论模型及相应的法则，是他那个时代的社会政治状况的再现呢？ *isonomia* [平等]概念在政治层面上是一种社会平衡，它不仅保证构成社会的各方将他们自己视为相等物，尽管是敌对的相等物，而且保证他们要求法律或理性的公平原则——否则各方将不是相等物。② 换句话说，仅就他们要求"成文"法的公平原则而言，这三个社会群体是平等的；否则就会有冲突。但是三个看上去敌对的群体如何能够遵守法律呢？ 我认为，只有三个社会群体（或力量）轮流执政，与此同时，市场（作为 *hestia* [灶神赫斯提亚]和 *nomos* [礼法]的共同官邸）所代表的法律的公平原则预先决定着执政的持续时间。一方权力的滥用将会导致其他两方联合并击败他，这很好理解——从而一种有意识的平衡由三个平等的社会群体以同心环的方式环绕

---

① 关于这一点的一个极佳例证是汉莫拉比法典，这部法典终结了它那个时代许多社会和政治的不义，并创造了一个新的而且更为有序的宇宙观（见 Jacobsen 1949，223）。我们在赫西俄德的《神谱》中（宙斯如何统治宇宙并创造了一个新的社会—政治秩序）看到的是典型的后汉莫拉比时期，而我们在《劳作与时日》中看到则是典型的前汉莫拉比时期（见上文）。对我们所谈论的这一时期的这个问题的有趣概述可参 Adkins（1985，279—309）。

② 当然，这一残篇中的社会和法律术语也表明了这一点。

着的中心(市场)来体现——这一模型是法律的缩影,它意味着法律的具体化。① 当然,这也将导致责任和荣誉的公平分配。最终的目的是建立一种 *krasis*[组合],而且这样做的话,必须让人们避免侵犯,而不是鼓励人们侵犯。这可能就是阿那克西曼德心目中自然的 *isonomia*[平等]。②

但如果确实如此,那么正如我对阿那克西曼德的假设,福库利得斯(Phocylides)也是如此,做一个居间的人(a man of the middle)意味着什么?③ 做一个在中心的人(a man of the center)可能仅仅意味着要求法律的公平原则,因为法律与节制即正义的尺度、

---

① 总之,阿那克西曼德可能构想了一种圆形的城邦,*agora*[市场]的规模是城邦的其他圆环或区域的计量单位(这种城邦的圆形区域相对于 *agora*[市场]的直径是1 x 3 x 3,2 x 3 x 3 和 3 x 3 x 3),一个可以类比的例子可参柏拉图对亚特兰蒂斯城邦的描述(《克里底亚》,113d—e)据我所知,没有人曾指出这一点。当然,如上所述,以 *agora*[市场]为中心的圆形城邦的观念与希腊人不无关系。

② 总之,*isonomia*[平等]所要表达的意思与希罗多德在 5.37—38 中所说的相似,却有所不同。在其中,希罗多德告诉我们,在伊奥尼亚人反抗波斯人之后(公元前 500 年),僭主希司提埃伊欧斯(Histiaeus)和他的助手阿里司塔哥拉斯(Aristagoras)宣布放弃(至少看起来是如此)僭政,并宣布所有米利都的邦民都有平等的权力(*sonomiēn epoiee tēi Milētōi*)。此外,在 3.142 中,希罗多德告诉我们在福库利得斯(Phocylides)的僭政垮台之后(大约公元前 518 年并由此更早约一代),他的继任者麦安多流斯(Maiandros)将自己与福库利得斯(Phocylides)区别开来,将他的同胞萨摩斯人看作是平等的(*homoioi*),将权力平分(*es meson*),并宣称人人平等(*isonomia* for all)(3.142)。在这两个例子中,*isonomia*[平等]似乎与民主类似,然而在阿那克西曼德那里,我们正在走向民主。从这个角度来看,阿那克西曼德可以被视为他的前辈希波达姆斯和克里斯提尼的某种调和。一方面,和米利都的希波达姆斯(约前 460 年)一样,阿那克西曼德可以被视为主张三个平等(尽管不同)的阶层和一个由来自所有三个阶层的年长者组成的独立的最高议事院(亚里士多德,《政治学》1267b11);另一方面,和克里斯提尼一样,他可以被视为主张他那个时代上个三个不平等的部族的混合(亚里士多德,《雅典政制》21.3—4)。

③ 根据 Emlyn-Jones(1980,126),阿那克西曼德比福库利得斯(Phocylides)的"中道"更有远见,因为他"不是通过排除,而是通过承认、调和和保持来解决冲突问题"。我必须承认我不能很好地理解 Emlyn-Jones 的意思。对阿那克西曼德而言,所有三个阶层可能都是节制的。更为详尽的关联的讨论详后。

to metron［尺度］是不可分离的。① 此外，极端并非只是极端。从这个角度来看，邦民现在可以毫无畏惧地认同他们自己的社会群体，尽管并未强制留在同一个社会群体中，即一个群体中的个体性元素（individual elements）可以互换。从群体的角度而言，他们将平等对待所有意图和目的，尽管这些意图和目的各不相同。总之，我们得到的是一种城邦的微观世界与宇宙的宏观世界之间的相互关系。② 但是如果阿那克西曼德的确主要关心政治，那么最终正如残篇的言语所暗示的那样，政治模型才是首要的，③尽管事实上这两个模型均令人困惑。当然，这一状态并未实现，正是如此，才使得阿那克西曼德在很多方面不仅是 *peri phuseōs*［论自然］类型的理性叙述的创始人——这解释了为什么由于阿那克西曼德才首次出现一个世俗的、线性的和进步的历史概念——而且是乌托邦社会的创始人。的确，阿那克西曼德是第一个相信存在一个"黄金时代"的人，这个时代不是如其在神话叙述中那样迷失在非常遥远的过去（尽管赫西俄德暗中表明了这一点），而是在将来完全可以实现，如果人们认识到社会秩序像自然秩序一样必须建立在权利和义务平衡的基础上，相互敌对的对立物（如赫拉克利特将会看到

---

① 需要注意的是，甚至对于赫拉克利特而言，他虽然认为冲突是正义的，但"节制仍是最高的德性"（*sōphronein aretē megistē*，DK22B112）。总之，阿那克西曼德的政治模型需要所有三个群体诉诸法律的中立原则，从而诉诸节制。否则，所谓的中产阶层将会与中心有特权关系。考虑到我们如上所见，公共的事物也必须与节制和中心性有密切联系。

② 如 Lévêque 和 Vidal-Naque 指出的那样，在《法义》中，柏拉图让微观的城邦参与了宏观的宇宙（1997，97）。就目前的问题而言，我并不认为每一个群体就必须对应每一个特定的圆环（例如中产阶层因为某种理由对应月亮环）。这种看法过于极端。

③ Jaeger（1945，160—161）注意到，宇宙中的系统性正义观念是从法律和政治领域转化到物理领域中而来的。然而，根据 Jaeger："他［阿那克西曼德］的正义（*dikē*）观是将城邦生活投射到宇宙生命的第一个阶段"（161）。Jaeger 并不相信宇宙的这一构想与人类生活相关，正如后来的赫拉克利特一样，因为阿那克西曼德的研究与人并不相关，而是与 *phusis*［自然］相关（161）。Jaeger 关于赫拉克利特的观点从而更接近我关于阿那克西曼德的观点。

的那样)却是相等物。①

动物和人类的起源

阿那克西曼德在人类起源上的立场是什么？和他的宇宙学一样，阿那克西曼德告诉我们的关于人类和其他[89]生命起源(未在诗人和/或在神话叙述中提到的)的解释是这个领域中第一个自然主义的解释。正如人们可以预料的那样，阿那克西曼德的解释与他的宇宙论系统完全一致。的确，同样的自然进程在起作用(DK12A27)。在宇宙最初成型之后，生命从某种被太阳的高温所激活的原始湿气或土壤(*ex hugrou*)中产生出来。② 生命由此产生于热和干对冷和湿的活动。尽管现在阿那克西曼德完全相信一种"自然发生说"，但是与诗人一样，他不相信人类和其他动物物种"整个"从地球上产生。③ 的确，他的叙述有种令人吃惊的连贯性。根据埃提乌斯(DK12A30)，阿那克西曼德认为最初的动物(*ta prōta zōia*)源于依附于(或环绕于，*periechomena*)一块多刺的树皮里(*phloiois akanthōdesi*)的原始湿气(*enhugrōi*)，④但是在长大和成熟之后，他们来到(*apobainein*)干燥的陆地上，摆脱他们多刺

---

① 然而人类可能从地球表面消失是有某种意义的。亚历山大(Alexander)说阿那克西曼德相信地球正在变干(DK12A27)。但显然这并非意味着地球正在重新融入 *apeiron*[无限]的开始。Kirk(KRS 1983,139—140)指出，这与残篇的意义恰恰相反。如果是这样的话，那么阿那克西曼德可能相信人类毁灭是周期性的，但是又融入新的循环之中。这在阿那克西曼德年轻的同时代人克塞诺芬尼那里非常明显。我试图呈现克塞诺芬尼的灵感很可能来自阿那克西曼德。此外人周期性地被洪水和其他自然灾害毁灭的观念在古希腊实际上非常普遍。

② 例如，参见希波吕托斯，12A11；亚历山大，12A27；埃提乌斯，12A27,30；亚里士多德，12A27；塞索里努斯(Censorinus)，12A30。

③ 对人类起源的各种神话立场的概述参见 Naddaf(2003,10—13)。

④ 埃提乌斯，12A30。语言和术语(*phloiois periechomena*，*perirrēgnumenou tou phloiou*)表明阿那克西曼德明白动物发展和宇宙发展之间的类似——或反之亦然。

的覆盖物,很快(*ep'oligon chronon*)他们开始改变其生存方式,即适应他们新的环境。① 然而,很明显所有生命都源于原始湿气,②埃提乌斯在他的学说汇编(12A30)中明确提到了可能的陆生生命。从而,并不清楚阿那克西曼德是认为所有生命起初都被"多刺的树皮"(*phloiois akanthōdesi*)覆盖,还是只有最初的潜在陆生生命被其覆盖;也不清楚为什么阿那克西曼德认为最初的陆生生命以此方式被覆盖。人们首先想到的是"多刺的树皮"为陆生生命提供某种防卫。但防卫什么呢? 孔什(Conche)(1991,222)推测是防卫某些海洋生命,例如食肉鱼。然而,阿那克西曼德是否相信所有的海洋生命曾经都有多刺的壳,甚至食肉鱼也以这种方式受到保护。诚然,孔什的推测预先假定了不同物种已然共存于原始海洋环境中(我们可以假设阿那克西曼德相信最初的生命被原始土壤所滋养)。尽管解释者们视之为理所当然,但是人们并不清楚,阿那克西曼德是否认为各种可能的陆生生命物种在它们居住于海洋环境时就已经有了不同的形式。来自文献汇编的证据看来是确凿的,即当这些多刺生命成熟时,它们以某种方式迁移到干燥的陆地。而且,一旦来到陆地,多刺的皮会在某个时刻被脱去,而且不久之后它们的生存方式会做出相应的调整。当然,这只有在太阳的高温为陆地的出现蒸发掉大量的湿气之后,海洋生命实际上才能迁移到这里(这意味着它们并不是不动的)。总之,证据表明(与巴恩斯[Barnes]正相反),阿那克西曼德认识到了他的干燥地球假说和他的动物学理论之间的关系。③ 显然,气候条件存在于[90]

---

① 对 *ep'oligon chronon metabionai* 的另一种解读见 Guthrie(1962,102)。根据他的解读,动物存活的世界很短。我不理解这如何能有任何意义。对这一段落的杰出讨论见 Conche(1991,223—226)。

② 见希波吕托斯,*Refutations* 1.6.6=DK12A11。

③ Barnes(1982,22);见 DK12A27＝Alexander of Aphrodisias;亚里士多德,《天象学》353b5。

动物的许多变化和改变背后，即便动物自身也不得不去适应，也就是转变，去适应它们新的环境（柏拉图在《法义》6.782a—c 中乐于赞成这一点）。因此，毫无疑问，学说汇纂证据表明，阿那克西曼德在为物种转变学说而不是物种不变学说辩护，尽管不能表明他也认为（乃至提出）转变在某种程度上曾是（或将是）持续的，这甚至让人想到恩培多克勒，更不必说拉马克（Lamarck）或达尔文（Darwin）了。

人类物种又如何呢？学说汇纂表明，依照阿那克西曼德，人类不会经历与其他动物物种完全相似的转变。伪普鲁塔克（Pseudo-Plutarch）（DK12A10.37—40）记述道，阿那克西曼德认为，起初人类物种（anthrōpos）必须诞生于另一个物种（ex alloeidōn zōiōn）的生命（或生物），因为人类是仅有的在出生之后需要长时间养育的动物；否则他们将不能存活。希波吕托斯说得更加明确。他说（DK12A11.16—17），对于阿那克西曼德而言，人类（anthrōpon）本来与另一生命即鱼（anthrōpos）相似。岑索里奴斯（Censorius）证实了这一点，并解释了背后的原因。他说米利都人相信人类最初在鱼或类似于鱼的生命（pisces seu piscibus simillima animalia）中形成。当人类的胚胎到达青春期（从而能够繁殖）时，鱼样的动物破开，能够养育自己的男人和女人（viros mulieresque）出现了（DK12A30.34—37）。普鲁塔克（DK12A30）至少部分证实了岑索里奴斯的学说汇纂。他也记述道，依照阿那克西曼德，人类起初在鱼中产生并像鲨鱼一样被养育（en ichthusin eggenesthai to proton anthrōpous apophainetai kai traphentas hōsper hoi galeoi），而且只有在他们能够照料自己之后才出来（ekbēnai），并走向陆地（gēs labesthai）。

有些评论在此是恰当的。依据学说汇纂的证据，阿那克西曼德认为与其他动物物种相较而言，人类物种以与众不同的方式在演变。有三个学说汇纂提到，阿那克西曼德认为人类物种以一种不同于其他动物物种的方式演变（普鲁塔克、岑索里奴斯和伪普鲁塔克）。有三个文献证据提到，在这一语境中人类物种与鱼之间的关系（希波吕托斯、岑索里奴斯和伪普鲁塔克）。就前者而言，背后通常的论证是人类婴儿需要他们的父母去照顾很长时间，但其他新生动物能很快照顾自己。[①] 这正是伪普鲁塔克的理解，而且在某种程度上被岑索里奴斯和普鲁塔克所证实。伪普鲁塔克没有提到鱼，但只有人类起源于（*genesthai*）一个不同种类的生命（*ex alloeidōn zoiōn*），尽管他明确提到水生动物，因为所有陆生动物都有[91]一个水生的起源。希波吕托斯证实了人类与鱼的关系，尽管他只是说人类物种起初与鱼相似（*paraplēsion*）。[②] 但这是什么意思？如果我们没有任何其他学说汇纂的证据，那么我们就只能说人类在转变为陆生动物之前在海洋里生存。然而，岑索里奴斯说得更加明确。他说阿那克西曼德认为人类最初在鱼或鱼样的生命中形成。岑索里奴斯解释了阿那克西曼德那样理解的原因。起初，原始海洋（或原始黏液）（在太阳高温的作用后）必须分泌不同种类的胚胎生命形式，尽管并不必然是在同一时间。[③] 这些胚胎中的一部分逐渐发展成鱼或鱼样的生命；其他部分则逐渐发展成陆生动物。就岑索里奴斯的论述而言，人类的胚胎在某个时刻以某种方式被鱼或鱼样的生命吞下，但能像寄生生命那样存活下来。人类胚胎能及时地在这些生命中成熟起来。当他们成熟时，鱼样的生命迸裂，男人和女人出现，他们已经能够照料自己，我们推测他们也能够生育。因为我们可以从岑索里奴斯的叙述中得知，人类在

---

① 与阿那克西曼德的叙事完全相反的有趣叙事可参见卢克莱修，《物性论》5.222—25；800f。

② 不过，这一段可以被翻译为"最初，人类像其他动物、即鱼一样出生（*gegonenai*）"。

③ 关于这一类比可参见狄奥多罗斯（Diodorus）的描述和 Kahn 的注疏（1960/1994，112—113，70—71）。

脱离鱼样的生命之后马上走向了干燥的陆地,由此可知,要么这一演变非常迅速,要么人类的胚胎由大海在稍后阶段分泌。普鲁塔克似乎证实了岑索里奴斯的叙述,他说阿那克西曼德(与叙利亚人不同,叙利亚人认为鱼和人类有共同的出生)不仅认为人类和鱼源于相同的成分,而且正如叙利亚人认为的那样,人类最初在鱼中产生(*en ichthusin eggenesthai to prōton anthrōpous*)。的确,普鲁塔克也同意岑索里奴斯,人类也在鱼中被滋养。普鲁塔克补充的是发生于其中的鱼的类型:大星鲨(*galeoi*),像所有鲨鱼一样,大星鲨是胎生的有胚胎动物。①

根据普鲁塔克(《论动物的聪明》982a 和《论对后代的感情》494c),这种鱼有许多迷人的特征,包括胎生繁殖、在它们自己的身体里养育幼崽和排出幼崽并将他们再次收回。② 正是因为人类在鲨鱼内被照料,所以他们(最终)能够照顾自己,接着(*tēnikauta*)出现(*ekbēnai*)并来到干燥的陆地(*gēs labesthai*)上。当然,普鲁塔克没有说(如岑索里奴斯指出的那样)大星鲨在人类于其中成熟之后破裂。让人们对岑索里奴斯和普鲁塔克的文献证据有所保留的关键在于,阿那克西曼德真正关心的是对人类起源原因的解释基于这一事实,即与其他陆生动物不同,没有某种自然力量的最初帮助,人类作为一个物种无法存活。普鲁塔克和岑索里奴斯可能恰恰是在他们自己资料来源的基础上去推测的。③ 然而,基于文献证据,人们似乎可以保险地说,阿那克西曼德[92]认为,起初,人类物种的成员诞生于一个不同的动物物种,这种动物物种能够

————————

① 普鲁塔克暗示 *galeoi* 或 squales,一个称为大星鲨的物种有胎生生命、通过脐带附着于母亲腹部的独特特性。这是在器官上类比胎盘。参普鲁塔克,*Table Talk*,730e。

② 这里所说的物种是亚里士多德在《动物志》565b1 中最著名的描述主题之一,他指出幼小的动物通过脐带附着于子宫里而成长。

③ J. Mansfeld(1999,23)认为,普鲁塔克和岑索里奴斯可能只是对埃提乌斯在其 *Placita* 中的概述进行了评论。

养育人类直到他们能够照顾自己时为止。①

据阿那克西曼德,我们并不知道在什么时候、或者在什么东西的影响下,胚胎变成雄性或雌性,或者人类才开始生殖。然而有一件事情是确定的,即相对于女人而言,男人不再拥有他在古希腊神话叙事中曾经拥有的时间和逻辑上的优先地位。而且,从人类在时间上有一个真正的开端之后,人类和社会的起源不再被视为同时的;也就是说,人类将不再被视为在一个功能完备的社会语境中产生。正如我们所看到的,将社会描绘成没有真正过往的生成,这在神话解释中很常见,包括赫西俄德的神话解释。阿那克西曼德的人类起源论是我们所知的关于人类起源的第一个理性的或自然主义的解释。下面我们转向他的 *historia*[探究]的最后阶段。

社会的起源和发展

要接受阿那克西曼德关于社会起源与演变的观点,我们遇到的最大障碍无疑是文献证据的匮乏。尽管如此,注疏家们并未质疑某些非漫步学派的学说汇纂证据。这些证据证明阿那克西曼德是一位地图制作者和地理学家,而且这些证据建立在著名的亚历山大里亚(Alexandrian)的地理学家和图书馆员埃拉托色尼(Eratosthenes)(约前 275—194 年)的权威性之上。

第一个学说汇纂来自公元三世纪的历史学家和地理学家阿加塞米若斯(Agathemeros)。据阿加塞米若斯,"米利都人阿那克西

---

① Kahn(1960/1994,112—113 和 70—71)并不认同阿那克西曼德相信人类诞生于或来自另一物种的观念。阿那克西曼德很可能将最初人类的胚胎归于我们在狄奥多罗斯那里发现的浮动的薄膜(1.7)。实际上(根据 Kahn),阿那克西曼德一定相信人类的起源完全类似于其他陆生生命。就此而言,伪普鲁塔克说"人类由其他物种的动物产生",并非指(根据 Kahn)这些其他物种的生命无法将它们自己与其他动物的原初形式区分开来,而只是说它们和人类不同,正如我们所知道的那样。

曼德是泰勒斯的弟子，他是第一个敢于在碑上画出（或刻出）人类居住的地球的人（*prōtos etolmēse tēn oikoumenēn en pinaki grapsai*）；在他之后，米利都人赫卡塔埃乌斯（Hecataeus）（一位伟大的旅行家）制作了更加精确的地图，以至于让地图变成一个让人惊奇的对象（*to pragma*）。"①第二个学说汇纂来自公元前一世纪的地理学家斯特拉波（Strabo）："埃拉托色尼说，荷马之后最早的两位［地理学家］是泰勒斯的朋友和同乡阿那克西曼德以及米利都人赫卡塔埃乌斯。阿那克西曼德是第一位出版了地球之地理学的碑（或地图）的人（*ton men oun ekdounai prōton geōgraphikon pinaka*），赫卡塔埃乌斯则有一部著作（*gramma*）②传世，根据他的其他著作（*ek tēs allēs autou graphsēs*），这部著作被认为是赫卡塔埃乌斯所著。"③

关于这些学说汇纂有许多重要的发现。首先，阿那克西曼德被视为一位地理学家，他是第一位画出或刻画（*grapsai*）并出版（*ekdounai*）人类所居住的世界（*he oikoumenē gē*）之地图的人。当然，动词 *grapsein*［刻画］[93]既指"写"也指"画"，而且，考虑到时代，阿那克西曼德明确地在尝试（从而开拓）一种新的 *grapsein*［刻画］媒介。通过画出一个 *oikoumenē*［世界］地图，阿那克西曼德实际上出版了它（正如他用散文写他的书一样）；使其公之于众让所有人看见，像法典的颁布一样。然而，这样做让地球更加可

---

① 阿加塞米若斯，*Geographical Information* 1.1＝DK12A6.27—30 和 68B15。

② Heidel（1937，132；1921，247）认为这一段的意义表明阿那克西曼德的地图需要一部文字著作。Kirk（1983，104）和 Conche（1991，25 n3）也同意这一点。在我看来，古代的证据显然表明地图需要一部文字著作去解释其作用。

③ 斯特拉波，*Geography* 1.1.11＝DK12A6.30—34。关于阿那克西曼德，亦参斯特拉波在 1.1.1 的开篇："我现在选择去研究的地理学，我认为像任何其他科学一样更多是哲学家的工作。我的观点是正确的显然基于许多思考。因为不仅最早大胆尝试这一主题的人都是这类人——荷马、阿那克西曼德和赫卡塔埃乌斯（Hecataeus）（如厄拉多塞［Eratosthenes］所言）……这种尝试尤其属于那些深思天上和人间万物的人，我们将这种科学称作哲学。"

见,也因此让地球的形态成为可以想象的,也就是说,阿那克西曼德做了他的诗歌前辈赫西俄德没做或不能做的事情。[1] 这样做也有其实用的一面。

据希罗多德(5.49),在公元前 499 年,米利都的僭主阿里斯塔哥拉斯(Aristagoras)来到了斯巴达,请求斯巴达人在伊奥尼亚起义中对抗波斯人。为了这次会晤,他带来了"雕刻在青铜板(*chalkeon*)上的世界地图,展示着所有的大海和河流"。地图似乎非常详尽,因为希罗多德告诉我们,阿里斯塔哥拉斯相当详尽地指出了亚细亚不同国家的位置(5.50)。尽管阿里斯塔哥拉斯未能说服斯巴达国王克列奥蒙尼(Cleomenes)(约前 520—490 年),但地图实用的一面非常明显。可是地图源于何处?既然希罗多德告诉我们米利都"历史学家"赫卡塔埃乌斯也活跃于起义期间,因为他最初反对起义(5.36,128),阿里斯塔哥拉斯去斯巴达带在身边的世界地图,很可能就是阿那克西曼德年轻的同时代人赫卡塔埃乌斯所画。而且因为赫卡塔埃乌斯的地图明显模仿阿那克西曼德的地图(这一点毫无争议),为了实用的目的,阿那克西曼德很可能已经构建了他的地图,并且,地图很可能比通常认为的更详尽。与此同时,有两个其他非漫步学派的资料讲到阿那克西曼德自己去过斯巴达;的确,在那里他的声望很高。西塞罗说,在斯巴达,阿那克西曼德警告过人们一次可能发生的地震,并说服他们在户外过夜,因而挽救了非常多的生命。[2] 阿尔勒的法伯里诺斯(Favorinus of Arles)声称在斯巴达,阿那克西

---

① 关于这一点亦参基督徒雅各布(Christian Jacob),"*Inscrire la terre habitée sur une tablette*",见 Detienne (1988,276—277)。雅各布认为地图至少是一种理论对象,而且其结构并非以经验数据为基础(281)。这是一种颇为极端的立场。

② 西塞罗,《论预言》1.50.112=DK12A5a。西塞罗并未说阿那克西曼德如何做到这一点,尽管他明确说这并非一种预言的行为(的确,他将阿那克西曼德称为自然学家)。阿那克西曼德本可以将其预言建立在对异常的动物行为的观察上。

曼德是第一位构想了一个季节性的日晷来标记二至点和二分点
（solstices and equinoxes）的人。① 显然，在这两个学说汇纂中，阿
那克西曼德不仅是一个旅行者，而且他在斯巴达有很好的名声。
很可能阿那克西曼德的名声说服阿里斯塔哥拉斯在伊奥尼亚起
义中去寻求斯巴达人的帮助。事实上，如果当阿那克西曼德寻
求与斯巴达联盟对抗米堤亚人（Medes）时，他自己作为使者之一
被克洛伊索斯（Croesus）派遣去斯巴达（希罗多德 1.69），那么阿
那克西曼德可能已经带着地图一道去陈述他的观点，而且这可
能也促使阿里斯塔哥拉斯再次做出尝试。② 著名的拉科尼亚人
（Laconian）之杯被认为出自斯巴达国王阿克西劳斯（Arcesilas）
的画家之手，并且确定在大约公元前 550 年，这一时期与阿那克
西曼德去斯巴达的时期一致，这似乎增强了这一猜想。杯子呈
现出来的是被普罗米修斯支撑着的天围绕着大地。大地是[94]
柱状的，人类居住的世界位于顶端。当阿特拉斯（Atlas）在西方
支撑着穹顶时，普罗米修斯被描述为绑在东方的一根柱子上。
尽管第二个柱子显然来自赫西俄德的《神谱》（522），正如大量晚
近的学者指出的那样，其余的杯子装饰似乎受到阿那克西曼德
的理论和教诲的影响。③ 当然，阿那克西曼德几乎没有在石柱上
传播他人类居住的世界的地图，但是斯巴达艺术家的再现暗示
了这两者之间的关系。

　　然而，我们预料到了著名的 *oikoumenē*[世界]地图是圆形的

---

　　① 　法伯里诺斯（Favorinus of Arles），《宇宙历史》，残篇 27；见第欧根尼·拉尔修
2.2（= DK12A1）；亦参 Eusebius 10.14.11＝DK12A4，他将时间和季节添加到二至点
和二分点上。我会在后文中详细讨论这一点。

　　② 　尽管克洛伊索斯成功说服了斯巴达人，希罗多德提供的却并非因为相同的理
由。根据希罗多德，斯巴达人同意帮助克洛伊索斯是因为他将黄金作为礼物送给斯巴
达人，而在这一代之前就用阿波罗神像作为礼物赠送过（1.69）。

　　③ 　如见 Jucker（1977，195—196）；Gelzer（1979，170—176）；Yalouris（1980，85—
89）；Hurwit（1985，207—208）；Conche（1991，38—41）。

吗？地图上究竟有什么？地图的构造与阿那克西曼德发明或引入
日晷的主张是否有关？而且，我认为更重要的是地图的用途是什么？但我们还是从地图的形状开始吧。

　　据希罗多德，直到他那个时代，地图制作者通常都把大地（*gē*）描绘成完美的圆形，奥克阿诺斯（Ocean）流动着，像一条河流环绕着大地，而且欧罗巴和亚细亚一样大（4.36；尽管在 4.41 和 2.16中，希罗多德建议将亚细亚、欧罗巴和利比亚［Libya］视为一样大）。"历史之父"由此给人的印象是，在他那个时代主导的图景是，一个圆形的大地被洋流奥克阿诺斯所环绕。然而，希罗多德认为这幅图景明显建立在传说基础上，而且"无法证明这一点"（4.8）。占主导地位的图景当然是荷马式的，[①]而且这很可能促使希罗多德去嘲笑他的前辈："所有地图制作者的荒谬"（4.36）。当亚里士多德同样嘲笑其同代地图制作者将人类居住的地球（*tēn oikoumenēn*）描绘成圆形时，似乎也有相似的观点。亚里士多德也认为，如果不是因为大海（而且他将此建立在观察基础上），人们能够完整地环游大地（地球）（《天象学》2.362b12）。当然，亚里士多德设想的不是一个被大海（或奥克阿诺斯）环绕着的圆盘形的地球，而是一个球形的地球——尽管陆地与海洋的比例是 5∶3（《天象学》2.362b20—25）。另一方面，斯特拉波似乎赞同荷马式的图景，他认为观察和经验表明人类居住的地球（*ēn oikoumenēn*）是一个岛屿，而且环绕着的大洋叫"奥克阿诺斯"（1.1.3—9）。阿伽塞美鲁（Agathemerus）（公元三世纪）似乎让地图的这幅图景更加精细，他说古人把人类居住的地球（*tēn oikoumenēn*）描画成圆形（*stroggulēn*），希腊在地球的中心，德尔菲作为世界的肚脐在希腊

---

　　① 至少，通过用 *apsorros* 或"回流"这样的语词来界定奥克阿诺斯可以显明（例如 18.399；亦参《伊利亚特》14.200—201）。这显然也是斯特拉波的解释（1.1.3）。的确，当他要指定关于这一问题的权威时，他会提到荷马（1.1.7）。

的中心（《地理学》1.1.2＝DK68B15）。

这些引文（但更重要的是希罗多德的引文）似乎表明，一般而言早期地图、尤其是阿那克西曼德的地图，其特征是它们是圆形的。而且同代学者在这一点上完全一致。但是，有一些评论仍是恰当的。首先，希罗多德在此嘲笑什么？重点似乎[95]是传说中的环绕着的洋流观念，以及将欧罗巴和亚细亚描述为一样大。希罗多德震惊于这些地图作者"彻底的理性主义"。① 考虑到阿那克西曼德的完美对称的倾向——最完美的例子是他的宇宙论模型——可以公正地说，伟大的米利都 *phusikos*［自然学家］是希罗多德在这一著名段落中提到的早期地图背后的灵感源泉。当然，我们可能会疑惑，为什么伟大的理性主义者会主张传说中的洋流奥克阿诺斯环绕着地球。很明显，阿那克西曼德并不相信传说中的洋流环绕着地球，正如他不相信雷电是宙斯的特权。② 正如对斯特拉波而言，观察、经验和传说可能让他得出地球被水环绕的结论。事实上，对阿那克西曼德而言，地球最初被水所覆盖——在此语境中，这一点被学者们忽视了。③

有些学者似乎深信，德尔菲必定被描绘为阿那克西曼德地图的中心，因为它被视为地球的肚脐（*omphalos gēs*）。④ 我发现如下观点并无说服力，即伟大的 *phusikos*［自然学家］会比希罗多德或克塞诺芬尼（Xenophanes）更加屈从于民众的信念。无疑阿那克西曼德曾意识到其他文明（尤其是埃及和巴比伦）也同样做出如此断言。更重要的是，在阿那克西曼德的时代 *omphalos gēs*［地球的

---

① 关于理性主义，见 Lévêque 和 P. Vidal-Naquet(1997,52—55)。

② 见 DK12A11.23—24。阿里斯托芬在《云》404f 中对阿那克西曼德研究气象现象的理性/自然方法的影响有极好的刻画。

③ 没有理由认为，阿那克西曼德不知道同一个故事，即希罗多德讲述(4.42)的关于法老尼科(Necho)(609—594)派遣一些腓尼基人乘船环游非洲/利比亚的故事。

④ 如参 Lévêque 和 Vidal-Naquet(1997,80)；Couprie(2003,196)。

肚脐]可能是在靠近米利都的迪迪玛（Didyma），而不是在德尔菲的阿波罗神谕处。① 阿伽塞美鲁可能从后期就一直在思考地图（例如亚里士多德所提到的相同的地图），或者以更加希腊中心的视角思考类似的地图。总之，我主张就地图的中心而言有一种更为实用（并鼓舞人心）的目的：米利都自身——正如我们在下面将会看到的一样，尽管尼罗河三角洲也是一个好的例子。的确，据希罗多德（1.170），伊奥尼亚人战败后，泰勒斯建议他们应该在忒欧斯（Teos）建立一个共同中心的政府（见下文），选择忒欧斯是为了"实际的理由"而非"宗教的理由"。

而且，在 4.36 处的著名段落里，希罗多德说，他的前辈描述为圆的是一般的 *gē*[大地]或地球，而不是 *oikoumenē*[世界]或人类所居住的地球。② 这一评论可以解释为什么希罗多德会加上欧罗巴和亚细亚，严格说来这才是 *oikoumenē*[世界]，它们在相同的地图上被描绘为一样大——尽管要高大得多。考虑到阿那克西曼德对完美对称的偏爱，正如前面所指出的那样，希罗多德确实是指阿那克西曼德的地图（或以其为原型的地图），这似乎完全合理。然而，更让人感兴趣的是，在 2.16 提及阿那克西曼德时，希罗多德谈到，伊奥尼亚人认为地球由三部分组成：亚细亚、欧罗巴和利比亚。考虑到阿那克西曼德对数字 3 的喜好（最好的例子还是他的宇宙论模型），这似乎正是他的描绘。我们是否想象得到 3 被描绘成大小相等的存在？ 在 4.41 中，希罗多德[96]说三个部分在大小上非常不同。但因为在这一段中希罗多德很明显是他自己在说，而并未指明在 2.16 中的提及不是大小相等的三大洲。无论如何，没有理由认为分别提到的两个和三个洲互相排斥。对两个大小相等

---

① 如 M. Conche(1991,46,n47,48)指出的那样。根据 P. B. Georges，"迪迪玛（Didyma）是古时的伊奥尼亚，德尔菲是欧罗巴的希腊"(2000,11)。

② 然而在 4.110 处，希罗多德用 *oikeomenē* 而非 *gē* 来指人类所居住的地球。

的洲的提及很可能是对一个有着更精细框架的地图的提及,这一框架建立在日晷的运用并标明了赤道和回归线的基础之上。我将很快回到这一点上来。另一方面,在阿那克西曼德的时代本已通过河流划分了三大洲;在南边,尼罗河划分了利比亚和亚细亚,在北边,费西斯河(Phasis)或塔奈斯河(Tanais)(即顿河[Don])划分了欧罗巴和亚细亚。① 因为阿那克西曼德相信地球被奥克阿诺斯所环绕,在外面的奥克阿诺斯应被视为这两条河流的来源,可以说这两条运河将水带到更为集中的地中海和尤克西奈海(Euxine)或黑海。但是对希罗多德和他的伊奥尼亚前辈而言,有着特殊地位的尼罗河与埃及需要进一步研究。

在 2.15 中,希罗多德说,伊奥尼亚人认为埃及应该限定在尼罗河三角洲。的确,尽管尼罗河是亚细亚和利比亚之间的分界线,但三角洲是一块独立的土地(2.16)。在此前一节,希罗多德宣称埃及人相信他们是地球上最古老的种族(2.15;另参 2.1),而且相信他们和三角洲同时生成(2.15)。② 三角洲富饶的冲积土能使埃及人比其他民族用更少的劳力去获得他们的收成(2.14;另见狄奥多罗斯[Diodorus]1.34)。在陈述自己就这一问题的观点之前,希罗多德指出他惊讶于伊奥尼亚人声称地球由三个部分组成:欧罗巴、亚细亚和利比亚,他们应当明确将埃及人的三角洲看作一个单独的区域和第四块区域(2.16)。希罗多德自己的观点(2.17)在此并不重要;重要的是伊奥尼亚人明确声称埃及对于人

---

① 希罗多德在 4.45 处明确提到了尼罗河、费西斯河和塔奈斯河。关于塔奈斯河亦参 Hecataeus *FGHI*,残篇 164、165。品达在 *Isthmia* 2.41f 中也提到了费西斯河和尼罗河,将它们视为希腊世界最北和最难的边界地区。费西斯河被认为发源于里海,而里海又被视为奥克阿诺斯的一个湾。根据 Heidel(1937,31—44),伊斯忒耳河或多瑙河也有强大主张;Herodotus 5.9;4.46—50。根据 Heidel(21),伊斯忒耳河和尼罗河相当于热带地区。

② 实际上,希罗多德说道,这是伊奥尼亚人相信的事情,但似乎从上下文来看,埃及人也相信尼罗河三角洲是他们的发源地。

类而言是逻辑和编年史的起点/中心(2.15)。在古人中存在一个"几乎"普遍的观点,即埃及是最古老的文明和文明的发源地。① 但是这样一种观点或理论源自于谁,且为什么会有这样一种观点或理论?

在荷马笔下几乎没有任何关于埃及的传奇过去。② 尽管可能非常富裕,但荷马笔下的埃及难以接近。③ 因此,埃及何时变得容易接近呢?在普萨美提克一世(Psammetichus I)统治期间,希腊人开始在埃及居住(前664—610)。④ 他们在埃及居住是从普萨美提克允许大量希腊雇佣兵获取土地之后开始的。但伴随着恩波里翁(*emporion*)或瑙克拉提斯(Naucratis)贸易港口的建立,公元前七世纪晚期,居住于埃及的希腊人有所增加,这个港口位于尼罗河的支流卡诺皮克运河(Canopic)约五十英里的内陆上,因此它离赛易斯(Sais)的皇室首府只有大约十英里(二十六王朝的首府,664—525),离[97]伟大的吉萨金字塔大约七十五英里(见希罗多德2.178—179)。人们认为瑙克拉提斯最初由米利都人建立

---

① 狄奥多罗斯(1.10.1)清楚阐明了这一主张。亦参柏拉图,《蒂迈欧》22 a—e;亚里士多德,《天象学》1.14.352b19—21和《政治学》5.10.1329a38—b35。关于埃及北部有理想的气候条件,参见希波克拉底,*Aphorisms* 3.1。泰勒斯著名的主张、生命源自于原初的水,很可能也来自埃及人。的确,没有理由怀疑学说汇纂的主张,即泰勒斯曾到过埃及,这一点前文也有谈到。同时,埃斯库罗斯似乎是个例外,尽管在《乞援人》中所言无疑表明尼罗河在人类起源的语境中的富饶:"来自富饶的尼罗河的当地的原种"(281)、"尼罗河抚育的种族"(497—498)。

② 一个可能对传奇过去的暗示在《伊利亚特》9.185—188,在其中,忒拜被描述为有一百个门的城邦而且宝藏都藏在巨石中。

③ 关于这一点见Froidefond(1971,64—67)。根据Froidefond,《奥德赛》对埃及历史的仅有的提及,时间在公元前八世纪末。Sarah Morris认为,许多片段反映了青铜器时代的终结,"在整个新王朝时期,许多外邦人攻击埃及三角洲并受雇于埃及法老的军队"(1997,614)。

④ 最近对在埃及的希腊人的一个极佳概述见Boardman(1999,111—159)。埃及人自己在公元前七世纪和六世纪的独立,如Austin(1970,410)所言,很大程度上是由于伊奥尼亚雇佣军。事实上,米利都诗人Arkinos在公元七世纪晚期创造了一部名为*Aithiopis*的诗作(见Gorman 2001,72—73)可以证实米利都人与埃及的紧密关系。

(Conche 1991, 29 n9)。至少,正如希罗多德明确指出的那样(2.178—179),它的建立有米利都人的参与。能追溯到早期城镇的一个巨大而独立的神殿可以表明这一参与(Boardman 1999, 130;Gorman 2001, 56—58)。尽管瑙克拉提斯已经是一个非常成熟的城邦,但根本上仍在法老的掌控之下。从普萨美提克时代起,瑙克拉提斯在埃及历史上的重要性不能被夸大。但是直到亚历山大港建立前,它实际上都是埃及的主要港口,也不比亚历山大港在其自己的时代的地位低,这尤其得益于亲希腊的法老阿玛西斯(Amasis)(前 570—526)。[①] 而且,因为赛特王朝(Saite dynasty)非常依赖雇佣兵,[②]只有在公元前 525 年,依靠冈比西斯,波斯战胜埃及,希腊(和卡利亚)的雇佣兵才不再让这个城邦蒙上阴影(见希罗多德 3.11)。的确,波斯人的入侵对瑙克拉提斯自身有不利的影响。大流士(Darius)当时曾压制这个城邦的特权商业关系,文献学证据似乎也支持这一观点。[③] 有晚近学者指出,瑙克拉提斯的"鼎盛时期"必定先于波斯公元前 525 年的入侵。[④]与此同时,很可能在瑙克拉提斯建立之后,其与埃及其他地区的商业(和旅

---

① Alan Gardiner(1961a,362)注意到,为了满足埃及当地人,阿玛西斯限制希腊雇佣兵去瑙克拉提斯。另一方面,如希罗多德所言(1.29),克洛伊索斯和阿玛西斯都试图将智识精英吸引到他们各自麾下。考虑到这一时期,梭伦、阿那克西曼德和其他许多人可能都会在这里相遇。

② 赛特王朝包括普萨美提克一世(Psammetichus I),尼科(Necho)(前 610—595),普萨美提克二世(Psammetichus II),阿普里埃斯(Apries)(前 589—570)和阿玛西斯(Amasis)(前 570—526)。

③ Froidefond(1971,71)和 Boardman(1999,141)。

④ Boardman(1999,132),瑙克拉提斯被波斯人攻陷大约在公元前 525 年,考古学证据表明在波斯人入侵埃及之后,希腊与瑙克拉提斯的关系至少直到大约公元前500 年才受到激烈影响(Boardman 1999,141)。然而,在波斯人大流士的统治下,也就是说直到公元前 500 年伊奥尼亚人起义及其巨变之前,一般而言的伊奥尼亚城邦,特殊而言的米利都的经济状况似乎并没有恶化。同样值得注意的是,大流士可能接触了对法老旅行的限制,因此在公元前 525 年后埃及其他地方的人可以更容易地到达这里。另一方面,考虑到米利都与波斯人的特殊关系,不清楚为什么大流士会支持与瑙克拉提斯的贸易,除非瑙克拉提斯自身在冲突中坚定支持埃及人。

游)联系才开始紧密。希腊人的势力使其他希腊人来这里旅行更加容易(更不用说雇佣兵他们自己就来自希腊各地),也使一个传说般的文明故事快速传播更加容易。正如赫维特(Hurwit)所言,以弗所的阿耳忒弥斯巨石神庙和萨摩斯的第三座赫拉神庙,及他们宏伟的乘积圆柱(multiplication of columns)确定在公元前575至551年绝非偶然:此间著名的萨摩斯神庙建筑家*罗伊科斯*(Rhoikos)造访了瑙克拉提斯。①

　　无论最初埃及人是否宣称他们是地球上最古老的种族以及他们和三角洲同时出现,事实上希腊人很快就相信了这一点。这是为什么? 很明显,神圣的巨石遗迹,曾经存在的过去的真正博物馆,以及他们不可磨灭的档案(包括一系列的王朝),无疑表明了人类比之前认为的更加古老的观念,而且至少比口头传统的谱系更加古老。的确,这表明埃及人过去可能很好地激发了全新一代的人(包括阿那克西曼德)去重新思考人类和文明的起源和发展。事实上,希罗多德推测,考虑到尼罗河三角洲来自冲积的起源,它将需要10000到20000年的时间达到目前的结构(2.11)。对希罗多德而言,这是埃及人的确如他们声称的那么古老的充分证据(见 2.142—145)。与此相关,[98]尼罗河洪水的规律性——类似于天体自身的规律性运动——和随后富饶的冲积土一年一度的更新,无疑解释了埃及如何逃脱了过去真实或想象的大灾难。的确,如果丢卡利翁(Deucalion)的洪水故事真实——包括像修昔底德(1.3)、柏拉图(《蒂迈欧》22e—23d)和亚里士多德(《天象学》352a30)这样的大多数希腊人,都认为这个故事是真实的——那么必定要么这个故事将被重新考虑,要么这个事件比最初想象的更加古老。② 或者埃及,即尼罗

---

　　① J. M. Hurwit(1985,184),亦参 Boardman(1999,143—144)。很明显,色拉西布洛斯(Thrasybulus)可能已着手修建类似的神庙建筑(见 Naddaf 2003,29)。

　　② 依照传统,丢卡利翁生活在特洛伊战争的仅仅几代之前;见 Gantz(1993,164f)和前文提到的修昔底德。

河流域和三角洲逃脱了据说毁灭人类的灾难。① 还有其他的方式或理由，即更加理性的方式或理由，去设想或假设一次洪灾或类似的灾难。希罗多德（2.21，13）从对尼罗河三角洲的丘陵上的海贝的观察和上壤中渗出盐的事实得出地球曾经被大海所覆盖的结论。他是否认为这会周期性地发生则不甚清楚。清楚的是，据希罗多德，地理学/地质学与历史学联系紧密。

　　希罗多德告诉我们（2.143），米利都的赫卡塔埃乌斯（Hecatae-us）（前560—490）推测，在埃及，祭司在武拜向他展示开端的记录之后，埃及已经至少存在了11000年。因为阿里安（Arrian）（在他的《埃及史》[*History of Egypt*]中）告诉我们，赫卡塔埃乌斯相信，三角洲是由淤泥的不断堆积所形成，他可能假设尼罗河文明更古老，而且产生于三角洲。② 总之，像在希罗多德那里一样，对赫卡塔埃乌斯而言，地理学/地质学与历史学联系紧密。考虑到这种联系与在希罗多德那里是相似的，同时也考虑到赫卡塔埃乌斯是希罗多德自己与埃及祭司遭遇背后的源头或灵感源泉，我们可以合理地假设，赫卡塔埃乌斯也是希罗多德对尼罗河的地质观测背后的源头（或灵感源泉）。

　　早期伊奥尼亚 *phusikoi* [自然学家]也对地质学和循环发生的事情感兴趣。克塞诺芬尼认为，人类（和一般而言的生命）从一种黏液（即大地和水的混合物）中出现（DK21B29，33），而且会被周期性地毁灭（DK21A33）。他的理论基于对不同地方（包括锡拉库扎[Syracuse]、帕罗斯岛[Paros]和马耳他[Malta]）的各种化石（鱼、植物和贝壳）的观察（DK21A33）。这是大海曾覆盖现在的干燥陆地的明证。是否克塞诺芬尼和赫卡塔埃乌斯包括希罗多德有共同的源头，即米利都的阿那克西曼德？③

---

　　① 这无疑是柏拉图的观点（《蒂迈欧》22c—e），而且我们没有任何理由相信这一观念没有很长的历史（见Naddaf 1994，192—195；1998c，xxiii，xxvi—xxvii）。

　　② 阿里安，《远征记》5.6.5；斯特拉波12.2.4；亦参Heidel（1943，264）。

　　③ 与阿那克西曼德的比较参Kirk（1983，140）。

第欧根尼·拉尔修(Diogenes Laertius)(依据忒俄弗拉斯图斯的证据)告诉我们,克塞诺芬尼是阿那克西曼德的一个听众(《名哲言行录》9.21＝DK21A1),而且将其盛年(可能遵照阿波罗多洛斯的权威性)确定在第六十届奥林匹亚赛会期间(前540—537),从而推测他出生在大约公元前575年。在其自传体诗的残篇8中,克塞诺芬尼告诉我们,他[99]生活和写作到92岁。人们普遍认为克塞诺芬尼生活在公元前575至475年。①考虑到人们已达成共识的阿那克西曼德的年代(公元前610至540年),如果我们假设,克塞诺芬尼在公元前546年米底亚人(Mede)居鲁士攻陷克洛伊索斯执政的吕底亚(Lydia)之后,离开他的家乡克洛丰(Colophon)(克洛丰很快沦陷于哈尔帕哥斯[Harpagus]之手),那么在那个时候克塞诺芬尼大概30岁,而阿那克西曼德大概65岁。②考虑到克洛丰与米利都相距不远、海上旅行的便利以及作为智识中心的米利都的名声,克塞诺芬尼可能听说过阿那克西曼德的研究并决定去听他私下和/或公开的演讲(或者最初曾读过他著名的作品)、看过他著名的地图,等等,时间可能就在公元前556至546年之间。因为阿那克西曼德似乎是一个旅行经验丰富的人,这可能也促使克塞诺芬尼这么做。他可能在这里首次听说"文化相对主义"以及地质学、地理学和历史学之间的联系。我们并不知道克塞诺芬尼在离开克洛丰去希腊西部后最先去了哪里。他显然关心文明的起源和发展以及培育文明的技艺,克塞诺芬尼的方式似乎既理性也世俗。尽管都没有提到似乎在埃及存在的化石和海贝(两个适合西西里地区,第三

---

①　Guthrie(1962,1.362—363);Kirk(1983,163—164);Lesher(1992,1)。

②　克塞诺芬尼在残篇22中回忆了米底亚人的到来:"米底亚人来时你多大?"(B22)阿波罗多洛斯说在公元前547/546年时,阿那克西曼德64岁(Diogenes Laertius 2.2),这一事实表明他可能将吕底亚和/或伊奥尼亚沦陷于米底亚人作为参照。的确,阿那克西曼德可能在他的书中提到了这一点。

个适合爱琴海的帕罗斯岛［Paros］——除非引文针对的是埃及的法罗斯［Pharos］），克塞诺芬尼提到埃塞俄比亚人将他们的神描绘为塌鼻子和黑色的（DK21B16），这表明即便他不是一位旅行者，至少也对这个文化比较熟悉。① 的确，当赫卡塔埃乌斯在他的《族谱》（Genealogies）中说希腊人的信仰是可笑的时（当然，在 DK21B11 中他批评神人同形同性论的诗歌也是如此），他很可能是指克塞诺芬尼关于不同民族如何描绘他们各自的神的观点。因为埃及和瑙克拉提斯（Naucratis）直到公元前 525 年都没有被波斯人攻占，考虑到直到公元前 525 年瑙克拉提斯作为世界智识中心的名声，那么如果克塞诺芬尼旅行到埃及很可能是在公元前 525 年前（一次被米底亚人的流放就足以证明！）。②

　　海德尔将赫卡塔埃乌斯的出生时间确定在大约公元前 560 年。③ 这让我觉得完全有可能，如果我们认为，在公元前 499 年伊奥尼亚起义期间，赫卡塔埃乌斯可能是一位年长的政治家，而他最初反对这次起义。如果阿那克西曼德至少生活到公元前 540 年（无法反驳这一点），赫卡塔埃乌斯也很可能是阿那克西曼德一位年轻的学生/听众（见 Hurwit 1985，321）。尽管通常认为他在大

----

　　① 普鲁塔克认为他是这样做的；见 Isis 379b 和《论迷信》171d—e。Heidel（1943，274）指出克塞诺芬尼去过埃及的故事很可能是真的。

　　② 瑙克拉提斯吸引着萨福和阿尔凯乌斯（Alcaeus）这样的诗人、罗伊克斯（Rhoikos）这样的艺术家、梭伦这样的政治家和泰勒斯这样的哲学家等等，但是快速致富的商人除外，见 Boardman（1999，133）。

　　③ Heidel（1943，262），在（1921，243）中，他讲道"赫卡塔埃乌斯仅仅比他的同乡阿那克西曼德年轻一代"，尽管在 260 页对此进行了解释，但仍给出了一个相似的日期，即赫卡塔埃乌斯出生在公元前 560 年。另一方面，在其著作《希罗多德笔下的赫卡塔埃乌斯和埃及祭司》（Hecataeus and the Egyptian Priests in Herodotus）卷二（1935，120）中，Heidel 认为赫卡塔埃乌斯可能出生在阿那克西曼德死后不久（120）。这似乎是一个问题。此外，赫卡塔埃乌斯的年代与赫拉克利特（前 555—480）相似。如果阿那克西美尼（前 580—510）是阿那克西曼德的学生（Diogenes Laertius 2.3），那么这表明阿那克西曼德的兴趣广泛。

流士统治期间(前521—486)造访过埃及,大流士在他的前任冈比西斯的目无法纪之后,非常欣赏埃及人和他们的宫殿(见 Diodorus 1. 95. 5),赫卡塔埃乌斯可能也在此之前造访过埃及。① 无论如何,赫卡塔埃乌斯对于希罗多德而言是源头和灵感源泉这一点,在学者们中并无争议。然而,[100]如果克塞诺芬尼和赫卡塔埃乌斯从阿那克西曼德那里获得启示,那么很明显伟大的米利都 *phusikos*[自然学家]也敏锐地关注到"年代学和地理学",尽管在我看来,如海德尔所言,这并非他的主要兴趣。② 埃及是否是阿那克西曼德自己观察的一个来源呢?考虑到瑙克拉提斯——米利都人聚集区——作为世界智识中心的重要性,也考虑到阿那克西曼德(前610—540)既是旅行家又是地理学家的名望,他若没有造访过这个伟大的国度(很少人怀疑他的朋友泰勒斯去过)是奇怪的。而且,瑙克拉提斯很可能在波斯人于公元前525年入侵之前,且就在阿那克西曼德的有生之年达到了其顶峰。是造访埃及触发他写作论自然的书?③ 埃及是他写作的催化剂?

学者们倾向于仅仅或几乎仅仅将阿那克西曼德与宇宙学思考联系起来。但是斯特拉波明确强调哲人阿那克西曼德(和他的同胞赫卡塔埃乌斯)与地理科学联系紧密(1.1),而且他接着说,这也是埃拉托色尼(Eratosthenes)的观点(1. 11)。正如我们已看到的,有许多证据表明,地理学/地质学与历史学有明确和紧密的联系。而且,正如斯特拉波理解的那样(仍然依据埃拉托色尼的权威性并回到阿那克西曼德),在理论与实践的语境中,地理学也与政治学和宇宙学有联系(1. 1,11)。《苏达辞典》(*Suidas*)告诉我们,

① Heidel 认为赫卡塔埃乌斯同冈比西斯一道去埃及开展他的探险活动(1943, 263)。

② Heidel(1943,262)。要记得 *phusikos*[自然学家]阿那克西美尼据说也曾是他的学生。

③ 这可以解释为什么他在生命的晚年写他的书。

阿那克西曼德写过一本名为《地球之旅》(*Tour of the Earth/Gēs periodos*)的著作,阿忒那奥斯(*Athenaeus*)(11.498a—b)还提到了《英雄传》(*Heroology/Hēroologia*)。如海德尔所言(1921,241),《地球之旅》是最早被使用的地理学著作名称之一,而且斯特拉波依据埃拉托色尼的权威性对阿那克西曼德的地理学作品的提及(不仅仅是一张"地图")也证实了这部著作的存在(1.1,11)。另一方面,《英雄传》也许有另一个标题即《族谱》(*Genealogies*)。海德尔正确地指出(1921,262),这二者都被赫卡塔埃乌斯所使用(或归于他名下)。标题当然不会在那个时候被使用,因此这些引文可能是他整个论自然作品中的一部分(即整个论述中的某一章或某一节),除宇宙起源论和宇宙学思考外,其中还包括对文化的早期历史和地理的兴趣。毕竟,解释(或描述)万物的现存秩序如何建立(很明显来自《神谱》中赫西俄德的范式)需要提供对现存社会—政治秩序如何起源的解释。

这让我们更加明确地回到埃及。如我们所见,在人类起源上的神话方式与理性方式之间,主要区别之一是前者假设人类起源在时间上没有一个真正的开端,而是在那个时候(*in illo tempore*)(或神话时间)发生的涉及超民族性实体的一系列事件的结果,而后者(据我们所知始于阿那克西曼德)则推测,人类是宇宙原初形成背后[101]同一个自然原因的结果。当然,阿那克西曼德显得更为详尽。他将人类物种的演变看作是有阶段的。在迁移到干燥陆地并适应之前,人类在一种原始黏液中发育。尽管自发产生可能真的被希腊人视为一个自然事实,但神话前身(人类像植物一样在地球上出现)却与它们的理性对应物无关。然而,问题是,在阿那克西曼德自己的理性叙述背后,埃及的影响程度有多大?阿那克西曼德是假设人类物种同时在地球表面的几个地方演变?还是猜测人类物种必定起源于一个特定的地方,即在最好/最理想的条件下出现?就目前的情况而言,阿那克西曼德不需要相信人类(正如其他生命那样)像埃及人所主张的那样,通过在某种特定的环境条件下自然发生而出现。① 但是他们的确就为什么人类是这个世界上所有物种中最古老的物种,给出了一个有说服力的例证(希罗多德 2.2)。不仅埃及的气候条件有利于某种自然或进化的发展,而且正如狄奥多罗斯(1.10)和希罗多德(2.14)所主张的,也有食物的自然供给。总之,埃及人为他们声称是最古老种族给出了极好的例证——的确是文明的发源地。现在的问题变成阿那克西曼德相信其他种族是从埃及迁移出来的吗? 考虑到埃及人能够用一系列表现其先前几代人的木头雕像,证明(或证实)他们所声称的是最古老种族这一事实,正如希罗多德、赫卡塔埃乌斯、可能还有阿那克西曼德注意到的,几乎没有理由否定这一可怕的论断。更重要的是埃及人用文字记录编年史事件这一事实。在 2.145 中,希罗多德说埃及人非常确定他们的年代,在阿玛西斯之前回溯 15000 年,因为"他们总是对时光的流逝有仔细的文字记录"。这解释了在 2.100 中他主张祭司们给他读文字记载的 330 个君王的名字。当然,我们知道书写在埃及并未存在 15000 年,但是在希罗多德之前存在了很长时间,而且很明显被用来记录编年史事件。的确,著名的巴勒莫石碑(Palermo Stone)不仅列出了从法老明(Min)(从第一个王朝开始)开始的统治者的名字,而且包括每位国王每年的记录,在特定的年份里尼罗河洪水达到的高度,每年发生的和能被记住的突出事件。② 而且,敬畏鼓舞人心,庞大而神圣的石碑增强了希腊人的信念。同样重要的是伊奥尼亚人开始思考

---

① 根据狄奥多罗斯,埃及人认为这会持续发生在某些形式的动物身上(见 Diodorus 1.10)。狄奥多罗斯在 1.10 中的叙述与希罗多德在 2.13 中的叙述有着惊人的相似性,这可以解释他在人类和鱼之间建立的关系。对埃及人那里鱼的繁殖的有趣讨论可参见希罗多德 2.92—94。

② 关于年代学对埃及人的重要性的讨论参 Alan Gardiner(1961b,61—68)。他也谈到了著名的巴勒莫石碑(Palermo Stone)。

地质学的证据,用以支持埃及人的主张。正如希罗多德(2.13)和他的伊奥尼亚前辈所言,考虑到三角洲每年堆积的淤泥数量和三角洲自身的大小,地球的历史不可能少于两千万年,[102]因此正如埃及人对希罗多德所言(希罗多德 2.143),他们自己延续了 341 代或 11340 年,一位祭司长的雕像代表着一代。① 这两个数字的区别还可以解释人类物种本该/可能在发明各种技艺和手艺之前,去适应陆地环境并发现生活必需品的时间段(我将在后文中做更为详细的讨论)。

正如赫卡塔埃乌斯很快认识到的那样,面对这一问题,希腊人认为或相信人类——或者至少古希腊人——起源于十六代以前,这看上去是荒谬的。赫卡塔埃乌斯的批评方式反映在他《族谱》的开篇:"米利都人赫卡塔埃乌斯如是说:我写(强调为引者所加)我所看到的这些事情,因为这些希腊人的故事很多,而且在我看来是荒谬的。"(*FGH* 1, frag. 1)这些批评性论述背后的精神,与克塞诺芬尼对渗透在荷马和赫西俄德神学中的神人同形同性论的批评背后之精神乃是相似的。就赫卡塔埃乌斯而言,他试图合理地解释英雄的谱系,从而再造一个以这些族谱以及他们各自的神话为基础的过去的历史。毫无疑问,赫卡塔埃乌斯像普通希腊人那样坚信荷马史诗包含不止一个真理核心。问题是要区分真实与虚构、合理与荒谬。书写这一相对较新的媒介能帮助人们记录口头传统,并批判性地评价它。的确,阿那克西曼德和赫卡塔埃乌斯是最早用散文去书写他们的叙述的人。正如我们所看到的,因为阿那克西曼德之前的研究,赫卡塔埃乌斯已经明确意识到了这一点。他必定阅读过阿那克西曼德的散文著作,也看到过他的地图和相关的地理学著作。而且考虑到时间,他可能曾经聆听过阿那克西

---

① 地质学的推测可能来自发生于米利都本身的某种现象(见 Kirk 1983, 139)。另一方面,埃及的现象提供了量化这一假说的方法。

曼德演讲和/或讲述他的逻各斯,即他的理性和描述性叙述。现在的问题变成了,赫卡塔埃乌斯的《族谱》和《地球之旅》,多大程度上依赖于阿那克西曼德的《地球之旅》和《族谱》/《英雄谱》?

　　对地球及其居民(*oikoumenē*)的描述是被称为地理学的科学的主题,而且如海德尔(1921,257)颇有见地地指出的那样,历史学与地理学携手前行。而且这也完全与我们的假说一致,即 *peri phuseōs*[论自然]类型作品开端的逻辑起点正是人类生活于其中的社会。事实上,在《苏达辞典》(*Souda*)中被叫作年轻人的历史学家(*ho neōteros historikos*)阿那克西曼德、①或者仅仅被第欧根尼·拉尔修②叫作另一位历史学家阿那克西曼德的,显然很有可能就是米利都的 *phusiologos*[自然学家]阿那克西曼德。③ 这也可能是第尔斯—克兰茨(Diels Kranz)在残篇 C(zweifelhaftes[可疑的]或可疑残篇)中提到的同一个人,那个阿那克西曼德宣称字母表在卡德摩斯(Cadmus)的时代之前被达那俄斯(Danaus)从埃及传入希腊。④ 这里的文献证据[103]来自阿波罗多洛斯(Apollodorus)的《论船只的分类》(*On the Catalogue of Ships*),而且事实上这位伟大的年代学家以如下顺序提到三位米利都人:阿那克西曼德、狄奥尼西奥斯(Dionysius)和赫卡塔埃乌斯,这似乎证实了阿那克西曼德的确是哲学之"父"。这里的文献汇纂明确指出,古人对字母表在古希腊如何起源众说纷纭:埃福罗斯(Ephorus)(公元前 4 世纪)认为,字母表由腓尼基人卡德摩斯发明并介绍到希腊;希罗多德和亚里士多德认为卡德摩斯只是将腓尼基人的发明引入希腊的传播者;在皮索多鲁(Pythodorus)和菲利斯(Phill-

---

① DK58C6.19.

② DK58C6.23—24＝Diogenes Laertius, Lives 2.2;亦参 DK12A1。

③ 这也是 Delattre 的观点(1988,589 n2)。

④ 这一学说汇纂来自公元前二世纪的语法学家狄奥尼西奥斯·特拉克斯(Dionysius Thrax)的一个批注。

is)这里则认为,字母表先于卡德摩斯并由达那俄斯引入希腊。米利都的阿那克西曼德、狄奥尼西奥斯和赫卡塔埃乌斯都证实了这一点。[①] 关于达那俄斯和在古埃及语境中的字母表的传播在此寥寥几句即已明确。

书写大约在公元前 750 年出现在希腊,这一点已达成共识。众多大约公元前 750 年或之后的铭文表明希腊人开始使用字母表。[②] 字母表开始使用的准确地点可能还有争议。据希罗多德,和卡德摩斯一起的腓尼基人最先将字母表介绍到赫西俄德的家乡波俄提亚(Boeotia)(5.57.1—58.2)。事实上,他认为他们定居于此。然而,希罗多德对此事发生在何时表现得模糊不清。在 2.145 中,他提到卡德摩斯的外孙狄奥尼索斯的时期要追溯到他的时代之前的 1600 年(*hexakosia etea kai chilia*)。这必然需要卡德摩斯和腓尼基人在公元前三千年将字母表介绍到波俄提亚。然而,在同一段中,希罗多德就特洛伊战争指出的时间接近于目前的共识:公元前十三世纪。同时,希罗多德认为他在波俄提亚的忒拜看到的卡德摩斯的字母与伊奥尼亚的字母并没有什么不同。这让我们相信他对字母表的传播何时以及如何发生有些混乱。[③] 而且,尽管大多数学者将传说中的卡德摩斯与腓尼基联系起来,但是也有其他传统将卡德摩斯与埃及联系起来,如在埃及化的伊俄(Io)故事中。[④]

---

① 许多作品都归于狄奥尼西奥斯(Dionysius of Miletus)的名下,包括《对人类居住的世界的描述》(*Description of the Inhabited World*)(见 Gorman 2001,82)。

② 如参 Snodgrass(1971,351);Coldstream(1977,342f);Powell(1997,18—20);Burkert(1992,25—26)。

③ Coleman(1996,286);以及 Tritle(1996,326),Tritle 指出这令人颇为惊讶和怀疑。

④ 与伊俄相关的谱系的复杂性及对此较为合理的讨论,见 Gantz(1993,198—204)。关于埃及化的伊俄故事,见 M. L. West(1985,145—146、150);A. B. Lloyd(1975/1988,1;125)和 E. Hall(1996,338)。

尽管希罗多德认为腓尼基人将书写或 *grammata*［书写］传入了希腊，但他可能转而认为腓尼基人是从埃及人那里借来了书写系统（正如希腊的字母表通过增加元音，表现得比腓尼基的文字系统更加高级）。在 2.36 中，他清楚地说道，埃及人相信他们自己从右向左的书写方式优于希腊人从左向右的书写方式，而且相信他们有神圣的文字和普通或通俗的文字。当然，毫无疑问希罗多德相信传播。的确，他相信相当多数量的希腊文化，包括他们的宗教都来自埃及（2.49—52）。我们可以合理地假设这也是伊俄(Io)故事的情况；即伊俄(Io)被视为与伊希斯(Isis)相同，从而来自埃及。

［104］另一方面，阿那克西曼德（和赫卡塔埃乌斯）认为，的确是在卡德摩斯的时代之前，字母表就被引入了希腊；引入(*metakomisai*)字母表的人正是达那俄斯(DK12C1.11)。在此毫无疑问达那俄斯与埃及及其高级文明相关。赫卡塔埃乌斯认为起初希腊居住的是来自弗里吉亚由珀罗普斯(Pelops)领导的和来自埃及由达那俄斯领导的野蛮人(*FGH* 1, frag. 119)，这一事实让人们相信，他们认为字母表（或一种字母表）的引入在我们现在所认为的时间之前许多代。阿那克西曼德在自己的《英雄传》或《族谱》中可能曾考察过这件事。但是阿那克西曼德会将他的观点建立在一个有埃及起源的字母表上吗？毫无疑问，闪米特语言学家会将西闪米特文字(West Semitic writing)称为"字母表"，因为在指令系统中每一个字母符号都代表一个单独的辅音，也就是一个音素，换言之，即足以与能改变一个词的含义的其他声音相区别的一类声音。但是如果说西闪米特文字是一种字母表，那么我们能否说古埃及的文字也是如此？据加德纳(Alan Gardiner)(1961b, 23)，埃及人很早就发展出一批 24 个非辅音的符号或字母，他也将之称为一种字母表。事实上，他相信这是我们自己字母表的起源(1961b, 25—26)。就目前的情况而言，一些语言学家和学者可能不同意加德纳，但这并不重要。事实上

没有充分的理由认为,在一个埃及人或其他人让阿那克西曼德注意到这一点之后,他仍然不相信事情正是如此(他如何能争论他不能理解的东西呢)。埃及人能够论证,甚至在希腊人可以追溯到的他们最早的祖先之前,文字书写就已经存在于埃及。① 而且,尽管阿那克西曼德可能并不知道 B 类线形文字,但他很可能知道塞浦路斯的音节表(Cypriote syllabary),因而在某种形式上是从埃及字母表的引入过渡到他自己的字母表。总之,这并不排除阿那克西曼德可能曾认为,一些个别的希腊天才在更近的一个阶段,通过为辅音增加五个元音的变革——从而,如鲍威尔(Powell)(1997,25)所指出的那样,通过机械的方式创造了一种保存人类声音模板的技术能力。我们并不排除阿那克西曼德将达那俄斯和埃及人视为字母表最初的发明者,也不排除他认为希腊字母表远优于其前辈。希腊人在这一早期阶段(或至少他们的智识界)已经很清楚他们自己的字母表的力量,并在寻找其真正的发明者。因此,阿那克西曼德的同时代人斯特西克鲁斯(Stesi-chorus)(约前 630—555 年),在他的第二本书《奥瑞斯提亚》(*Or-esteia*)中说帕拉墨得斯(Palamedes)发明了字母表(*heurekēnai ta stoicheia*),即字母表的希腊版本。② 很明显,阿那克西曼德和他的同时代人将他们自己视为"作家",的确明显受口头传统影响,但作家是完全一样的。③

如上所述,希罗多德相信大量希腊文化和文明起源于埃及——柏拉图在《斐德若》(*Phaedrus*)(274c—d)中也指出了这一

---

① 这可能也是柏拉图在《斐德若》(274e)中提到的,在其中他将 *grammata*[书写]的发明归于埃及人,而且这一故事发生在靠近瑙克拉提斯的地方。

② Page,PMG frag. 213。

③ 在《被缚的普罗米修斯》(460—461)中,埃斯库罗斯在他歌颂时说书写(*grammata*)是万物的记忆,从而是诸技艺的孕育之母,字母表显然并未如其实际那样被理解为一个相对比较新的发明。

点。[105]而且米利都的赫卡塔埃乌斯的著名论断——起初希腊居住的是由珀罗普斯(Pelops)从弗里吉亚带来的和由达那俄斯从埃及带来的野蛮人——指的是同样的事情。被认为带来了字母表的是同一个达那俄斯。因为赫卡塔埃乌斯《族谱》(*FGH* 1,frag.1)开篇的论述强有力地表明,他否认诸神对文明的任何影响,所以达那俄斯被视为一个历史性的个体。因此,他的族谱的一个功能可能是追溯某些借助来自埃及资源的信息的文化偶像。事实上,如果确实如希罗多德所言,赫卡塔埃乌斯试图将自己的家族追溯到第十六代的一位神(2.141),而埃及人向他表明这显然是荒谬的,那么很明显埃及人有助于发展他的批评方式,并让他对年代学和历史学有一个清醒的认识。[①]　无论如何,赫卡塔埃乌斯的同时代人克塞诺芬尼相信,人类文明是人类进步的结果,并且这种进步基于对不同地方的探究以及通过全新地接触人、地方和事物而获得的发现(DK21B18)。[②]　据说他创作了关于克洛丰建城的诗歌(由大约 2000 行诗句组成),在特洛伊战争之前他定居于克洛丰,[③]这首诗歌以对族谱/编年史研究的理性方式为基础(DK21A1)。很难弄明白克塞诺芬尼是否能抵抗埃及文化的魔力,但最初忒拜人居住在克洛丰,而且据说其创立者的一个儿子摩普索斯(Mopsus)移居到了埃及。[④]　米利都本身由涅琉斯(Neleus)(雅典国王科德鲁斯(Codrus)的一个儿子)于公元前十一世纪创建。如果希罗多德/赫卡塔埃乌斯以一代"三十年"来理解,那么很明显赫卡塔埃乌斯追溯他的后裔至这一时期(即十六代)。而且考

---

①　阿那克西曼德坚持认为实际上他的族谱分析并未为诸神留下空间。

②　晚近对这一有争议的残篇的讨论见 Lesher(1992,149—155)。我们在第四章对克塞诺芬尼的讨论中会对此残篇做详细分析。

③　见 G. L. Huxley(1966,20);通过 Mopsus 的游历,克洛丰就和一个早期的埃及人联系起来(20)。

④　见 Huxley(1966,20)。

虑到每一地区的居民会坚持他们的地方性起源,他们会(或能)至多追溯到特洛伊战争之前少数几代的起源,令人烦恼的是,埃及人宣称有非常古老的文明是真的。

考虑到我们关于阿那克西曼德的信息,在我看来,他和赫卡塔埃乌斯一样对遥远的过去感兴趣。的确,阿那克西曼德似乎启发了之后的赫卡塔埃乌斯本人的叙述。这似乎明显来自赫卡塔埃乌斯将阿那克西曼德的地图发展得更为详细这一文献证据。考虑到如我们所见,历史学与地理学在那个时代有紧密关联(如果不是不能区分的话),那么地图很明显有双重功能,这一双重功能在著作中必须附带着被详述和澄清。而且,如果考虑到 *historia peri phuseōs* [探究自然]是为从始至终的万物的现存秩序的起源和发展给出一个理想解释,而且现存世界秩序包括人类居住于其中的社会(或文明),那么[106]如上所述,题为《地球之旅》和《族谱》(或《英雄传》)的两部著作——晚近传统认为出自阿那克西曼德之手——可能只是更一般的著作 *Peri phuseōs* [《论自然》]的不同部分。我相信,这两部著作与阿那克西曼德的地图关系密切。那么它们想要达到什么目的呢?

阿那克西曼德的地图:*oikoumenē* [世界]的画布

如上所见,尼罗河和埃及对早期伊奥尼亚人而言显然有着特殊的地位。更重要的是,如希罗多德所言,考虑到他们将尼罗河三角洲视为"一块独立的土地"(2.16;或者用狄奥多罗斯的话说:"一个岛"(*hē nēsos*)1.34)——的确正如埃及自身一样(2.15)——而且考虑到人类正是起源于此,那么我们可以说三角洲可能被最初的 *phusiologoi* [自然学家]视为(并因此代表)*omphalos gēs* [地球的肚脐]。从这个角度来看,三角洲是阿那克西曼德地图(和尼罗河、南北子午线)的中心。的确,从埃及人能够经验地证明他们的文明最古老时起，生命似乎自发地产生了；而且富饶的冲积土壤提供的食物只需较少劳动，如此等等，而其他民族包括希腊人宣称的本地原生说（autochthony）似乎是站不住脚的，就算不荒谬的话。问题在于，文明是如何从埃及起源、发展并传播到已知世界的呢？正是在这里地理学、天文学和历史学变得联系紧密。地图可以呈现出当前的 oikoumenē［世界］，与之相应的著作能以书写的形式尽可能理性地解释这如何以及为何发生。这为整个理性的解释确定了方向。从阿那克西曼德的理性视角来看，宇宙原初成型背后的原因与宇宙当下活动的原因是相同的。这些原因也解释着气象现象，包括雷、电、风和雨。在此没有超自然原因的存身之处——至少埃及人未能明白这一点。在解释了生命如何在尼罗河三角洲的沼泽中出现之后（再根据自然原因和地理学证据），他接着推测文明如何发展。考虑到这一地区的气候条件，他很可能将人类生命视为一种黄金时代类型的存在。[1] 但是尼罗河并非没有危险，因为许多野生动物包括鳄鱼和狮子都非常多，所以这一点很难确定。无论如何，阿那克西曼德会假定在推进到各种文明发现（heurēmata［发明］或 technē［技艺］）之前的人类早期状况，而这些发现是在一个更加文明的存在（或人类进步）之后。[107]很难弄清楚阿那克西曼德是否认为，人类通过经验或需求获得不同技艺，但可以确定的是，他会给出与他的其他 historia［探究］一致的理性解释。阿那克西曼德思考在法老的土地上社会—政治结构的起源，这也是不可想象的；毕竟是从这个世界，文明才展开翅膀。更重要的是，阿那克西曼德必须解释不同人构成的 oikoumenē［世界］的起源。如果尼罗河三角洲的确是人类的唯一发源地（至少对阿那克西曼德和赫卡塔埃乌斯而言的确如此），那么其他民族如何

---

① 尼罗河的富饶这一流行论题从埃斯库罗斯将其描述为 phusizoos 中也可见一斑（《乞援人》584）。

居住在他们现在的位置？是否在这个阶段族谱（或 *Genealogies*）才进入这幅图景？如上所见，阿那克西曼德认为埃及文化和政治英雄达那俄斯负责将字母表引入希腊。阿那克西曼德很可能特别重视字母表，因为他非常清楚他的探究以字母表允许他去收集的证据为基础。[①] 而且我们可以得出结论，大量其他通常被归于埃及人之手的 *heurēmata*[发明]（如石碑建筑）也是如此。阿那克西曼德以某种方式获得了大量的族谱信息，其中可能并不排除来自埃及的资源，用以去建构一种对埃及文化传播的编年史解释。

同时，关于《地球之旅》的部分也开始于尼罗河三角洲，这里是生命和文明的起源地，而且接下来围绕着 *orbis terrarum*[全世界]（整个欧罗巴、亚细亚和利比亚）顺时针或逆时针地延续，这表明他从旅行和各种有案可查的叙述中熟悉可能迁移的各种民族。每个民族的当前位置也被记录在地图上，包括迁移、贸易和军事活动。

当然，问题自然就出现了：如果埃及文明和迁移一起传播的话，那么他如何能解释一些民族明显不如另一些民族文明？逻辑上的答案是由于周期性发生的自然灾难。的确，甚至修昔底德也相信传说中的洪水灾害，而且有证据表明阿那克西曼德相信自然灾害是持续性的——尽管是在小范围而非宇宙范围。这也不意味着没有什么有待发现或者过去所有的发现都归因于埃及人。很明显阿那克西曼德——新启蒙的创始人之一——非常明白他自己的理性方式新颖且激动人心；的确，远高于现有的埃及人的方式。这样一个理性主义者怎么能认同埃及的宗教实践而不对他们的缺陷感到失望呢！至于不同语言间的根本差异，阿那克西曼德能够注意到，鉴于同时代的希腊方言种类相当繁多，希腊语显得与埃及语（或腓尼基语）非常不同就毫不奇怪了。[108]但考虑到两者的某

---

　　① 见 R. Thomas(1992,114)对 *kleos*(荣誉)和书写的论述。阿那克西曼德处于哪个位置呢？

种相似性(如在宗教融合的情况下),这也许是希腊的语言和文明源于埃及的充分证据。

尽管我们关于阿那克西曼德 *historia*[探究]的这方面并无大量信息,但当信息被置入一个历史性视角,海德尔和奎内斯(Cherniss)(与格思里[1962,75]和绝大多数古典学者相反)认为,阿那克西曼德著作的目的,是"勾勒宇宙从其自无限涌现的那个瞬间到作者自己时代的生活—史(life-history)"(Heidel,1921,287),或"对人类所居住的地球进行地理的、民族的和文化的描述,并在这种方式中成其所是"(Cherniss,1951,323),他们并非虚言。这让我们再次想起,赫西俄德在《神谱》中试图解释万物的现存秩序是如何建立起来的。

与此同时,这种方式的典范来自西西里的狄奥多罗斯,一位公元前一世纪的历史学家。引人注目的是,在着手他的希腊史(不仅包括从特洛伊战争到他自己时代的编年史事件表,而且包括特洛伊战争之前的事件和传说)之前,狄奥多罗斯从宇宙起源开始(1.7.1—3),然后过渡到动物起源(1.7.4—6),最后是政治起源(1.8—9)。在简短地论述了这三个阶段之后,狄奥多罗斯接着转向埃及(对此他用了几卷的篇幅)开始讲述他的历史,严格来讲这是因为传统将埃及视为人类物种的发源地;他对尼罗河的理想条件的描述与我们在希罗多德笔下(1.9f)看到的很相似。值得注意的是,狄奥多罗斯相信许多民族都有本地原生性起源(autochthonous origins),这也解释了(至少部分解释了)语言多样性的起源(1.8.3—4)。①

关于狄奥多罗斯的记述可确定的是,将其内容归因于某个特

---

① 另一方面,狄奥多罗斯在 1.9.5 中指出,公元前四世纪的历史学家埃福罗斯(Ephorus)(前面在字母表的语境中曾经提到过)认为野蛮人出现在希腊人之前,这表明他所持立场与我归之于阿那克西曼德的立场相似。

定哲学家的影响是不可能的。换句话说,整个文本必定是兼收并蓄的。① 然而,这些文本明显受到伊奥尼亚人的影响,而且文本中几乎没有不能被追溯到公元前六世纪、并最终追溯到阿那克西曼德的内容。有人会认为阿那克西曼德(正如许多学者认为的那样)不会去思考语言的起源(尽管明显会去思考字母表的起源),也无力像德谟克利特那样创立一种精细的语言理论,坦率地说,这种看法令人震惊。

狄奥多罗斯就自身而言,相信历史是幸福(*eudaimonia*)的关键,既然历史纪念过去人们的伟大事迹,并鼓励我们去效仿他们,也就是说向我们提供了一个高贵生活的典范。他因而认为,历史是真理的女先知和哲学之母(1.2.1—2)。地理学家斯特拉波也有相同的主张,他认为哲学和地理学都与[109]生活技艺或幸福(*eudaimonia*,1.1)的探究相关。正是同一个斯特拉波依据埃拉托色尼的权威性主张,阿那克西曼德是最初的地理学家中的一员(1.1;1.11)。同时,斯特拉波在引入他关于埃及的文本(17.1.36)之前,也以宇宙起源开始。② 且在提及阿那克西曼德的地理学著作之后,斯特拉波说地理学研究使渊博的知识成为必需,而且这也包括一种统一大地与天象的特别的天文学与几何学知识(1.12—15)。这与尼西亚的希帕克斯(Hipparchus of Nicaea)(大约公元前 150 年)的主张有关,他认为对于任何人而言,没有对天体的测定和对天体的蚀(eclipse)的观察,就不可能获得地理学的充分知识,因为除此以外不可能去确定亚历山大港是在巴比伦的北边还是南边(斯特拉波 1.1.12)。

---

① 狄奥多罗斯文本的来源激起了热烈的讨论(见 Burton 1972)。我将在第四章对德谟克利特的分析中更为详细地讨论这一文本的某些方面。我发现这一叙述的某些特征,尤其是自然必然性的作用(详后),似乎源于德谟克利特。

② 这一文本呼应着 1.3.4,此文本也与人们在这一国家的某些地方观察到的贝壳现象相关。

　　这些言论将我们带向阿那克西曼德地图的另一侧面。据哈恩（2001,204）和海德尔（1937,17—20,57），阿那克西曼德有关地球的地图由一个三点坐标系来确定：地球的标记点相当于太阳在二至点和二分点上的上升和下降。① 在目前情况下，这可以获得季节性日晷的辅助。尽管第欧根尼·拉尔修把指南针的发明归功于阿那克西曼德（DK12A1），但这几乎是不可能的。据希罗多德（2.109），希腊人从巴比伦那里获得他们关于日晷、指南针和一日分为十二个时辰的知识。然而，因为有证据表明埃及人已经熟悉日晷的技术，所以阿那克西曼德很可能是从他们那里学来的，并将他们视为"发明者"。② 另一方面，正如海德尔（1921,244）所言，阿那克西曼德很可能只是第一个科学地使用仪器的人。日晷能够证实作为一个整体的自然背后的客观秩序：它证实了季节、时间、二至点和二分点的规律性和一致性。然而，仍然很难确切知道阿那克西曼德能在地图中完成什么严格意义上的建构。③ 如果据说阿利斯塔哥拉斯（Aristagoras）带到斯巴达的地图与通常认为的同样详尽（它显然包括由伟大的王者之路的测量者起草的著名的波斯御道［Royal Road］的路线），那么距离将以某种方式被测量（见希罗多德5.50—55）。这份地图为阿那克西曼德在其演讲中和旅行中提供了一个说服力的补充说明。

　　这些发现又将我们带回到阿那克西曼德地图的一般结构。如上所见，依据希罗多德的权威性以及阿那克西曼德对地球的柱形

---

　　① J. O. Thompson（1948/1965,97—98）也这么认为。Couprie（2003,196）相信Hahn 和 Heidel 是正确的，并且尝试重构这样一张地图。我在后文中有相似的尝试，但我将尼罗河三角洲置于中心。

　　② R. A. Parker（1974,67）和 Hahn（2001,207）认为埃及人最早将白天和夜晚各自区分为十二小时，而且埃及人的天文学至少达到了很高的水平，但 O. Neugebauer（1975,2:560）激烈反对这一观点。

　　③ 正如 G. E. R. Lloyd（1991,293）指出的那样，太阳年（solar year）的长度由墨同（Meton）和优克泰蒙（Euctemon）在大约公元前 430 年非常准确地测定出来。

鼓的描述,大多数学者倾向于认为地图是圆形的。他们用河(尼罗河和费西斯河)和地中海/尤克西奈海(内海)将地球划分为三个部分:欧罗巴、亚细亚和利比亚,而且整个被奥克阿诺斯洋流(外海)所环绕。一些人将欧罗巴、亚细亚和利比亚看作一样大,[1]而另一些人则不这么认为。[2] 一些人认为中心在[110]得洛斯岛(Delos),[3]一些人认为在德尔菲,[4]还有些人认为在米利都/迪迪玛。[5]一些人比另一些人增加了更多的细节。[6] 同时因为一些人坚持认为地球的地图与人类居住的地球或 *oikoumenē* [世界]的地图不同,[7]所以一些学者继续将其想象为一个圆的形式,[8]然而另一些学者将其视为一个平行四边形,[9]还有一些学者再将其视为一个平行四边形内切于一个圆。[10]

依据埃福罗斯(约公元前340年)的权威性,当时人类居住的地球是温带地区,而且外形是长方形的。在其北边是不适合居住的寒冷地区,而在其南边是不适合居住的炎热地区(而且除开外海)。[11]

---

① J. M. Robinson(1968,32),Hurwit(1985,208),Couprie(2003,196);尽管 Hurwit 和 Robinson 明确主张陆地被尼罗河和费西斯河(Phasis)作为分界线而划分为三等分,在他们的重构中,欧罗巴似乎大于亚细亚,而亚细亚又比利比亚大。这对于用尼罗河和费西斯河作为分界线来重构三个相等的大陆板块的可能性是个很好的例证。

② Brumbaugh(1964,22);M. Conche(1991,47,fig. 2);J. O. Thompson(1948/1965,98,fig. 11).

③ Robinson(1968,32);Hurwit(1985,208).

④ Brumbaugh(1964,22);Vidal-Naquet 和 Lévêsque(1996,53);Couprie(2003,196)。

⑤ Conche(1991,46);Froidefond(1971,167).

⑥ Conche(1991,47,fig. 2);Thompson(1948/1965,98,fig. 11).

⑦ Conche(1991,46);Heidel(1937,11—12).

⑧ Brumbaugh(1964,22);Robinson(1968,32);Conche(1991,47);Hurwit(1985,208).

⑨ J. L. Myres(1953,6,fig. 5);Heidel(1937,1,fig. 11).

⑩ J. O. Thompson(1948/1965,97,fig. 10).

⑪ 这些区域可以构成一种永久平衡。

太阳在二至点和二分点的上升和下降提供了某种固定点,从而构成人类居住的世界(*oikoumenē*)的地图的分界线。冬至的日升和日落固定在适合居住的南方的西南和东南边界;而在夏天,夏至的日升和日落固定在适合居住的北方的西北和东北边界。当然,人类居住的地区有一个中心,并且通过这个中心达到主轴线或赤道,赤道和外边界之间的中点是对应着夏天和冬天的二分点的固定点(或线)。海德尔(1937,11—20,56—59)、汤普森(Thompson)(1948,97)和其他学者认为,埃福罗斯关于人类居住的世界的地图(基于三点坐标系)源于早期伊奥利亚的地图制作者,从而源于赫卡塔埃乌斯和阿那克西曼德。① 很可能在东部大陆板块(而且因此东/西轴线上东部海洋的距离)比之前意识到的大大延长这一点变得日益明显之后,地图开始呈现为平行四边形的形状。因此,传统的中心不再有任何意义。考虑到赫卡塔埃乌斯关于印度河(Indus)的知识,如果他将德尔菲视为中心,那么这会导致一个严重问题。

同时,在地图上的坐标系(除了北、南、东和西)与它们应该涉及的地理学位置上没有科学相关性。冬天和夏天的回归线基于那个时代的商人和其他旅行到人类居住的最遥远地方的人的报告。更重要的是东/西和北/南轴或子午线的中心点。地图上的固定点可以是各种河流、海洋、城市和乡村及与之相应的民族。从中心到毗邻海洋的陆地的距离在每个方向上都应该一致。②

这将我们带回到埃及和尼罗河三角洲。除了东西轴或赤道以

---

① Couprie(2003,194—197)清晰地解释了什么是阿那克西曼德能做到的,以及对阿那克西曼德而言的一个重要提及,即地球是平的而不是球形的。

② 希罗多德告诉我们(2.32)从埃勒凡泰尼岛(Elephantine)到沙漠有四个月的行军距离。沙漠被认为是 Sennar,在 Khartoum 南边大约 150 英里。埃勒凡泰尼岛大约是尼罗河三角洲和 Khartoum 之间的中点。在这里,希罗多德说河流改变了流向而且没有人能越过这一点,因为太热。

外,希罗多德认为,当谈到早期伊奥尼亚地图时,就有从南边的尼罗河到北边的多瑙河/伊斯特河(Danube/Ister)的南北子午线。[①]阿那克西曼德的地图是否也有呢？这一点从埃及的视角以及从其在阿那克西曼德的 *historia*[探究]中来看,都很有趣。如我们所见,希罗多德认为不仅早期伊奥尼亚人(从而阿那克西曼德)将地球分为三等分:欧罗巴、亚细亚和[111]利比亚,而且尼罗河三角洲被认为是独立的。尼罗河三角洲——如希罗多德所言的四季如夏的土地——可能被视为(至少最初)人类居住的地球的中心？如果是这样的话,那么从尼罗河三角洲到西部海洋的距离将与从尼罗河三角洲到正好在赫拉克勒斯之柱(the Pillars of Hercules)另一边的东部海洋相当。而且从尼罗河三角洲到尼罗河在南部海洋的起源地的距离,也必须与从尼罗河三角洲到北部海洋的距离相当。[②] 从这个角度来看,从尼罗河三角洲到赫拉克勒斯之柱的距离(而且鉴于经常旅行的路线,必须有一个关于这个距离的合理的观念),与[112]从三角洲到南部海洋的距离相当。如果被视为出自阿那克西曼德之手的地球(有人类居住或没有人类居住)的地图的确被描绘成圆形并被海洋包围,那么就应该接受(或也许应该接受)一些限制。而且,海域的大小也会影响阿那克西曼德构想的三

---

① 在 2.33,希罗多德提到多瑙河/伊斯忒耳河流经欧罗巴的中心(在黑海的米利都殖民地伊斯特里亚[Istria]),而且在长度上与尼罗河相等。更重要的是,他认为埃及从而尼罗河三角洲与基里西亚山脉(Cilician Mountains)、锡诺普(Sinope)和多瑙河/伊斯忒耳河的人口差不多在一条直线上。在 2.26,希罗多德认为多瑙河/伊斯忒耳河和尼罗河发源于相同的经度。对此的讨论参 Heidel(1937,24—25)和 Thompson(1948/1965,98)。

② 当然,没有人曾去过尼罗河的源头。但是没有理由相信阿那克西曼德不知道环游利比亚的故事(希罗多德 4.42)。尽管 Thompson(1948/1965,72)怀疑这一故事,他相信据说所花费的时间(大约三年)多少是符合实际的。如果的确如此,考虑到阿那克西曼德地图的范围,那么没有理由得出这样的结论即像希罗多德说过的那样,这证明利比亚比欧罗巴或亚细亚小很多。依据 Heidel(1937,28)。显然,希罗多德对欧罗巴的大小有一个和他的前辈完全不同的构想。同时,如果环游发生了,那么人们可以期望腓尼基人也会在他们向南方航行期间的某一时刻说天气实际上变冷了。

大洲的陆地板块的大小。对阿那克西曼德而言,尼罗河和费西斯河自然地分开这些洲。因为印度和印度河似乎只进入到赫卡塔埃乌斯的世界图景,所以阿那克西曼德地图最东边的位置也许是波斯帝国最外面的位置(尽管考虑到更多土地又依赖于假定的从三角洲到赫拉克勒斯之柱或利比亚的西海岸的距离)。阿那克西曼德地图上固定点或标志的数量(即各种河、海、城市和乡村及其相应的民族)将由地图自身的尺寸决定。

如上所述,不同学者为阿那克西曼德的地图假设了不同的中心(包括德尔菲、得洛斯岛和迪迪玛)。如果尼罗河三角洲的确是阿那克西曼德地图的中心,那么就阿那克西曼德的宇宙论模型而言会存在一个有趣的类比,这个宇宙论模型将一个不动的地球置于代表着太阳、月亮和恒星的三个同心环的中心。这表明阿那克西曼德很可能将埃及设想为地球(如果不是宇宙的话)的宇宙学、地理学和政治学中心。这很好地预示了我们之前的分析。然而,阿那克西曼德很清楚启蒙已经开始,而且无论希腊对他们远房表亲的债务如何,米利都而非尼罗河三角洲都将成为新的中心。①在此,地理学、政治学和宇宙学会找到它们新的家园。

---

① 米利都大约在尼罗河入口和多瑙河/伊斯忒耳河入口之间。当然,米利都并非在这一子午线上,但比锡诺普更接近;考虑到时间范围,阿那克西曼德可能就是这么认为的。

第四章 从克塞诺芬尼到原子论者的"探究自然"

引 言

[113]在这一章中,我试图呈现的不仅是大多数前苏格拉底派所写的 *peri phuseōs*［论自然］类型的作品,而且是他们各自遵循着某种类似于阿那克西曼德的方案的工作。这并非意味着每一位前苏格拉底派都完全专注于同样的内容。例如,英雄谱系见于一些前苏格拉底派,但另一些则没有。不过,我将表明,所有前苏格拉底派都试图解释事物现存秩序的起源和发展,而且他们各自的解释方案都包含三个要素:宇宙起源、动物起源和政治起源。当然,对事物现存状态的起源和演变的研究,即 *historia peri phuseōs*［探究自然］,显然都包含着对前辈解释的反思。这种反思常常引出一个完全不同的体系(或结论),如此会显得我们是在处理不同的论题或主题。但这仅仅是一个表象。例如,尽管毕达戈拉斯更加关注生与死的意义,但是这一切都内在于他的体系。即使帕默尼德似乎为了对某物存在的意义进行全面研究,因而放弃了对 *peri phuseōs*［论自然］类型的探究,这只是遵循他对其米利都前辈思考作为本原的自然(*phusis* as *archē*)的敏锐分析。因此,在完成

对存在(being/existence)的揭示之后,帕默尼德转向了宇宙起源论和人类起源论,而这是基于、至少部分基于他之前对存在的分析。而且,通过尝试呈现所有前苏格拉底派写的 *peri phuseōs*[论自然]类型的作品,我同意亚里士多德(《论天》279b12)的论断,即他们第一次假定宇宙在时间上没有一个开端。

[114]在下文中,我将按照大多数学者同意的编年史顺序单独考察每一位前苏格拉底派。认识到一个事实非常重要,即 *phusis*[自然]概念和以这一观念为前提的三部分构架在背后始终不变。考虑到政治语境的重要性,我会从对每一位前苏格拉底派各自的历史背景的简短分析开始。

克洛丰的克塞诺芬尼

现代学者一致认为克塞诺芬尼相当长寿,从大约前 575 年活到了前 475 年(KRS 1983,164—165;Guthrie 1962,362—364;Lesher 1992,3;以及前述第三章)。事实上,据克塞诺芬尼自己说,他 92 岁还活着,而且仍在写作(DK21B8)。克塞诺芬尼出生在伊奥尼亚的克洛丰(Colophon)。相传克塞诺芬尼是阿那克西曼德的一个听众。考虑到时期,也考虑到克洛丰离米利都很近,而且事实上在当时,米利都是伊奥尼亚的智识和经济中心,因此我们没有理由去怀疑这一点。而且,克洛丰是著名的泛伊奥尼亚联盟(Panionian League)的一员(Gorman 2001,124—127)。据说大约在公元前 545 年,泰勒斯发表演讲建议他们组成一个共同体,建立一个中央政权以对抗波斯人的威胁(希罗多德 1.142—152)。前546 年,克洛丰被米底亚人哈尔帕格(Harpagus)攻陷,克塞诺芬尼说他离开了他的母邦——可能并非没有好好反抗——克洛丰被攻陷后,他大概 25 岁(DK21B22)。米利都有能力与居鲁士(和在他之前的克洛伊索斯和阿利亚特[Alyattes]一样)达成一项特殊的协议(*xenia*),并因而避免了毁灭。这可能促使克塞诺芬尼在继续他周游不定的生活之前于此停留了一段时间。他最终移居到西部希腊,在这里他与一些城邦有联系,包括赞克勒(Zancle)、卡塔拉(Catana)(最早的成文法典之乡)和埃利亚(Elea)(第欧根尼·拉尔修 9.18＝DK21A1;Guthrie 1962,363—364),他最终于公元前470 年左右逝世于此。

在社会地位上,克塞诺芬尼和他的米利都对手一样是位贵族。而且他有着与其对手类似的社会政治观。在克洛丰沦陷之前,他严厉谴责他的同胞过于奢华的娱乐活动(DK21B3),并相信投身于一个城邦的善政(*eunomiē*)和物质繁荣远比投身于身体特长重要得多(DK21B2)。的确,克塞诺芬尼认为他自己的智慧(*sophiē*)是优越的,因为他的智慧有公共价值,而非仅仅只是个人价值(DK21B2.11—14)。我们在此获得了对节制的反思、对一个位于中心的人的反思,以及对一个追求共同善的人的反思。

与米利都人不同,克塞诺芬尼用诗写作。他正是用这种形式完成了他的 *Peri phuseōs* [《论自然》]作品。许多学者曾争论[115]一首名为 *Peri phuseōs* [《论自然》]的诗的真实性,[1]但这至少在某种程度上源于亚里士多德对作为哲学家和自然学家的克塞诺芬尼相当负面的看法。[2] 的确,亚里士多德将他的学说特征概括为一种 *theologos* [神学]。然而,古代晚期的资料提到一首名为 *Peri phuseōs* [《论自然》]的诗,而且其中一份资料也为我们提供了克塞诺芬尼更著名的一个残篇(DK21B18 ＝ Stobaeus, *Physical*

---

① Jaeger(1947,40)、Burnet(1930/1945,115)和 KRS(1983,166)、Lesher(1992,7)。Deichgräber(1938)在某种程度上继续为《论自然》诗的存在辩护,而 Guthrie(1962,366)和 Barnes(1982,83—84)亦如此。

② 亚里士多德,《形而上学》1.986b10—27＝DK21A30;《论天》2.294a21—25 ＝DK21A47;辛普里丘,《亚里士多德〈物理学〉评注》22.22＝DK21A31。

Opinions 1.8.2)。① 克塞诺芬尼也创作了一首或一组名为 *Silloi* [《讽刺诗》]或 *Satires* [《讽刺诗集》]的诗。有些人试图将这些残篇确定为各自独立的作品(例如 Deichgräber 1938,1—31),但这似乎是毫无意义的工作。这些残篇证实了与他的米利都同代人和前辈(Barnes 1982,83—84)相同的"伊奥尼亚式探究(*historia*)或探求精神"(Lesher 1992,4)。我们有可能从残篇和学说汇纂证据中重建在阿那克西曼德那里发现的 *historia peri phuseōs* [探究自然]的相同类型的总路向。巴恩斯(Barnes)认为克塞诺芬尼的诗《论自然》(*On Nature*)有可能是从论人类知识的残篇 34 开始的(Barnes 1982,83—84;Fränkel 1973,128)。如果我们考虑到克塞诺芬尼说他将讨论万物(all things)(*peri pantōn* B34.2),那么这便很有意义。或者说,这会是一个很好的总结性句子,因为克塞诺芬尼也说在先的事情 *tetelesmenon* [实现]或"已经完成"(B34.3)。② 无论如何,残篇 B10 到 B16 仍有吸引力,因为它们的意图明显是用一些更严肃和科学的观点取代传统观点,也就是说,在进行批判性的探究和反思之前,去破坏关于诸神的传统观点(特别是由荷马和赫西俄德所阐述的观点)。

克塞诺芬尼很可能以批判性地评价关于诸神的传统观点开始他的 *historia peri phuseōs* [探究自然](B10—B16)。他将这一观点归于荷马和赫西俄德,且有其充分理由。希罗多德指出,正是荷马和赫西俄德给予希腊人他们的神谱并为他们描述诸神(2.53)。而且,他们也解释了事物的(自然的和社会的)现存秩序是如何建

---

① 斯托拜乌斯(Stobaeus)(*Physical Selections* 1.10.12=DK21A36)、克拉特斯(Crates of Mallus)(DK21B30)和波利克斯(Pollux)(DK21B39)都提到了克塞诺芬尼的诗《论自然》。而且,Stobaeus 也是著名残篇 B18 能找到的最好来源。这一点会在后文的语境中谈到。

② 正如 Lesher(1992,159f)指出的那样,关于这一残篇没有标准的解释。我会在后文详细讨论。

立的。几代之后,柏拉图仍然能说,许多人认为荷马是希腊人的教师,且我们将依照他的教诲来统领我们的生活(《理想国》10.606e;另见 DK21B10)。在《法义》卷十(886c)中,柏拉图明确说道,"大多数古代(有关诸神)的叙述都首先讲述天空等等的原初产生(hē prōtē phusis)如何发生,接着很快就会讲述诸神如何诞生(theogonian),以及一旦诞生他们彼此如何对待对方"(886c3—6;另参《游叙弗伦》6b—c 的如实解释)。柏拉图在此指的是赫西俄德及其关于事物的现存秩序如何建立的神话叙述。① 因此,对克塞诺芬尼而言,开始其 historia[探究]的一个好的方式是批评(或直接攻击)两位传统神学的偶像:荷马和赫西俄德。

克塞诺芬尼的批评始于断言荷马和赫西俄德将许多人类认为应该谴责和[116]责备的事情归于诸神,包括偷盗、通奸和相互欺骗(DK21B1,12)。更重要的是,荷马和赫西俄德与诸神是拟人化的并以"诞生出来"(Being born)(gennasthai theous DK21B14.1)为特征的观念,密切相关。另一方面,诗人又将诸神塑造为 aiei 或"永恒的"(theoi aiei eontes)(荷马《伊利亚特》1.290;赫西俄德《神谱》21, 33 etc.;亦参 Lesher 1992,87)。克塞诺芬尼认为这里似乎存在矛盾。这可以解释第欧根尼·拉尔修说克塞诺芬尼第一个宣称"生成的万物是易朽的"(pan to gignomenon phtharton esti, DK21A1)。当然,克塞诺芬尼并不是第一个持有这种观点的人;阿那克西曼德也有这种主张。但这无疑指出了克塞诺芬尼自己抛弃流行诗歌中神的观念的理由。

荷马和赫西俄德将诸神描绘得在身体、语言甚至着装上都完全与希腊人一样,这一事实强化了诸神的拟人化观念(DK21B14.2)。克塞诺芬尼明显意识到这种流行观念的荒谬性,并表示埃塞俄比亚人(Ethiopians)和色雷斯人(Thracians)也以同

---

① 关于《法义》10.886c,见本书第二章,注释 17[中译本注释 19]。

样的方式描绘他们各自的诸神（根据克塞诺芬尼的经验研究）：诸神在埃塞俄比亚人那里"鼻子扁平且皮肤黝黑"，而在色雷斯人那里则是"蓝眼睛和红头发"（DK21B16）。事实上，他认为如果动物能够描绘，它们也能做出同样的事情（DK21B15）。①

　　一旦传统诸神被完全剥下他们的拟人属性，克塞诺芬尼就尝试重建一种基于可接受的属性的新神学（theology），而且这种神学建立在由阿那克西曼德所激发的新的理性主义的基础上。这种新的神学将给克洛丰本地人带来一种全新的扭转。他认为，只有一位神（*eis theos*，DK21B23.1），或者毋宁说只有一位名副其实的神（参 Lesher 1992,99），且这位神（divinity）在身体和思想上与凡人都毫无相似之处（DK21B23.2）。② 克塞诺芬尼认为，这位神的实在（entity）是全（*oulos*）视（*horai*）、全知（*noei*）和全听（*akouei*）（DK21B24）。③ 而且，"他能轻易地（*apaneuthe*）以心思（*noou phreni*）摇动（*kradainai*）④万物（*panta*）"（DK21B25），可是"他总是停留在同一个地方，完全不动（*kinoumenos ouden*）"，因为"不同时间移动（*meterchesthai*）到不同地方对他而言并不合适"（DK21B26）。

　　并不奇怪，将神描述为最伟大的神（*megistos theos*，B23.1）的克塞诺芬尼，一直都充满争议。似乎毫无疑问，克塞诺芬尼赞成一

---

　　① 对这些残篇其他可能解释的讨论参见 Lesher(1992,89—94)。当然，如在埃及文化中那样（克塞诺芬尼很可能知道），诸神也有能力去改变其他动物的形式或形态。

　　② Lesher 正确地指出，克塞诺芬尼没有指责荷马和赫西俄德说诸神存在，而是指责他们如何去描述诸神(1992.98)。尽管克塞诺芬尼的确没有说为什么他相信只有一位伟大的神(Lesher 1992,99)，但在我看来，唯一神似乎是来自米利都人唯一原初物质(substance)观念及其被赋予特征的方式(详后)。

　　③ 关于 *noei*，见 Lesher(1992,104—4)；柏拉图笔下的类似段落见《法义》10.901d,902c，其中在相似的语境下使用了相同的动词，用 *gignōskō* 取代了 *noeō*。此外，和宙斯一样，在受到适当启发时，诗人懂得关于过去、现在和未来的真理（如参赫西俄德，《神谱》28、32、38）。

　　④ Guthrie(1962,383n)认为，在阿那克西曼德那里，*kradainai* 和 *kubernai* 有同样含义。

神论,尽管唯一神是"诸神和人类中最伟大的"(*theoisi kai anthro-poisi megistos*)这种表达,看起来是多神论的(见 Barnes,89)。[①]首要的问题是最伟大的神如何与物理宇宙相关。追随亚里士多德(《形而上学》986b24＝DK21A5),许多著名学者[117]都认为克塞诺芬尼的神是球形的,而且与宇宙同一(如 Guthrie 1962,376—383;关于这些现代学者的名单见 Lesher 1992,100)。弗兰克尔(Fränkel)(1973,331)追随克莱门特(Clement)(B23 的疏解),认为克塞诺芬尼的神实际上是无形的(*asōmatos*)。很显然,克塞诺芬尼的神是一种遍及原初物质的主动性本原,一种真正的 *archē kineseōs*[运动性本原/始基],而且以某种方式支配或控制着原初物质的"物理进程"(B25;见 McKirahan 1994,63)。从这一角度而言,存在被动和主动的本原,而且后者有存在论上(ontological)而非时间性上(temporal)的优势。因此,最伟大的神与柏拉图《法义》卷十和《蒂迈欧》34b 中的神之观念是相似的,尽管在其中,神以近乎拟人化的措辞被描绘为全局性地统治着宇宙,但是神与世界之间没有区分。不过克塞诺芬尼的"最伟大的神"明显受米利都人原初物质概念的影响。的确,没有理由相信克塞诺芬尼并未去解释某种牵连,这种牵连来自米利都人从传统宗教角度而来的原初物质概念。事实上,如果阿那克西曼德(或阿那克西美尼)面对克塞诺芬尼"最伟大的神"的概念,那么他们自己的回答会有任何不同吗? 显然,是否有充分的理由相信克塞诺芬尼或他的米利都对手,没有将他"最伟大的神"作为一种宇宙起源论或宇宙学的本原呢(比较 Broadie 1999,212)? 如上所见,阿那克西曼德将 *apei-ron*[无限]描述为一种有意识和有理智的动因(agent),尽管其引

---

① 考虑到一方面克塞诺芬尼试图摧毁诗歌的或大众的神性观念,另一方面哲学仍处于起步阶段,所以毫不奇怪,他对最伟大神的概念分析非常依赖诗的观念以建立他自己的观点。

发的过程是纯粹自然的。而且,在 *apeiron*[无限]中有一种意识持续控制着所有自然过程。事实上,阿那克西曼德所使用的术语在刺激性上并不亚于克塞诺芬尼。并且在阿那克西美尼那里也是如此! 他的原初物质、*aēr*[气],不仅被描述为神,而且结合在一起,并通过 *psuchē*[灵魂]或灵魂统治着宏观世界和微观世界(DK13B2)。而且,据说诸神(*theoi*)和其他神性事物(*theia*)是气的后裔(*apogonoi*)(DK13A7.1 ＝ Hippolytus, *Refutation*, 1.7.1)。① 考虑到克塞诺芬尼与米利都人的关系,当他说他的唯一神是"诸神和人类中最伟大的"(DK21B23)时,克塞诺芬尼很可能是在沿着这些路线思考。

最后这一评价表明,克塞诺芬尼相信宇宙在时间上有一个开端。虽然没有残篇和学说汇纂证据直接表明这一点,但是大量的残篇和证据暗示了这一点。② 克塞诺芬尼说生成(*ginontai*)和生长(*phuontai*)的所有事物(*panta*)是土和水(DK21B29,33)。这不仅仅局限于生命,而且还包括气象现象(DK21B30)和天体自身(DKA32,33.3)。③ 并且,水与土被视为同基本对立物湿与干相近(DK21A29),而这些又与巨大的交替循环有关联,在这一循环中,陆地(干)吞噬[118]海洋(湿),接着湿(海洋)吞噬干(陆地)(DK21A32,33)。克塞诺芬尼在他观察了化石之后得到这一结论(DK21A33 和上文第三章)。他推测,尽管生命来自土与水(陆地

---

① 产物的名单(如火、气、风、云、水、土和石头),见辛普里丘,《亚里士多德〈物理学〉评注》24.26—25.1＝DK13A5。相似立场参 Kahn(1960/1994,156—157)。

② 亚里士多德(《论天》279b12)指出,所有人都同意世界是产生的,但是一旦完成之后,有些人认为世界是永恒的,另一些人则认为它是可毁坏的,还有一些人认为是交替变化的。此外,Lesher(1992,130)指出,残篇谈到大地的根无限(*es apeiron*)地延展,这表明宇宙的形状并非视神的形状而定。

③ 古代注疏家明显觉得困惑;例如塞奥多瑞图斯(Theodoretus)在 A36 中指出,克塞诺芬尼说一或神并非是生成的,"但忘掉这点吧,克塞诺芬尼又说万物都从地球上生长出来"(Lesher 1992,216)。

与海洋)的结合,但是在内陆和山上发现的化石和贝壳表明,大海(和泥土或黏液)必定曾经被现在的干燥陆地(在那里会有印记)覆盖。然而,他也猜测陆地将再次沉入大海中,当其下沉并成为泥土时,人类(无疑与一般而言的生命)将被毁灭,但又会依据地球的 *kosmoi*[秩序]在相似的条件下再生。

循环过程限制在地球这一事实并不排除宇宙在时间上有一个开端(与 Guthrie 1962,389 相反)。① 正如阿那克西曼德所做的那样,克塞诺芬尼无疑相信人类和其他生命产生自原初湿气或黏液(无疑被太阳的高温所刺激:DK21A42＝Aetius)。的确,人类起源和动物起源的证据毫无争议。但克塞诺芬尼是以一种人类起源论来结束他的探究? 或者他的探究结束于一种政治起源论? 大多数学者认为克塞诺芬尼发展了一种文明起源的理论。下面我们来考察这些证据。

两个最著名也是考察最多的残篇是 B18 和 B34。B18 讲道:"诸神(*theoi*)并不向人类透露来自开端(*ap'archēs*)的所有事情,而是通过寻求(*zētountes*),他们发现(*epheuriskousin*)在时间(*chronoi*)中更好(*ameinon*)的东西。"许多学者将这一表述理解为对人类进步信念的表达(例如 Guthrie 1962,399;Edelstein 1967,3—19;Fränkel 1973,121)。② 我同意这一点,但是只有少数发现是合理的。人们并不清楚克塞诺芬尼用"诸神"来表达什么,尤其是在破坏了拟人化的概念之后。同样成问题的是,克塞诺芬尼用"来自开端"(*ap'archēs*)意指什么。严格来说,人类和其他生命并

---

① 实际上,神被定义为在本质上是非生成的,这一事实并不排除宇宙在时间上有一个开端,也没有排除人类在时间上有一个开端(比较 Aetius A37)。

② 关于当代学者支持克塞诺芬尼的人类进步作为一个真正理论的名单,参 Lesher(1992,151)。一些学者从认识论角度解读这一残篇(如 KRS 1983,179—180;McKirahan 1994,68)。Lesher 似乎也倾向于这一路向,尽管他显然相信发展理论并不可能(1992,151—152)。克塞诺芬尼可能没有用 *thēriōdes* 或"野蛮的"(brutish)这一术语来界定人类的原初环境(M. O'Brien 1985,264—277),这一事实在我看来并不重要。

不是诸神或最伟大的神创造的。显然人类在时间上有一个真正的开端，而且他们产生于原初湿气。在时间上的这一"开端"，在这一临界点（point zero），人类没有像他们后来那样生活在时间中。这无疑也是清楚的。但人们并不清楚克塞诺芬尼认为在当前时期之前需要流逝多少时间。他知道（通过埃及人）这的确是一段非常长的时间。他相信人类起初需要任何生活必需品吗？那里的表述是"诸神（*theoi*）并不向人类透露来自开端（*ap'archēs*）的所有事情"。克塞诺芬尼考虑过这一自然吗？很难想像克塞诺芬尼不会去思考这一点。他显然相信理智（*sophiē*，B1.14），随着时间的流逝，实践智慧会伴随经验而发展（关于 *sophiē* 的含义，参 Lesher 1992，55—56）。他很可能将各种技艺的发现与诸神联系起来，但是诸神 [119] 可能会与文化英雄有更密切的关系，正如在柏拉图笔下那样（见《法义》3.677d）。与此相关，我们被告知他甚至拒绝占卜（DK21A51,52），考虑到时间，这实在不同寻常。另一方面，克塞诺芬尼指出，利比亚人是最先（*prōtos*）暴富起来的人（DK21B4），泰勒斯是第一个（*prōtos*）预言日食的人（DK21B9）。但这些文献明显是最近发现的。然而，对化石的提及显然表明，他相信地球（从而人类）有一段很长的历史；他写过有关克洛丰和埃利亚建城的诗（DK21A1），这一文献表明他对更为晚近历史的热情——尽管克洛丰自身有一段相当长的历史，这段历史似乎要追溯到迈锡尼时期（见 Boardman 1999,29）。大约在公元前 535 年，福凯亚人（Phocaeans）发现了埃利亚（Boardman 189）。与此相关，我们发现赫卡塔埃乌斯（Hecataeus）对族谱的理性处理（在其散文作品《族谱》中）也与建城有密切联系。更重要的是，我们发现在地质学、地理学和历史学之间有种紧密的关联；这三个因素都可以在克塞诺芬尼笔下找到。

　　另一个著名残篇 B34 更难理解："……当然，没人知道清楚且确定的真理，也不会有人知道诸神以及我关于万物所说的东西。

因为即便是在最好的情况下，一个人碰巧说出已发生的事情，但他自己还是不知道。然而意见（*dokos*）被分配给了万物。"（Lesher英译）

莱舍尔（Lesher）指出，"就残篇 34 而言，还没有一个'可以接受的'或'标准的'看法"，而且他概括了六种现存的解释：怀疑论者、经验主义者、理性主义者、可证伪主义者、批判性哲学家和自然经验主义者（1992，160）。这一残篇与一种发展理论的关系，可能远低于它与（当他对事物现存秩序的起源和发展进行研究时的）这一主张或任何先前主张的认识论地位的关系。

克塞诺芬尼非常强调，虽然关于诸神或先在的其他东西（*peri pantōn* B34.2）的"清楚且确定的真理"（*to saphes*），最多也只是可能性的（*eoikota* B35），[①]但总比关于其前辈（无疑还有某位同时代人，例如毕达戈拉斯，DK21B7）的真理有更大的可能性，因为他的研究建立在经验证据和实践理智的基础之上。因此，就算关于诸神的"清楚且确定的真理"（*to saphes*）也许是不可能的，但经验证据导致的结论是，诸神并非拟人化的。总之，在达成一个基于事实或理智的结论或判断上，经验观察可能是最重要的标准。[②] 正是同样的实践理智推动着实现"好政府"或 *eunomiē*［好秩序］（21B2.19）的状态（见 Fränkel，收 Mourelatos 1974，n118）。总之，实践理智与经验证据的结合可能最终会带来最好的东西。无论人类[120]能否获得真理，事实上 *historia*［探究］或探究万物的现存秩序仍然值得为之努力，因为它让我们更好地理解什么是最好的。

---

① 21B35 ="我们将这些事物视为与真理类似（*eoikota*）"。这句话与赫卡塔埃乌斯（Hecataeus）《族谱》（*Genealogies*）的开首语存在着有趣类比："我之所以写这些事情，是因为它们对我而言是真的。"（见本书第三章）对 *eoikota* 一词极佳的讨论参 Lesher（1992，170—176）。

② DK21B38："如果神没有创造黄色的蜂蜜，那么他们就不会认为无花果会那么甜"，这明显反映了经验观察对于克塞诺芬尼的重要性。

毕达戈拉斯和毕达戈拉斯派

　　像克塞诺芬尼一样,萨摩斯的毕达戈拉斯大约前570年出生在伊奥尼亚(Von Fritz 1950,92;Guthrie 1962,173;Kahn 2001,6)。尽管毕达戈拉斯显然并未留下文字,但他被视为最著名的前苏格拉底派哲学家。的确,由于其数学天赋,他的古代倾慕者将其视为整个古代最伟大的心灵。但是毕达戈拉斯的大部分名声都笼罩在神秘中,并且毕达戈拉斯派传统将所有发现都归于导师这一事实,使之更加复杂了。

　　毕达戈拉斯相信人的灵魂不死并且通过一系列肉身化而演进,这一点已达成共识。更准确地说,他相信灵魂转世学说,即相信同一个灵魂能相继赋予不同身体以生命,包括人类、动物或植物。① 为了充分领会这一学说的新颖以及随后的成功(至少在希腊西部),我们必须铭记,按照传统希腊宗教,不死是预留给诸神的。

　　关于这一理论的起源已有过许多讨论,其中毕达戈拉斯的同时代人克塞诺芬尼完全清楚(DK21B7)。仅比毕达戈拉斯晚一代的希罗多德(2.123;4.95)认为,这一理论源于埃及,而且正如韦斯特(M. L. West)(1971,62)所言,"希罗多德的见证并不能被轻易否定"。另外一些学者认为,尽管埃及人相信来生,但他们没有灵魂转世的理论,且这一理论必定来自印度,在印度存在这种理论(如Kahn,2001,18—19)。② 但埃及人的宗教非常丰富,足可允许

---

　　① 毕达戈拉斯的同时代人克塞诺芬尼已经嘲笑了这一学说。

　　② 俄耳甫斯教和毕达戈拉斯派的学说同时出现于公元前六世纪。它们有很多相似之处,经常很难将它们区分开来。例如,二者都断言灵魂不朽、轮回和转世,灵魂在冥府受罚并最终回归天堂,二者都是素食主义者和禁欲主义者,最后都强调净化的重要性。俄耳甫斯教的信徒与毕达戈拉斯派的一个主要区别是,后者组织(转下页)

许多解释（改变形式的能力无疑与生俱来）。无论如何，人们完全可以设想在一个开放的城邦中（如瑙克拉提斯）教派林立。当然，在毕达戈拉斯离开南意大利（或希腊西部）之前，萨摩斯岛与古代埃及联系紧密。第欧根尼·拉尔修（《名哲言行录》8.3）说，萨摩斯的僭主波吕克里特（Polycrates）（大约公元前538—523年）写信给毕达戈拉斯介绍他的盟友法老阿玛西斯（Pharoah Amasis）。毕达戈拉斯游历到埃及（和别的地方），伊索克拉底（Isocrates）（前436—338年）在他的《布西里斯》（Busiris）中已经提到这一点（同

（接上页注）成一个封闭的社会，向其成员提供一套完整的训练，将科学知识（包括天文学、数学和音乐）整合入一个复杂的伦理、形而上学和宗教的本原之中以保证救赎。思想家们徒劳地寻找这些学说的起源。菲勒塞德斯（Pherecydes of Syros）（公元前六世纪）常被提及，因为他是假定灵魂不朽并重返土中不断转世轮回（rencarnation）的第一位作家（见 M. L. West 1971, 25 和 n1—2）。许多人假设毕达戈拉斯和他有过接触。然而，根据 Eliade（H. R. I. 2:199），在菲勒塞德斯的时代，这一学说显然只是在印度被阐述出来。就埃及人而言，他们没有通常所谓的轮回理论，尽管他们相信灵魂不朽并有能力将自己转生到不同动物形态之中（对比希罗多德 2. 123）。希罗多德（4. 95）认为毕达戈拉斯也常与色雷斯人 Zalmoxis 交往，这可以解释 chamic 的影响（关于毕达戈拉斯的 chamism，见 W. Burkert 1972, 120f）。但是没有什么能阻止人们在其他地方寻找起源，或至少寻找影响以及变化。例如，显然对于米利都学派而言，nous［心智］和 psuchē［灵魂］不再像在荷马笔下那样被严格区分，取而代之的是形成了一个单一的、相同的事物。因此，对于阿那克西美尼而言，作为 archē［始基］的 phusis［自然］即空气，既是有生命的，也是有智慧的，即便不是超自然的。因为人的 phusis［自然］与宇宙的 phusis［自然］是相似的，所以将这一观点融入轮回学说变得非常容易。另一方面的影响——它也可能被视为第一位的——是与社会—政治环境的关系。古代的美索不达米亚和埃及共有一种来生的观念，这种观念也可以在荷马笔下找到对应物。同样，因为法律实施了一种新的仲裁（如著名的汉莫拉比法典），阻止贵族和官员的任意决断和反复无常，来生的观念显然变得更为乐观。在这种乐观主义的视角下，赏罚的分配以尘世的行为为基础。公元前七世纪和六世纪的古希腊似乎也发展出类似现象（如赫西俄德证实的那样），这导致了来生观念的变化。从这个角度来看，如果它们不直接促成这一转变，极乐的奥秘（Elysian mysteries）与存在某些神青睐的个体的观念（荷马和赫西俄德都提到了这一事实）一起，必定已经为转变奠定了基础。关于毕达戈拉斯与菲勒塞德斯的关系参 Kahn（2001, 11—12）和 H. S. Schibli（1990）。M. L. West（1971）必定也在这一语境中理解。在 West（75）看来，菲勒塞德斯相信灵魂进入一系列的身体，但没有证据表明他也像毕达戈拉斯一样有一种灵魂转世理论，即相信不同的物种可以转换（1971, 61）。

见上引希罗多德）。我们无法准确知道毕达戈拉斯为什么离开萨摩斯。当他从埃及回来时，他很可能也想建立一个类似于他最初在希腊西部建立的兄弟会组织（brotherhood），但这被视为对波吕克里特权威的直接挑战。亚里士多德的一位学生亚里士多塞诺斯（Aristoxenus）明确指出了这一点。他说当毕达戈拉斯从埃及回来时，[121]他试图在萨摩斯建立一个学园（Atheneus 162c＝frag. 91 Wehri）。另一方面，考虑到他清教徒般的声誉，他很可能发现了波吕克里特令人无法忍受的宫廷生活与享乐主义有关。

正是在波吕克里特暴政时期（约前 538—523 年），萨摩斯岛达到了权力与兴盛的顶峰。的确，在毕达戈拉斯移居到克罗顿（Croton）之前，古代世界的两个技术奇迹已经由波吕克里特所启动：双柱廊建筑（Dipteros II）和欧帕林诺斯隧道（Eupalinos tunnel）。没有来自埃及建筑师的某种技术经验，这两个技术奇观和它们所需要的数学精确性能够实现？埃及的僧侣阶层影响了通常与毕达戈拉斯的组织相关的那种排他性？考虑到金字塔代表"宇宙有序的生活得以开始的创造力的中心"（Frankfort 1949, 31）——的确，对于他们而言，一个新的开端将会出现——这难道不会激发毕达戈拉斯著名的四数组（tetractys）学说以及作为自然的源头和基础的四数组观念（它有金字塔的形状）吗？

毕达戈拉斯倡导一种由道德和宗教的行为准则所支配的 *tropos tou biou* 或"生活方式"（way of life）。毕达戈拉斯的生活方式与他的不朽学说联系紧密。[①] 毫不奇怪的是毕达戈拉斯派在政治中发挥了关键作用。的确，在毕达戈拉斯到达意大利后不久，他就为他们提供了一部法令。不太清楚他倡导的是哪种类型的法令，但第欧根尼·拉尔修（8.3）认为，毕达戈拉斯和他的后继者们能把

---

　①　如 Huffman（1999, 72）正确指出的那样，"生活方式至少部分地被设计为保证再生的最好可能序列。"

国家统治得这样好,可堪称作贵族制或"最好的政府"。考虑到毕达戈拉斯似乎出身于商人阶层(Guthrie 1962,173)而非贵族阶层,我们在此看到了精神贵族的出现,尽管这个贵族是基于一种生活方式以及毕达戈拉斯对改革社会的热情。但混合着神秘性和排他性的热情似乎是一件好坏参半的事。

根据波菲利(porphyry),为了逃离对于一个自由人而言已变得无法忍受的波吕克里特暴政(DK14A8),毕达戈拉斯在他大约40岁时(约公元前530年)离开了萨默斯岛。他定居于意大利西部的克罗顿,这里在约公元前710年被发现(见 Boardman 1999,197)。在毕达戈拉斯到达不久前,克罗顿被洛克里(Locri)打败并变得消沉,但在前510年,克罗顿能战胜并毁灭著名的城邦以及先前米利都的殖民地锡巴里斯(Sybaris)。克罗顿军事(和经济)的成功很大程度上归功于毕达戈拉斯。但是我们并不清楚这是如何发生的,尽管波菲利讲道,在毕达戈拉斯到达克罗顿时,他对政府部门邀请他向克罗顿的男人、小孩甚至集会的女人讲话印象深刻(《毕达戈拉斯生平》[*Life of Pythagoras*]18=DK14A8a)。我们也被告知,他娶了一位克罗顿人,并且这可能会帮助他迅速提升权力(DK14A13=Iamblichus,[122]*Pythagorean Life*,170)。[①] 事实上,据西西里的狄奥多罗斯(Diodorus of Sicily)所说,领导克罗顿人战胜锡巴里斯的将军是毕达戈拉斯派的 麦洛(Milo)(DK14A14;亦参 Iamblichus *Pythagorean Life*,177)。

毕达戈拉斯和他的追随者们对克罗顿和邻邦的权力和影响力持续了20年。毕达戈拉斯派的政治权力通过一种社团或共同体(*hetaireia*)而建立。而且其强大和持久的成功有充分的文献依据

---

① 关于毕达戈拉斯的权力的迅速提升,亦参 Guthrie(1962,174)和 Kahn(2001,7—8)。克罗顿在他抵达后不久便开始兴旺发达就是明显证据(T. J. Dunbabin 1948,359—360)。

（见 Kahn 2001,7—8；关于他们的影响见 Polybius 2.39）。正是这种混合着神秘性的影响围绕着学园（或社团），最终导致大量激进的反毕达戈拉斯派锐增。其中之一发生在毕达戈拉斯在世时，并导致他自己在约前 510 年被放逐。据说不久后他就作为流亡者死于梅塔蓬图姆（Metapontum）。[①]

　　毕达戈拉斯与 *peri phuseōs*［论自然］传统的关系如何？毕达戈拉斯对一种探究自然［an *historia of the peri phuseōs*］的类型感兴趣吗？一些著名学者认为毕达戈拉斯是一位宗教先知而非一位自然哲学家（例如 Burkert 1972；Huffman 1993）。的确，他们认为毕达戈拉斯既不关心伊奥尼亚式的 *historia*［探究］，也不关心宇宙由数字和比例所支配的观点（在晚期毕达戈拉斯派中盛行的一种观点）。但若真的如此，那么就很难解释，为什么比他年轻的同时代人赫拉克利特（约公元前 540—480 年）认为，毕达戈拉斯是一位比其他人更加精于 *historia*［探究］的博学者（polymath）（DK22B129）。正如卡恩（2001,17）所指出的，更重要的是恩培多克勒（约公元前 492—432 年）、一位毕达戈拉斯真正的追随者，他显然既是一位自然哲学家，也是一位宗教先知（见前文）。最重要的是，事实上毕达戈拉斯的灵魂转世学说以自然的亲缘关系（kinship）为前提。这并不新鲜。毕达戈拉斯的伊奥尼亚同辈相信作为一个整体的宇宙是一个生命体，而且相信宏观世界与微观世界之间有联系。的确，就阿那克西曼德而言，人、自然界和社会之间存在联系。然而，毕达戈拉斯则更进一步。他相信自然的亲缘关系以数学为基础。如果说宇宙呈现出结构和秩序，那是因为它根据数值比例而被安排。这也就让宇宙有了一种 *kosmos*［秩序］：一个包含秩序、适度和美的词，

---

　　① Von Fritz(1950,87)，他认为很可能有两次反对毕达戈拉斯派的暴动，第一次是在公元前五世纪早期控制克罗顿，第二次是大约在公元前五世纪中叶，范围更广，这是因为民主派反对毕达戈拉斯派的寡头制政策。关于这些反抗，亦参 Guthrie(1962, 178—179)。

总之(尽管并不限于此),根据毕达戈拉斯,对这些结构性本原的研究能够使我们发展(和促进)我们自己灵魂中的秩序和结构,并与宇宙灵魂合一,这是人类生存的必要条件。

人们常说,将伊奥尼亚人与通常而言的意大利人,以及与特殊而言的毕达戈拉斯和毕达戈拉斯派区分开来的是,伊奥尼亚人可以全神贯注于无利可图的宇宙学思考,而意大利人则追寻一种 *tropos tou biou* 或"生活方式"(如 Guthrie 1962,4 和 1950,34)。① 但我们认为事情更为复杂。正如有充分的证据表明,一般而言米利都人的 *historia*[探究]和特殊而言[123]阿那克西曼德的 *historia*[探究]有社会—政治关联,同样也有充分的证据表明,对于毕达戈拉斯和毕达戈拉斯派而言,他们所倡导的生活方式基于一种关于自然类型的探究。这是建立和展现人与宇宙之间亲密关系的必由之路。

据亚里士多德,当毕达戈拉斯派着手研究万物的自然(*peri phuseos panta*)时,他们谈论的是宇宙的实际产生,*gennōsi to ouranon*(《形而上学》1. 989b3—4)。亚里士多德将他们的宇宙起源描述为类似于胎儿的产生。亚里士多德认为,对于毕达戈拉斯派而言,宇宙始于(或可能始于)一颗种子(*ek spermatos*),②并通过进入(*eilketo*)最接近于无限的部分而设法成长。③ 这一类比由公元前五世纪后半叶的毕达戈拉斯派克罗顿的费洛劳斯(Philolaus of

---

① 柏拉图在《理想国》10. 600b4 用 *tropos tou biou*[生活方式]这一表述来界定毕达戈拉斯派。

② 亚里士多德(似乎不确定)没有局限于考虑一颗种子,而是也提到了植物或水面或其他可能性。关于种子和种子类比的重要性,参费洛劳斯(Philolaus)DK44B13。事实上,亚里士多德(《形而上学》1091a15)认为一(the One)自身由更为基本的元素构成(如种子),这在某种程度上得到了 Philolaus 的证实(详后)。关于其他毕达戈拉斯文本对种子的谈论以及对此问题的杰出分析参 Guthrie(1962,276—277)。Guthrie 正确地指出,很难忽视这一主张与阿那克西曼德主张的联系,阿那克西曼德认为宇宙产生于一颗种子(*gonimon*),但种子又产生于一些更为基本的东西。

③ 《形而上学》,14. 1091a12—20;亦参《物理学》,4. 213b22＝DK58B30 和 Kahn(2001,29)。

Croton)所确证,他是第一位为人们留下文字材料和一部名为 Peri phuseōs[《论自然》]作品的毕达戈拉斯派。① 根据我们掌握的残篇,菲洛劳斯选择无限元素和有限元素(或无限者和有限者)当作他作为始基的自然(phusis as archē)(DK44B1—4)。② 因为这些本原既不类似,也不是同一类型,因此第三本原,harmonia 或和谐(consonance)就被要求为整全带来秩序(或统一),从而形成一个 kosmos[宇宙/秩序](DK44B1—3,6;另见 Huffman 1999,81)。因此,据第欧根尼·拉尔修,费洛劳斯这样开始他的 historia peri phuseōs[探究自然]:"处于世界秩序(world-order)中的自然(ha phusis d'en tōi kosmōi)由无限者(apeirōn)和有限者(perainontōn)和谐地(harmochthē)组成,作为整全的世界秩序和万物都在其中。"(DK44B1)。③ 而且根据费洛劳斯的宇宙起源叙事,中心之火(hestia)位于天球中心,等同于一(to hen),是被调和生成的最初事物(DK44B7;见 Huffman 1993,202;227—230;1999,82)。④ 生成的

---

① 毫无疑问,阿尔克墨翁(Alcmaeon of Croton)比费洛劳斯更早。的确,他似乎是毕达戈拉斯的年轻的同时代人。然而,尽管阿尔克墨翁明显受毕达戈拉斯影响,但并不受毕达戈拉斯派推崇。考虑到毕达戈拉斯派在那个时代的影响(他相信灵魂不朽及灵魂与自然的亲密关系),而且他和毕达戈拉斯居住在同一个城邦这一事实,这是很奇怪的。正如我们看到的那样,阿尔克墨翁似乎是德谟克利特的信徒。此外,他是第一个主张思想或理智能将人和动物区分开来的人。对此较好的讨论参 Guthrie(1962,341—359)。

② Kahn(2001,24)从《论万物的自然》On the Nature of Things(Peri phuseōs)残篇1中费洛劳斯的解释开始。关于费洛劳斯笔下 phusis[自然]观念参 Huffman(1993,96—97);他也强调一种宇宙起源论的重要性。关于在费洛劳斯那里作为一本书的标题的 Peri phuseōs[《论自然》],参 Huffman(1993,94)。

③ 尽管费洛劳斯自己没有说万物是数字(numbers),因为亚里士多德的证据,人们通常都如此认为。亚里士多德可能只是说,之所以 kosmos[宇宙/秩序]会呈现出秩序和结构是因为数字。这显然是费洛劳斯残篇5背后的实质。总之,正如 Huffman 所言(1993,71):"对数字的研究等同于对宇宙结构的研究,因为宇宙的结构可以通过数学关系来表达。"

④ 在 DK44B8,据说一自身是万物的第一本原(archē pantōn)。对此的谈论参 Huffman(1993,345—346),他认为这个残篇是真的。

最初事物是吸引空气（或冷）的中心之火（或热），这一事实表明了费洛劳斯追随伊奥尼亚宇宙起源传统的程度（Huffman 1993，202；213）。[1] 这一进程表明，有限施加于无限类似于赋予形式（form-giving）的男性精子浸润于女性（关于男性／女性的关系参Guthrie 1962，277—278）。[2] 似乎 *harmonia*［和谐］通过促使有限元素（或诸元素）吸引（并从而浸润）环绕着它的无限元素（或诸元素），以某种方式开启了宇宙起源的进程（见 Huffman 1993，140）。

宇宙起源过程一经完成，费洛劳斯的宇宙论模型就包含十个天体；位于中心的是火或赫斯提亚（hearth）。十个天体是反地（counter earth）、地球、月亮、太阳、五个可见的行星，以及恒星。[3]火位于中心是因为火被视为最尊贵的元素，而且中心是最尊贵的地方。反地被假设为达到完美数字 10。毕达戈拉斯派相信[124]由于两个主要原因，10 是完美的。一方面，前四个数字的总和为十（1＋2＋3＋4＝10）——著名的毕达戈拉斯 *tetraktys*［四数组］（＝前四个数字的总和）——它们在数字关系或音律协调（attunement）的支持下将宇宙统一起来：八度是 1：2；五度是 2：3；四度是 3：4。[4] 另一方面，基于前四个数字能代表点、线、面和体，它们被视为自然的来源和基础（所谓宇宙的基石）。完美数字由 *tetraktys*［四数组］的神秘图表来说明：

---

① 对在费洛劳斯那里种子的作用及对其胚胎学的分析，分别参 DK44A27 和 Huffman 的评注（1993，290f）。

② 另一方面，文本表明（与上文亚里士多德的证据一起），一、或者中心之火（central fire），是有限或给定形式的元素与无限或无定型元素的结合。Huffman（1999，82）将"中心之火"视为无限（或）与有限（中心）的组合。根据 Huffman，只有在此之后，中心之火才能呼吸无限空气、时间和空间（对比 Kahn 2001）。

③ 对费洛劳斯的天文学系统的详细分析，参 Huffman（1993，240—261）。

④ 亚里士多德，《形而上学》，986a2；费洛劳斯 DK44A16—1，19＝Eudemus 论亚里士多德和忒俄弗拉斯图斯的权威性。

·

· · ·

· · ·

· · · · ·

就人类而言,他们的起源和构造与宇宙的起源和构造似乎更为相似(DK44A27 和 Huffman1993,290f)。身体的主要成分是热,而且热和精子(*to sperma*)联系在一起。但是一旦动物出生,同宇宙的情况一样,它就会吸入冷的外部空气(DK44A27)。①

很难确切知道这一宇宙起源论和动物起源论在根本上是克罗顿的费洛劳斯的,还是源自毕达戈拉斯自己。能够确定的是米利都人深刻影响了费洛劳斯的理论,这又反过来证明毕达戈拉斯自己的学说以一种探究自然[*historia of the peri phuseōs*]类型为基础。宇宙的几何结构似乎是一种阿那克西曼德式的灵感。考虑到萨摩斯和米利都的年代和亲缘性,正如波菲利在其《毕达戈拉斯生平》(11—2;另参 Iamblichus,*PL* 11—9 和 Kahn 2001,5)中所言,毕达戈拉斯最初可能跟随阿那克西曼德学习。气在宇宙和在人类中扮演着同样角色的观念,人类和宇宙以相似的方式构造和运作的观点,在另一个米利都人、毕达戈拉斯的同时代人阿那克西美尼那里,也有明确表述。无限的概念是典型的米利都式的,而且数字比例显然是阿那克西曼德宇宙论模型的一部分。*Harmonia*[和谐]这一术语及其宇宙论解释也能在另一个米利都人、毕达戈拉斯的同时代人赫拉克利特(约前 540—480 年)那里找到。更重要的是,毕达戈拉斯的一个早期追随者梅塔蓬图姆的希帕索斯(Hippasus of Metapontum),不仅是火作为第一本原的拥护者(亚里士

---

① 关于毕达戈拉斯派的灵魂作为一种和谐,参柏拉图,《斐多》,86b5;相关文本的完整目录参 Huffman(1993,324—326)。

多德,《形而上学》984a7),而且也在音乐和数学的领域中完成其工作(见 DK18A7;Guthrie 1962,320—322;Mueller 1997,292;Kahn 2001,35)。考虑到音乐和谐以著名的四数组学说为基础,而这一学说又源于毕达戈拉斯自己(Kahn 2001,35),没有理由去假定在费洛劳斯那里发现的大多数的[125]*historia peri phuseōs*[探究自然]并非源于毕达戈拉斯。不论毕达戈拉斯的主要兴趣是数学还是宗教,事实仍然是,他所倡导的生活方式依据一种探究自然[an *historia of the peri phuseōs*]的类型来确定。

在毕达戈拉斯和毕达戈拉斯派那里,社会的起源又是怎样的呢?① 依据波菲利,毕达戈拉斯告诉他的门徒,过去的事件在一种循环的进程中重复自身,而且在绝对的意义上没有什么东西是新的(波菲利《毕达戈拉斯生平》,19=DK14A8a)。这似乎排除了某种进步的观念。但是如果毕达戈拉斯相信他生活在最初的循环中会如何呢? 倘若如此,他会将自己的数学发现视为对进入未来循环的贡献。无论如何,事实上毕达戈拉斯派的两个主要目标仍然是发现自然的法则及遵照这些法则生活。总之,只有通过研究和发现,人类才能进步到这一步,即理解如何作为一种社会动物过上与自然相协调的生活。

以弗所的赫拉克利特

赫拉克利特是以弗所(Ephesus)人,以弗所在小亚细亚,离米利都北部不远。人们一致认为他生于大约公元前 540 年,死于大约公元前 480 年(关于生卒年代可见 Guthrie 1962,408—408;

---

① 在毕达戈拉斯派著名的三角形学说中,并不令人惊奇的是,三角形对应于社会,人是其中的本原:社会、人、家庭、城邦(参 Theo Smyrnaeus,*Exposition des connaissances mathématiques*,ed. Hiller,160—161)。

Kahn 1979,1—3;KRS 1983,181—183)。赫拉克利特是毕达戈拉斯、克塞诺芬尼和赫卡塔埃乌斯所有这些他提到过名字之人的年轻的同时代人(DK22B40)。

和米利都一样(希罗多德 1.47;5.65;9.97),传说以弗所是被雅典国王的一个儿子科德鲁斯(Codrus)发现的(斯特拉波14.632;这些儿子分别是涅琉斯[Neleus]和安德罗克里斯[Androclus]的)。追随罗德岛的安提西尼(Antisthenes of Rhodes)的《师承说》(*Successions*)(公元前二世纪),第欧根尼·拉尔修认为赫拉克利特是以弗所贵族的一员,而且他为了支持他弟弟,放弃了国王(*basileus*)的头衔。即便这会使他成为安德罗克里斯的直系后裔(以弗所的安德罗克里斯王朝[Androclids or Basilidai]像米利都的涅琉斯王朝一样),成为以弗所的传奇缔造者(斯特拉波14.632),正如一些人(例如格斯里 1962,409)认为的那样,这只是意味着赫拉克利特将享有(或他选择享有)某种宗教而非政治自然的特权(可能像在米利都的 Branchadai 一样;见 Burkert 1985,95)。许多注疏家从这一点得出赫拉克利特不关心政治的结论(Guthrie 1962,408—410;Kahn 1979,3;McKirahan 1994,148)。诚然,第欧根尼·拉尔修(9.3)讲了一则轶事,赫拉克利特宁愿和孩子们玩骰子,也不愿和他的同乡搞政治。然而,事实似乎更为复杂(如 McKirahan 1994,148 正确地指出的那样)。

[126] 以弗所面临的斗争与米利都及其吕底亚领邦面临的斗争相似。① 然而,这也得益于吕底亚人的慷慨。在吕底亚国王克洛伊索斯的援助下,大约公元前550年,伟大的大理石的阿耳忒弥斯神庙(这个在奇迹名单中有一席之地的建筑物)在以弗所建成。正是在这个神庙中,赫拉克利特献身于他的著作。当赫拉克利特

① 根据 Boardman(1999,100),据说以弗所的统治者之一娶了阿利亚特(Alyattes)的女儿。

于大约公元前 540 年出生时,克洛伊索斯统治下的吕底亚帝国(前560—546)已经衰落,而此时以弗所在波斯人的统治之下(Cyrus,559—30;Cambyses,530—22;Darius,521—486)。作为波斯帝国的一部分,以弗所和其他伊奥尼亚城邦一样都服从伟大国王的意愿。在这一时期,伊奥尼亚城邦普遍由僭主统治,这些僭主几乎都由波斯人扶持。但赫拉克利特因赫尔谟德鲁斯(Hermodorus)被放逐而强烈谴责他的同胞(见 DK22B121),这既表明了某种程度上的地方独立性,也表明了某种类型的大众统治。① 关于赫尔谟德鲁斯,我们知之甚少,而且我们知道的可能只是轶事(见 Kahn 1979,178)。但是,人们很容易将他视为一个关心法治的开明僭主,因为轶事表明赫尔谟德鲁斯动身去罗马协助制定他们的法律(Strabo,*Geography* 14. 25＝DK22A3;Kahn 1979,178)。赫拉克利特提到并称颂(在我们见到的残篇中)的唯一一位其他的人,是普里恩的毕亚斯(Bias of Priene)。毕亚斯是一位政治家,也是传说中的七贤之一,他在泛伊奥尼亚(Panionium)的一次集会上建议伊奥尼亚人在波斯人胜利之后(Herodotus 1. 170),全部(*en masse*)移居到萨地尼亚(Sardinia),并在那里建立一个新的城邦。毕亚斯也以其对普通人的激烈谴责而著称。第欧根尼·拉尔修(1. 87,88)将"多数人是 *kakoi* 或邪恶的"的表述归之于他。这很好地预示了投射在赫拉克利特身上的惯常心态,但对传说中的贤人来说不能依赖于某种程度的直觉,即便这是真的,也应置于具体语境之中理解。亚里士多德(*Nicomachean Ethics* 5. 1,1130a1)援引毕亚斯的话说"权力(*archē*)揭示人"。这类似于 *in vino veritas*[酒后吐真言]的表达,而且我们中的大多数人,无论其政治立场如

---

① 在这一点上我同意 Kahn(1979,3)。亦参 Gorman(2001,132),其中说以弗所似乎是一个保持着僭主自由的城邦,"这表明波斯国王没有专横地改变附属城邦的政体"。

何,都可能会同意毕亚斯。可能正是人们为了政治权力而不断内讧,有助于赫拉克利特确切阐述许多针对他同胞(甚至一般而言的人)的相当激烈的个人言论。而且,人们也认为毕亚斯说"最强有力的民主是这样一种民主,在其中,所有人都恐惧作为他们主人的法律"(Plutarch, *Moralia* 154d, trans. Vlastos)。这很好地预示了我们下面将会看到的赫拉克利特抬升"一"、压低"多"的解释。

以弗所人和米利都人都对僭主充满敌意(见 DK22B121),并愿意不惜一切去推翻他们。希罗多德(5.100)将以弗所也包括在伊奥尼亚城邦之中,并参与了著名的反对波斯人的斗争(前 499—494),尽管幸免了米利都人的命运。事实上,以弗所是泛伊奥尼亚联盟的成员之一(Herodotus 1.142—148; Gorman 2001, 124—128),而且甚至可能是这一联盟的首领(Boardman[127]1999, 32)。尽管这一联盟本质上承担着宗教的职能,但正如我们在赫拉克利特所赞赏的普里恩的毕亚斯那里看到的一样,它也会讨论政治议题。

学者们从未询问在城邦遭受波斯人攻击时赫拉克利特在做什么。在赫拉克利特看来,"一个正直人必须像为城邦的墙而战一样为法律而战"(DK22B 44,亦参 B114)。而他的确视自己为"正直的人"!在描述发生在伊奥尼亚起义期间被波斯人包围时的以弗所人的生活时,忒弥修斯(Themistius)(On Virtue 40=DK22A3b)讲到,赫拉克利特如何说服以弗所人在被包围期间通过节约开支来改变他们无节制的习惯。这则轶事可能存在深刻的道理(关于同一主题亦参 Plutarch, *On Talking too Much* 17.511b=DK22A3b)。亚历山大的克莱门(Clement of Alexandria)(DK22A3=*Miscellanies* 1.65;对赫拉克利特而言 *sōphronein*、"明智的思考/自我控制"乃是最重要的德性=DK22B112)说道,赫拉克利特说服僭主墨兰科玛斯(Melancomas)、一个支持以弗所僭主的波斯人,远离权力。与赫尔谟德鲁斯相反,墨兰科玛斯可能是一位无知的僭主，且不位于"最好的"之列。赫拉克利特可能已经看到"战争是万物之父和万物之王"（DK22B53；亦参 DK22B22），但他似乎并不反对和平的解决方案（DK22B43，"人必须比扑灭大火更快地停止暴力"）。

赫拉克利特的政治倾向可由著名残篇"最好的（aristos）人能以一抵万"（DK22B49）得到最好揭示。"最好的"人是这样一个人，他理解并制定法律，由此"服从一个人的议事会也是法律"（DK22B33）。

但如果赫拉克利特并非一个坚定的民主派（在著名的起义期间伊奥尼亚世界普遍存在的情绪），他可能就较少同情显然他并不视之为 aristos［贵族/最好］的无节制的同胞贵族。做 aristos［贵族］需要实践和擅长最伟大的德性和智慧（aretē megistē kai sophiē），即"明智和（适度的）思考"（sōphronein），赫拉克利特将此理解为根据真理言说和行动，[1]但要达到这一点，就必须依据自然（kata phusin）来理解万物（DK22B112），而且考虑到"自然（phusis）爱隐藏"（DK22B123），[2]因此理解自然就是理解多之中的一（unity in diversity）。

赫拉克利特并非一个愚蠢的人！我们可以想象一下他拒绝大流士去波斯的邀请，如果克莱门所言有些真实性，并且考虑到那个时期的政治和文化背景，那么这件事很可能是真的。[3] 残篇描绘了一位异常独立且高度原创的思想家，他不能容忍传统宗教和仪式，也不害怕公开表达出来（如 DK22B14—15,155,96；对荷马的

---

① 我在此意译并在某种程度上遵循 Kahn 对残篇的断句（1979，120—121）。

② 亦参 DK22B106："每天的自然（phusis）都是一样的。"

③ 亚历山大的克莱门，*Miscellanies* 1.65＝DK22A3；第欧根尼·拉尔修在《名哲言行录》9.14 中讲述了这个故事。他告诉我们大流士赞赏赫拉克利特的宇宙论并想要做出一些澄清。赫拉克利特并不赞赏波斯人的文化，如我们所见，在 DK22B14 中他显然蔑视波斯人的 *magoi*［僧侣］（见 Kahn1979,2），但他更不能容忍希腊的传统宗教的

蔑视见 DK22B42)。

在古代就以晦涩著称的①赫拉克利特,很可能是所有前苏格拉底哲学家中最有争议的一位。很少有学者[128]对赫拉克利特有相同的解释;一些现代注疏家甚至怀疑他是否写过书。这些注疏家中最持怀疑态度的是基尔克(Kirk)(1954,7)。基尔克认为这些残篇可能是在赫拉克利特死后不久由一个学生创造的格言集的一部分。② 巴恩斯(1982,58;亦参 Gigon 1935,58)认为,残篇 1 明确指向一部真正著作的开篇或 *prooemion*[序篇],而这一点也被亚里士多德对相同段落的引证(《修辞学》1407b16)所加强,根据亚里士多德,赫拉克利特的书从这一句话开始。如上所述,第欧根尼·拉尔修(9.6)认为赫拉克利特在阿耳忒弥斯神庙中专注于他的书,并将其书存放于神庙之中,而且大多数学者都同意这一说法。这表明赫拉克利特想要让他的书更容易被公众获得(Burkert 1985,310),虽然这是一本带着人的声音和神的声音的大胆言说之书(Most 1999,359)。事实上,赫拉克利特的书的许多抄本必定很快流传开来,因为公元五世纪出现了一大批赫拉克利特的信徒(Burkert 1985,310;Kahn 1979,3)。③

尽管他的许多残篇具有某些神谕和箴言的特征,但是赫拉克利特的书追随的是新的伊奥尼亚 *historia*[探究]传统,或更准确地说,一种探究自然[*historia of the peri phuseōs*]的类型,即"理性和系统地解释万物"(Long 1999,13;Kahn 1979,96—100)。与此相关,赫拉克利特倡导一种以这一 *historia*[探究]为基础的新

---

① 如斯特拉波,《地理学》,14.25,624=DK22A3a;亦参亚里士多德,《修辞学》,3.5,1407b11。

② 亦参 Glenn Most(1999,357)。在最近的一篇论文中("On the Nature of Heraclitus' Book",*SAGP*,Chicago 2002,2),Herb Granger 实际上将此称为正统观点。他将此与赫拉克利特著作陷入的伊奥尼亚 *historia*[探究]传统进行对比(详后)。

③ 在第一章中我们看到,希波克拉底派著作《养生术》(*Regimen* I)的作者将赫拉克利特作为他自己的宇宙起源论和人类起源论的一个灵感来源。

的生活方式(见 Long 1999,14 对 Hadot 的引述;通过引述欧里庇得斯残篇 910,Long 似乎追随着我自己的一般论题)。这意味着在自然与政治之间存在重要的相互关联。第欧根尼·拉尔修认为"自然"是这本书的统一主题(9.5),但这一主题被分为三个部分:宇宙学(*peri tou pantos*)、政治学(*politikos*)和神学(*theologikos*)。第欧根尼·拉尔修(9.15)说,语法学家狄奥多图斯认为赫拉克利特的书实际上并非在谈论自然,而是在谈论政治(*peri politeias*)。这并不奇怪,因为这正是赫拉克利特明确想要去触及的,正如麦基拉汉(McKirahan)(1994,148)正确指出的那样,"赫拉克利特关于法律和政治的观点乃寓于其宇宙理论之中"。这一点值得在 *peri phuseōs*[论自然]类型的叙事语境中仔细考察。

在其 *Peri phuseōs*[《论自然》]书的开篇,赫拉克利特声称万物(*all* things)都依据他所提供的 *logos*[逻各斯](或解释[account])(DK22B1),而且与此相关,他认为提供一个真正的 *logos*[逻各斯]需要"根据事物的自然(*phusis*)来区分每一事物,并解释它是如何存在的"。正如我们在第一章所见,要理解一个事物的自然或"真实建构"(使其如此这般的运作和出现),需要认识控制着其自然的过程。这些过程是万物的现存秩序起源背后的相同过程。但在赫拉克利特那里,*logos*[逻各斯]与 *phusis*[自然]的关系远为复杂。*logos*[逻各斯]这一术语不仅被赫拉克利特用来界定他的真实解释,而且他相信世界显示出一种能通过 *logos*[逻各斯]被揭示出来的客观结构。[129]的确,就其不仅是一种质料本原(material principle)或 *archē*[始基]、而且控制着万物而言(*logōi tōi ta hola dioikounti* DK22B72,30,66),*logos*[逻各斯]发挥的作用类似于阿那克西曼德的 *apeiron*[无限]发挥的作用。对于赫拉克利特来说,如果生命中最重要的事情是去理解 *logos*[逻各斯],那么首要的德性(excellence)就是正确的思考和智慧(B112),而且正确的思考在于"认识到万物如何通过万物而被驾驭"

（DK22B41）。赫拉克利特相信一种对宇宙起源的解释是正确思考的一个必要组成部分吗？

在物理宇宙中，logos[逻各斯]以火的形式呈现。这就是为什么据说雷电像 logos[逻各斯]一样统治着万物（DK22B64—66，16）。人们必须判断在赫拉克利特的作品中是否可以谈论一种宇宙起源论，这取决于火与其统治的世界之关系。

赫拉克利特的世界像米利都人的世界一样，由一定数量的对立物构成。尽管这些对立物构成一个整体（如白天和黑夜虽然对立但构成一个整体，DK22B53、80），但是它们仍然处于永久的冲突之中（DK22B67）。总之，因为战斗是普遍的，"战斗或战争（polemos）是万物之父"（DK22B53），仅就其试图协调对立物而言（DK22B8；亦参 51、54、22），正义（dikē）本身就是一场斗争（B80）。

对于对立物之间存在着斗争却仍坚持正义的观念而言，有两种解释路向。用赫西（Hussey）（1972,49—50）的术语来说就是"张力"说和"摆动"说。依据"张力"说，对立物的斗争或竞争将总是处于平衡的状态之中；在一个区域的增长会立即由通过对立物的力量或权力在另一个区域的增长来补偿。依据"摆动"说，对立物的一方可以完全控制另一方，尽管只是持续一段预定的时间，之后对立物的另一方将会在同等的时间中占优势，如此反复，没有尽头（ad infinitum）。

现在，如果我们持第一种解释，那么由此得出的结论是，赫拉克利特的世界是永恒的。如果我们持第二种解释，那么由此得出的结论是，世界在时间上有一个开端、将毁于火灾（ekpurosis），并只能周期性地再生。

第一种解释的两位著名支持者是基尔克（1954;307;983,198）和格思里（1962,450）。他们在残篇 DK22B30 和 DK22B90 中为其立场找到了支撑，并且依此解释其他残篇。残篇 30 写道："对所有人皆是同一的这个 kosmos[宇宙/秩序]，既非神亦非人所创造，而它过去是、现在是、将来也是一团永恒的活火,按照一定尺度燃烧,按照一定尺度熄灭。"残篇 90 写道:"万物交换火,火交换万物;正如货物交换黄金,黄金交换货物。"

[130]如果 *kosmos*［宇宙/秩序］被理解为作为整体的世界秩序(如基尔克和格思里),而且如果我们可以确定,一方面,火自身的燃烧和熄灭不会影响整个宇宙;另一方面,所有货物(多样性的世界)永远不可能完全转变为黄金(火)。那么这些残篇就证明,廊下派将周期性 *ekpurosis*［火灾］归之于赫拉克利特是错误的。与此同时,基尔克(1983,198)和格斯里(1962,457)都认为,赫拉克利特的火不可能是万物的原初物质,在同样的意义上,泰勒斯的水、阿那克西曼德的 *apeiron*［无限］、阿那克西美尼的气也是如此。他们认为,事情就是这样,因为火自身就是一个对立物,而且不可能"只以物理性的火的形式"存在(Guthrie 1962,457—458;Kirk 1983,200)。尽管火是自然进程的持续来源(Kirk 1983,212),但它在世界中有其特定的区域:天空。依此,基尔克认为赫拉克利特的残篇 B31 意味着世界现在是、过去是、将来也是由三个团块组成:大地、水和火。反过来这也意味着,由这个或那个团块引起的转化是同时发生的,每一个团块的总量总是保持不变。例如,如果一定量的大地融入水(大海)中,在别的地方等量的水(大海)就会凝聚成大地(Kirk 1983,199)。从根本上说,存在着支持"张力"说的论据,亦即存在着支持宇宙不朽的论据。[1]

第二种解释的著名支持者是蒙多福(Mondolfo)(1958,75—

---

① J. Barnes(1982,60—64)也倾向于这一路线,考虑到残篇 B30,他认为赫拉克利特支持宇宙起源论是非常困难的。然而与 Kirk 和 Guthrie 不同,J. Barnes 认为赫拉克利特是一位严格的一元论者,也就是说他认为对于赫拉克利特而言,火是万物的本原,气对阿那克西美尼亦然。T. M. Robinson(1987,186)认为这两种解释同样都可以得到辩护。

82)、卡恩(Kahn)(1979，224) 和罗斑(Robin)(1921/1963,97)。①
这些学者在古代传统自身中为他们的立场找到了支撑。的确存在
一些学说汇纂的文献，所有这些文献都源自忒俄弗拉斯图斯
(Theophrastus)，而且都非常符合"摆动"说。

根据第欧根尼·拉尔修(DK22A1.8＝*Lives* 9.8.)，"火是基
本元素。万物都由火转化而来，而且它们通过火的稀释和浓缩而
形成……一切都是有限的，它们构成唯一的世界，这个世界从火中
产生，又融入火中，这一无尽的循环往复由命运(Destiny)固定
下来。"

根据辛普里丘(DK22A5)，"梅塔蓬图姆的希帕索斯(Hippa-
sus of Metapontum)和以弗所的赫拉克利特声称，实在(reality)是
唯一的、运动的和有限的。通过将火作为第一本原，他们将万物解
释为通过浓缩和稀释的互补过程源自于火、又分解为火；他们断言
这是因为火是外在现象之下唯一本质性的自然。赫拉克利特断
言，无论发生的是什么东西，都是火的转化；而且在这发生的东西
中，他发现了由必然性所决定的一种特定秩序和确定时间"(Sim-
plicus,《亚里士多德〈物理学〉评注》22.23＝Theophrastus,*Physi-
cal Opinions* 1.475＝DK22A5)。

根据埃提乌斯(Aetius)(DK22A5)，赫拉克利特和希帕索斯
说万物的第一本原是火，还说万物都从火中生成，并[131]通过复
归于火来完善它们的存在。当火熄灭时，万物成形并将它们自己

---

①　E. Hussey(1972,50)重视残篇 B51，这一著名残篇谈论的是弓弦和竖琴。根
据 E. Hussey，关键是要明白我们将文本理解为 *palintropos harmoniē*(对立意义上的回
伸结构，a structure which turns in the opposite sense)还是 *palintropos harmoniē*(对立意
义上的悬吊结构，a structure which is hung in the opposite sense)。根据 Hussey，如果人
们选择第一种含义(他本人是如此)，那么对赫拉克利特而言就存在一场火灾(*ekpuro-
sis*)，如果选第二种含义，那就不存在火灾。相比之下，M. Robinson(1987,115—116)
也选择第一种含义，认为存在火灾。这表明赫拉克利特的残篇在很大程度上都可以讨
论和争议。

安排成一个有序的宇宙。首先通过压缩，稠密的大地形成，接着被火所松弛的地球将自身转化成水；接着，水又通过稀释变成空气。在另一个时候，宇宙及其构成它的所有天体（bodies）都被火在火灾中摧毁（Aetius，1.3.11＝DK22A5）。

这些学说汇纂在三个根本论点上是一致的。

1. 火不仅是自然过程的持续来源，而且是万物所从之出和向复之归的原初物质（*archē*）。①

2. 所有变化都由火的浓缩和稀释过程决定。

3. 世界及其包含的所有事物都将因火而周期性毁灭，随后又从火这一同样的物质中再生。

据此，人们可以从基尔克和格思里在他们解释时使用的相同残篇中，得出完全不同的结论。根据卡恩（1960，225），在残篇 B30中，*kosmos*［宇宙/秩序］这一术语可能指"基本和重要的转化的整个组织化循环"。因此，赫拉克利特可以被解释为主张 *kosmos*［宇宙/秩序］不是人和神的技艺的产物，而是自身就拥有自主的智慧、统治万物的智慧。从这个角度来看，对立并不存在于永恒世界和一个被造的世界之间，而是存在于一个活性的、不朽的存在者和一个组织化计划会外在地施加其上的一种惰性的对象之间。从而，火自身周期性的燃烧和熄灭，是在极热和极冷之间交替的宇宙秩序的标志。因此，与赫拉克利特的 *Magnus Annus*［大年］、大年的极点是一种极大的夏天和极大的冬天这一学说相关的传统，就是完全可信的。

至于残篇 B90，它可以被解释为在讲述一种单独的物质（sub-

---

① 在《形而上学》1.984a7 中，亚里士多德也明确认为赫拉克利特宣称火是他的第一本原或 *archē*［始基］。

stance)、在这里就是火,它能被伪装成不同的形式,只要它的转化(这是它的生命)是同等的。当然,这完全不是在说为了能重复循环,所有事物都必须转化成黄金。当赫拉克利特在残篇 B125a 中说,他希望以弗所人不拒绝财富(*ploutos*,即黄金),他所看到的正是以弗所人的没落。

其他残篇似乎证实了这一解释。例如,在残篇 B65 中,据说"火是需要(Need)(*chrēsmosunē*)和满足(satiety)(*koros*)"。"需要"强有力地表明必然性(necessity)使世界的建构成为可能,"满足"则强有力地表明充实的状态导致在火熄灭之后每样事物的原初交换。残篇 B66 似乎证实了这一点:"火在其行进中会追赶万物并审判万物"(亦参 DK22B28b,在其中正义[132]与火在类似语境中似可互换)。因此,赫拉克利特的世界似乎注定要消失。然而,正如存在日和夜以及季节的轮流更替,赫拉克利特一定相信在宇宙的火灾之后是宇宙的再生,这与大年(Great Year)的开始和结束是一致的。①

如果这一解释正确,那么在赫拉克利特的 *historia*[探究]中的确存在一种宇宙起源论。事实上,某些残篇和学说汇纂表明他的宇宙起源进程是如何展开的。赫拉克利特将火选为作为 *archē*[始基]的 *phusis*[自然]。换句话说,火不仅是运动的本原(即自然进程的持续来源),而且是万物的基本成分。这在以弗所人看来,存在着上升之路和下降之路,而且它们与稀释和浓缩的进程是相关的(Diogenes Laertius 9. 8＝DK22A1. 8;Aetius＝DK22A5)。这两条道路不仅决定了宇宙学现象(因为它们代表了两个基本的变化方向),而且决定了世界如何生成。

赫拉克利特的宇宙起源论可能始于火的下降运动,火通过浓缩变成海水一样的液体(对赫拉克利特的宇宙起源进程的讨论参

---

① 关于这一大年可能的长度参 G. Vlastos(1955/1993,311f)。

见 kahn 1979,139)。这种液体又通过浓缩变成土,或者依据 DK22B31a(参 B31b)的说法变成一半土和一半 *prēstēr*,即一种"激烈的风暴"。[①] 这表明在上升之路中,一部分土在激烈的风暴的影响下生成黑暗和潮湿的蒸发物,这些蒸发物在转化成云之后又转化为天体。一旦宇宙起源完成,火的浓缩和稀释进程,以及隐含着的两个基本的变化方向,显然会继续。这可以特别解释气象现象。只有在一段持续的时间(即大年)之后,火才将通过火灾终结这个世界,并接着开启一个新的宇宙起源(DK22A13)。

如果宇宙在时间上有一个开端,那么这同样必须适用于包括人类在内的动物物种。有一个现存残篇表明,赫拉克利特将人类和动物的起源包含在他的 *historia*[探究]之中。在这个残篇中(DK22B36),赫拉克利特说:"生命起源于水"(*ex hudatos de psuchē*)。就在残篇 36 的这一表述之前,赫拉克利特指出"水源于土"(*ek gēs de hudār ginetai*)。[②] 当然,一般而言,在前苏格拉底派的叙述中,水和土是陆生生命的两个主要成分。但考虑到赫拉克利特将聪明的灵魂(*psuchē*)与干的元素联系起来(DK22B118),将愚蠢的灵魂与湿联系起来(DK22B117,77),这里似乎有了一种发展演变的因素,尽管原初的湿气既是热的,也是湿的。与此相关,依据赫拉克利特,很明显,人类被赋予了 *logos*[133]或理智。然而,问题是人类并不总是听从(或并不总是知道)他们的 *logos*,但对宇宙 *logos* 及其如何运作的把握,乃是生命意义的关键。[③]

赫拉克利特相信人类在进步吗? 根据赫拉克利特,"人的性格即命运"(*ēthos anthrōpōi daimōn* DK22B119),但人的性格并非是

---

① 见 Kahn(1979,138—144);无论如何,它是热的和湿的东西:*kosmos*[宇宙]的热气成分,参 Hussey(1972,53)。这可能类似于阿那克西曼德宇宙起源解释中爆炸产生天体的状况。

② 这不是对这一残篇唯一可能的解释,更全面讨论参 Kahn(1979,238—240)。

③ Hussey(1999,106)指出,也存在参与"内在的、宇宙的斗争"的概念。

预定的。的确,尽管思想为人所共有(B113,116),但人类有能力提高他们的理解力,并因此改变他们的性格(B115;另参 Hussey 1999,103—104;McKirahan 1994,149)。在这一点上显然存在着进步观念,但这种进步由什么构成呢? 在残篇 DK22B35 中,赫拉克利特告诉我们爱智慧的人应该深入 *historia*[探究]或研究许多事物。这种探究与赫拉克利特认为无用事实的累积显然不同(见 DK22B40)。这种探究需要许多努力。发现和进步需要时间(DK22B22)。这部分是因为 *phusis*[自然]爱隐藏自身这一事实(22B123),而且也因为为了获得真理我们必须发现每一事物的 *phusis*[自然](22B1)。对于赫拉克利特而言,人们似乎常常在最不经意的时候遇到真理或发现真理(*exeuriskō*)。而且,我们必定一开始就全心且自觉地献身于探究。

要认识到的最重要的事情是,存在一种非个人性的、最高的宇宙本原(*logos*)或法则(*nomos*),它统治着所有自然现象(或反过来,所有自然现象都是这个"一"的显现;见 B10),而且它是所有人类法律、政治和道德的根据和模型(DK22B124;亦参 B2)。无论对什么样的个体或文化来说,这才是关键。但是这一点并非没有困难。尽管每个人都必须发现和理解这一普遍法则,但一些人总比另一些人更聪明(如参 B1、2、114)。另一方面,人类仍然是社会动物,而且正因如此人类只能在社会环境中活动和壮大。什么样的社会或政治环境最有利于认识普遍法则呢? 赫拉克利特非常强调,城邦必须完全信任共同的东西。必须有一部适用于万物的法典。法律或 *nomos* 必须是王。没有人能凌驾于或应当凌驾于法律之上,包括僭主。正如柏拉图在《法义》中指出的那样,甚至统治者都必须是法律的奴隶(《法义》4.715d)。

总之,每个人必须感受并完全理解他们参与了的共同的东西、他们生存必不可少的东西。当然,问题在于建立一部使宇宙原则具体化并使对立的力量都满意的法典。对立的力量包括民主派与贵族派、*kakoi*［坏人］与 *aristoi*［好人］、富人与穷人，这些都是"自然"就存在的，这些对立力量必须学会节制，去寻找共同的基础，并认识到一定存在多样性之上的统一。的确，宇宙的斗争表明，从长远看，"在大多数情况下，每一方都同样会获胜"（Hussey 1999，107）。因此，［134］有智慧就是节制，节制是接受正义和冲突的并存。这一点尤其反映在政治建构中，在其中，轮流执政到一段预定的时间是受到遵从的（就像季节或日夜的交替）。但我们如何理解著名人物赫尔谟德鲁斯（Hermodorus）呢？赫拉克利特将其视为以弗所人中最好的人（B121）。赫尔谟德鲁斯可能有杰出的才能（和计划）使以弗所社会能体现其宇宙论模型。① 因为没有人能凌驾于法律之上，包括僭主或国王，所以赫尔谟德鲁斯设计了一部法典，使以弗所社会中对立的力量在协调中繁荣、获得了多样性中的统一。②

尽管对赫拉克利特这里的进步观念的这些反思，可能与我们在一些作家那里看到的对文化演化理论更明确的提及有所分歧，但正如内斯特尔（Nestle）（1942，103）正确指出的那样，即便赫拉克利特并没有留给我们一种文化理论，他对于文明发展的研究也做出了重大贡献。

埃利亚的帕默尼德

帕默尼德（Parmenides）大约于公元前 515 年在南意大利的埃

---

① 对赫拉克利特而言，宙斯聪明是因为他能完美地玩游戏。此外，聪明"就是理解宇宙蓝图并能将其予以实施"（Hussey 1999，108）。这就是为什么赫拉克利特会将赫尔谟德鲁斯视为以弗所人中最好的人。

② 赫尔谟德鲁斯也被视为宇宙本原的化身，因为他会化解许多力量，以保证对立的力量遵守法律，服从法律。Vlastos（1947/1993，74）注意到，"只有当一表达的是所有东西（包括'一'）都向之臣服的共同性时，一的意志才是法律"，这回应了赫拉克利特的主张："服从一的劝告也是一个法律"（22B33）。

利亚(Elea)出生,因而他出生于城邦建立之后大约一代左右。①
埃利亚大约于公元前 540 年由福凯亚人开拓为殖民地。福凯亚
(Phocaea)是伊奥尼亚北部的一个城邦,著名的泛伊奥尼亚联盟
(Panionian League)的成员之一,福凯亚全城人乘船逃离波斯,经
历过许多磨难之后在其他地方定居下来,其中就包括埃利亚(He-
rodotus 1. 162—170;Huxley 1966;Jeffrey 1976, ch 13;Boardman
1999,215;Dunbabin 1948,342—346)。依据第欧根尼·拉尔修
(9.21=DK28A1. 23),帕默尼德是第一代埃利亚人或福凯亚人的
后裔,并且是富裕而有名望者的后裔。考虑到他们离开福凯亚之
后的那些年里社会—政治的动荡,帕默尼德几乎不可能不受到不
利影响。尽管关于埃利亚在这段时期的历史鲜有文字材料,但我
们一定熟知帕默尼德的哲学成就和他与 *eunomia*［良法］的关
系。② 据柏拉图的后继者斯珀西波斯(Speusippus)说,帕默尼德
在埃利亚"为他的同胞制定法律"(Diogenes Laertius 9. 23 =
DK28A1. 23)。普鲁塔克说,帕默尼德制定的法律非常独特,地方
长官强迫邦民每年宣誓以保持对这些法律的忠诚(*Against Colo-
tus* 32. 1126a = DK28A12;另参 Strabo, *Geography* 4. 1. 252 =
DK28A12)。这是帕默尼德积极参与他那个时代政治发展的一个
明确迹象。事实上,一些注疏家发现了帕默尼德的政治立场与诗
歌内容之间的紧密联系。然而,在考察这一问题之前,我们必须首

---

① 阿波罗多洛斯(DK28A1)认为帕默尼德出生在大约公元前 540 年。时间似乎
以埃利亚的建城为基准。柏拉图给出的时间是大约公元前 515 年。这一时间是从柏
拉图在《帕默尼德》(127 a—c)开篇提供的信息推断出来的。更详细的讨论参 Guthrie
(1965,1—2)和 KRS(1983,240—241)。

② 第欧根尼·拉尔修将帕默尼德最著名的学生和同乡芝诺(Zeno)描述为也热
衷于政治。他讲述了芝诺遭遇并反抗一位名为 Nearchus 的僭主的事(DK29A1. 26—
28;29A2.6—9)。除非这件事情发生在帕默尼德死后,否则这将表明至少帕默尼德在
世时埃利亚都由一位僭主所统治。Minar Jr.(1949)从他的角度认为芝诺显然谋杀了
一位僭主,认为这一事实支持了他的立场,因为僭主一般由民主制传统而非贵族制所
支持。

先来谈谈这首诗及帕默尼德的前人和同时代人对他的影响。

[135]尽管存在许多对帕默尼德的解读,但主要有两种解释:"物理的"解释和"存在论的"解释。一些学者认为这首诗的主题是 *phusis*[自然]或物质性宇宙,另一些学者则认为诗的主题是 *einai* 或存在(Lafrance 1999,265—308)。古代传统显然将帕默尼德视为一位 *phusikos*[自然学家](如亚里士多德,《物理学》,1.184b15—25;186a11—25;另参柏拉图,《泰阿泰德》152d—e;《智术师》242c—e)。柏拉图将帕默尼德的存在学说和物理宇宙的统一联系起来(见 Brisson 1994,18—27;Lafrance 1999,277—279),这也为亚里士多德所证实(《形而上学》1.986b24)。① 而且,从塞克斯都·恩披里柯(Sextus Empiricus)(*Against the mathematicians* 7.11—114)那里我们可以获得相当一部分帕默尼德的诗,他说其引文是从帕默尼德的诗 *Peri phuseōs*[《论自然》]中摘抄的(另参辛普里丘,《亚里士多德〈论天〉评注》,556.25—30 = DK28A14 及以下)。总之,帕默尼德的诗必须在伊奥尼亚探究自然[*historia of the peri phuseōs*]类型的语境中来理解(Curd 1998,6)。针对伊奥尼亚物理学,帕默尼德正在提出一种新的进路。这一点非常明显地体现在残篇 B7.3—8 中:"不要让来自多种经验的习性迫使你沿着这条路(*hodon*)来判断你盲目的眼睛、轰鸣的耳朵和舌头,而要用理性(*krinai de logōi*)来判断由我所说的充满争执的否证。"(McKirahan 英译)②

据帕默尼德说,如果我们依据理性或 *logos* 而非感觉来判断,一个全新的世界就会出现。帕默尼德发现的是演绎方法,这使他

---

① 亚里士多德也将帕默尼德归入那些不承认感觉事物之外的实在的人(《形而上学》12.1075b24—7;亦参《形而上学》1009b12—1010a30)。

② [译注]中译参聂敏里译文,见 G. S. 基尔克、J. E. 拉文、M. 斯科菲尔:《前苏格拉底哲学家:原文精选的批评史》,聂敏里译,上海:华东师范大学出版社,2014年版,页382。下同。

从"宇宙是/存在"(universe is/exists)这一基本前提,推理出一些他的后继者不得不去处理的关于自然世界的惊人结论。这解释了为什么帕默尼德的哲学活动构成了前苏格拉底哲学的历史的一个重要转折点。下面将展现,在帕默尼德那里什么东西变了,而什么东西没有变。

在他的诗 *Peri phuseōs*［《论自然》］开篇,①帕默尼德声称他的哲学灵感——被描述为从黑暗到光明的运动(DK28B1. 9—10)——来自一位女神。女神宣称他必须(也将会)学习与"物理宇宙"相关的所有事情(*panta*),包括"完满真理不可动摇的核心"和"有死者的意见"(DK28B1. 29—30;Lafrance 1999,294)。② 如武俄弗拉斯图斯注意到的那样,诗的第一部分的焦点是依据真理和实在的宇宙起源,而第二部分的焦点是依据意见和现象的宇宙起源。③

年轻人首先被给予的是在两条可以想像的道路或路径(*hodoi*)之间进行选择:真实说服之路和全然无知之路(DK28B2)。④ 依据非是或非存在(nonbeing or nonexistence)是必要甚或可能的第二条道路,很快将被抛弃。这是因为,非是或非存在甚至不能无矛盾地被陈述,它也无法给一个证明以必要性。

> [136]那么来吧,我将言说,而你当听取这番话;唯有哪些探究的道路是应当思考的:一条路,存在(it is),非存在(it not to be)是不可能的,这是说服(Persuasion)之路(因为它为

---

① Diogenes Laertius 1. 16＝DK28A13;关于这一标题的其他文献见前文。

② 赫拉克利特似乎做了相似的区分,参见 Lafrance 的注疏(1999,296—297)。

③ 这显然是武俄弗拉斯图斯依据 Alexander of Aphrodisia 做出的解释,《亚里士多德〈形而上学〉评注》(*Commentary on Aristotle's Metaphysics*)31. 12. 150＝DK28A7。

④ Lafrance(1999,300f)指出,希腊词 *hodos* 不仅指"道路"或"路径",而且指朝向终点的旅行,并指一种方法。总之,帕默尼德在倡导两种研究方法。

真理所伴随），另一条路，不存在(it is not)，非存在是必然的，我要告诉你这是全然不可思议的绝路；因为你既不可能认识非存在（因为这是不可行的），你也不可能言说它(DK28B2，McKirahan 英译)。

总之，一旦人们断言某物（宇宙）存在(is)（或实存[exists]），就不可能说这个事物曾在(was)或将在(will be)(DK28B8.5)，因为实存(existence)或存在(being)包括了"曾在"和"将在"(DK28B8.5—21)。宇宙是①（只能是）"不生不灭的"(DK28B8.5—21)、"唯一的和不可分的"(B8.22—25)、"不变的"(B8.26—31)和"完满的"(B8.34—49)。因此在 B8.43 一个滚圆的球体（或球）的意象被用来概括和描述物理宇宙，这来自演绎方法的发现。这是一种基于"理性"的分析。②

因为存在(being)和生成(becoming)是互斥的，而且因为存在和实存(existence)是同一的，那么，杂多和变化的世界则归属于假象的世界。帕默尼德的前辈已如此认为。他们设想世界秩序（或kosmos)并不总是实存(exist)于其现存状态之中。的确，他们认为它从一个单一物质(substance)发展而来，这个单一物质变成了许多事物，并事实上持续变化着。

无可否认，如果帕默尼德问泰勒斯"存在着的东西存在（或实存)，难道它不存在吗"(what is, is[or exists], is it not)，泰勒斯可能会毫不迟疑地接受。但如格思里公正地评论道："在驳斥他们的论点[即米利都人的种种论点]时，帕默尼德毋宁说是在证明同义反复[即存在着的东西存在]，如同在表明早期思想及一般而言人

---

①　关于帕默尼德的前人那里的作为始基的自然，在 DK28B8.6—8 中有一些对产生和生长（或排除产生和生长）的提及。这又一次暗示宇宙是讨论的首要话题。

②　Sedley(1999,121)指出，球是唯一能不区分各个部分而被视为一个单独整体的形状。

类从未明确阐述过这一点从而回避了其含义一样。"(1965,16;参Tarán 1965,279)①

　　乍一看,帕默尼德的形而上学和认识论似乎并未给一种探究自然[*historia of the peri phuseōs*]的类型留下任何余地。然而,在残篇 B8.53 一开始,帕默尼德仍然在着手建立一种宇宙起源论。在考察帕默尼德的宇宙起源解释之前,一个自然的问题是:如果说根据他的诗的第一部分所获得的结论,这样一种解释是矛盾的或"不值得信赖的"(B1.30),那么他为什么要费心去讲述这样一种解释呢?② 答案似乎在诗中可以找到,在其中,女神宣称他将学习"所有事情"(*panta*),不仅包括真理(或存在之路),而且包括有死者的意见(*brotōn doxas* B1.30,对勘 B8.51;61),即外观或表象(seeming)(*ta dokounta*)之路。的确,就算不可能言说关于有死者之意见的真理,但可以给出关于他们的世界的真实解释。这正是柏拉图在《蒂迈欧》中所为(见 Naddaf 1996,5—18),而且这似乎恰恰是帕默尼德诗的第二部分(即从 B8.50 开始)的主旨,因为[137]女神告诉他,她将要去谈论的关于"所有可能安排"(*diakosmon eoikota panta* 8.60)的故事,目的就是为他提供保障,即保证有死者的智慧(*brotōn gnōmō*, 8.61)——在相似的领域里——绝不可能胜过他(8.61)。③

――――――――――

　　① 在伊奥尼亚和埃利亚的一元论之间有很多重要的相似之处。二者都认为统一体一方面是基本的、不能被产生的,另一方面是永恒、神圣的。的确,二者都认为统一体过去和现在都等同于现存万物的总和(见 Sedley 1999,120)。

　　② 关于帕默尼德诗中的三种可能路向,即帕默尼德所践行的一、一是不可能的、一是居间者(intermediary),参 Tarán(1965,第二章,"真理与意见"),在其中他讨论了不同的可能性。对我来说,我追随亚里士多德(《形而上学》1.986b27),他认为帕默尼德在他的诗的第二部分由现象所辖制。关于帕默尼德宇宙起源论的各种解释的概述参 A. A. Long(1963/1975,82—101 和 Curd 1998)。

　　③ 总之,帕默尼德的论述与柏拉图的《蒂迈欧》相似。另一种解释参 Gallop(1986,23)。Gallop 认为,女神并没有声称帕默尼德的宇宙起源论——相关于其对手的宇宙起源论——有更大的真理。

　　显然在残篇 B10 和 B11 中,帕默尼德试图提供一篇 *peri phuseōs*[论自然]类型的论文:"你要知道天(*aitherian*)的自然和天之中所有的星座,以及明亮太阳之纯粹火炬的毁灭性行为和它们在哪里形成(*hoppothen exegenonto*),你也要了解圆形的月亮的旋转行为及其自然(*phusin*),而且你还要知道周围的天空(*ouranon*),它自何处生长(*enthen ephu*),必然性(*Anankē*)如何束缚和引导着它保持星辰的界限"(DK28B10),①"地球、太阳、月亮和以太如何对整个宇宙是共同的,星辰的热力如何向外喷涌(或发动)而成形(*gignesthai*)"(DK28B11,McKirahan 英译,略有改动)。

　　从我们处理的这些残篇和学说汇纂中,很难就帕默尼德构想宇宙结构的方式获得一个清晰图景。然而针对眼下的首要旨趣,我们有可能重建他的宇宙起源解释的关键特征。帕默尼德认为自然世界的形成是因为有死者决定命名两种相对力量的形式(*morpha*)(DK28B8.53—6 和 B9),而非认识一个单一的真正实在(reality)(DK28B8.54)。这两个相对者是:天上的火、温柔而轻盈;昏暗的夜、致密而沉重(DK28B8.56—8)。帕默尼德描述的宇宙演化的第一阶段,始于对两种相对力量之形式的阐述,而非像他的前辈那样假设一个统一体,这一事实表明,目前谈论的宇宙起源论和整首诗的第二部分必须归于帕默尼德。而且,他假定一个神统治着(*kubernai*)来自中心的万物(*en mesōi*,B12.3),这也证实了这一点。这个神是运动的一个独立原因(DK28B12;见 KRS 1983,259),这个概念在他前辈的文本中是没有的,除了克塞诺芬尼可能是个例外。帕默尼德将他至高无上的神放在一个确定的位置:在球形宇宙的中心(*en mesōi*,

---

　　① [译注]中译参考了聂敏里译文,见《前苏格拉底哲学家:原文精选的批评史》,前揭,页 400。

DK28B12.3)。① *en mesōi* [中心]这一表达有很强的政治含义,而且没有理由怀疑,帕默尼德在使用这个概念时是在做一种政治声明。位置可能也类似于毕达戈拉斯的赫斯提亚(Hestia)或中心地带(central earth)。②

　　严格来说,在神控制一切、将雌性送往雄性以联合为一体(反之亦然)的意义上,宇宙起源进程似乎与动物的生殖相关(DK28B12;另参 A52—54)。在这些情况下,两种原始形式(构成万物的光和暗),[138]在进程的一开始就必须联合起来。依据亚里士多德(《形而上学》1.986b34),帕默尼德将光与元素火联系起来,将暗与元素土联系起来。当然,这两个元素相当于热和冷。忒俄弗拉斯图斯将火与活性元素联系起来,将土与惰性元素联系起来(DK28A7—9)。这表明帕默尼德的宇宙起源论始于热与冷的活动,或火与土的混合。这与他的前辈存在有趣的关联。而且,根据埃提乌斯(2.7.1=DK28A37),在土蒸发之后,空气从其中分离出来(*apokirsin*)。这是由于土的剧烈凝结或收缩。这种由热施加在冷之上的活动所激发的分离非常可信,这导致第三个同心层在原始的两个同心圆之间出现。月亮是气和火的混合,这一事实(Aetius 2.7.1=DK28A37)表明爆炸破坏了最初围绕着土的火。就此而言,帕默尼德似乎在追随阿那克西曼德。帕默尼德的宇宙由一定数量的圆环(*stephanai*,DK28B12;A37)构成,这些圆环一些由纯粹的火构成,一些由火和水

---

　　①　我们也可以考虑混合物圆环的中心,但这对目前的问题而言并不重要,见 Tarán(1965,249)。请注意在 28B8.44 中,存在(being)也被描述为来自中心(*messothen*)的完满的球体,每处力量都是对等的。

　　②　一些学说汇纂表明帕默尼德是克塞诺芬尼、毕达戈拉斯和阿那克西曼德的学生。然而因为年代,阿那克西曼德被排除在外,考虑到地理上的临近和海上航行的能力(帕默尼德去过雅典是理所当然),他很可能是克塞诺芬尼和/或毕达戈拉斯的学生,后者的哲学感觉显然都存在于帕默尼德的诗里。当然,并非要遇到某些人才会受他们的影响。赫拉克利特(Tarán,1965,64—72 以及更重要的 Lafrance 1999,296—298)和阿那克西曼德(W. Jaeger 1939,215;Vlastos 1947/1993,65—66)似乎都在帕默尼德的诗里被很好展现。

气(或火和暗)混合而成,这明显让人想到阿那克西曼德的宇宙论模型。帕默尼德首次将地球描述为球形,其位置在世界的中心(*Diogenes Lartius* 9. 21＝DK28A1),而且分辨出晨星和晚星是同一的(DK28A40a)。如果这些事情是真的,那么这里的相似之处并不能否定他的原创性。学说汇纂的信息告诉我们,帕默尼德并未止步于一种宇宙起源论,而是继续发展了一种人类起源论,即一种关于人类起源的解释(DK28B16—19)。辛普里丘说,帕默尼德讲到了万物的产生,它们生成并毁灭于动物的部分(《亚里士多德〈论天〉评注》559. 20)。这一点也得到了普鲁塔克的证实,他告诉我们帕默尼德详细描述了人类的起源(*Against Colotus* 13. 1114b ＝DK28B10)。第欧根尼·拉尔修(9.22＝DK28A1)就其人类起源论提供了一些细节。他说,根据帕默尼德,人类产生于热和冷,而太阳在这一产生过程中是一个主要因素。这意味着,人类由帕默尼德在开始其宇宙起源论时所说的相同的两种形式或元素构成。的确,这表明人类起源于热(太阳)施加于冷(地球)之上的行动。有一些残篇告诉我们,帕默尼德对胚胎学兴趣浓厚(DK28B18),而另一些残篇则表明,他对思想和感觉的起源也很感兴趣(DK28B16)。忒俄弗拉斯图斯(《论感觉》1 和 3＝DK28A46)也提供了一些细节(另参亚里士多德,《形而上学》3. 1009b21＝DK28B16)。思想和感觉(帕默尼德将它们看作是相同的)与热和冷联系起来,从而有了一个物理上的起源。如果某种混合物(*krasis*)在[139]特定思想和感觉的起源处,那么与热(火)相关的最纯粹的元素就在最好的思想的起源处,最好的思想与诗的开篇(B1. 9—11)女神领导年轻人从黑暗走向光明有联系。与此相关,如忒俄弗拉斯图斯所发现的,在帕默尼德那里存在一种观念,即一切事物的存在都有某种意识(DK28A46)。帕默尼德非常清楚,因为"必然性"(Necessity)(B10. 6)、正义(B1. 14)和造物主(Demiurge)使其别无他路(这回应了 B8 中 *Dikē* 和 *Anankē* 的作用),所以物理世界有稳定性。但是他相信在宇宙论模型和人类社会之间存在相互关系吗？这把我们带向帕默尼德的政治起源和人类进步的观念，而且我相信在学说汇纂材料中可以为此找到直接和间接的证据。

首先，帕默尼德明确将演绎方法的发现与历史进步联系起来，也与他认为感觉和思想（以及由此而来的知识）有一个物质的起源而非神性的起源的结论联系起来，这表明，帕默尼德相信历史是发展的。事实上，帕默尼德参与立法以及他作为一位卓越立法者的名声都强有力地表明，他相信社会和技术的进步。弗拉斯托斯（Vlastos）（1947/1993，67 n71）从帕默尼德在 B6.5 和 B8.54 中对"彷徨者"的状态的描述里看到，这一描述明显指向埃斯库罗斯对普罗米修斯为人类带来技艺礼物前的人类的描述（埃斯库罗斯，《普罗米修斯》447—448）。但弗拉斯托斯远不止于此，他相信帕默尼德在他著名的诗中做了政治声明。弗拉斯托斯中肯地指出，帕默尼德的存在（Being）概念以正义和平等为基础，并且将其描述为展现多方面平等的实体（entity），将帕默尼德与民主传统联系起来（1947/1993，84）。但这不仅是存在（Being）世界的情况，也是表象（Seeming）世界的情况（1947/1993，68—69）。的确，不仅两种 *morphai*［形式］（暗和光）相同或自身同一，而且它们都由正义和必然性所统治，这解释了为什么我们在物理宇宙中仍然拥有 *kosmos*［秩序］而非混乱或无序（1947/1993，68）。帕默尼德的宇宙论模型由此将被视为倡导一种民主的社会—政治价值体系。万物据说由"来自中心的事物"（*en mesōi*，B12.3）所统治这一事实印证了这一点。[①] 而且，因帕

---

① E. L. Minar Jr.（1949，41—55）认为，帕默尼德存在和表象的哲学概念与原子论传统更相似。根据 Minar（1949，47），这一原子论的特征解释了"我们在他诗的第一部分所看到的，极力反对变化，或否定变化"。他认为帕默尼德与毕达戈拉斯派和他们对"成比例的正义"的观念有关，这似乎为自然奠定了基础。自然—（存在）的主导因素是和谐（harmony）、秩序（order）和等级（hierarchy）（1949，46），正义以人的价值为基础。总之，等级政治理论以他们的自然观念为基础。当 Minar Jr. 再次呈现帕默尼德的思想和当时的社会—政治环境之间的关系时，语汇（vocabulary）更多地支持 Vlastos 的立场。

默尼德的母邦建立在他出生前不久,他必定对民族的迁移很敏感。与此相关,斯特拉波(DK28A54a)告诉我们,帕默尼德是首位将地球划分为五个地区的人,埃提乌斯则认为帕默尼德是第一位划定人类居住的地球之边界的人。无论是否真实,帕默尼德显然对地理学有浓厚兴趣,地理学是伊奥尼亚人的 *historia*[探究]不可分割的一部分。总之,尽管帕默尼德很可能像笛卡尔一样在"有意识地寻找一个可靠的新的出发点"[140](Hussey 1972,105),事实上,他仍然在其前辈的 *peri phuseōs*[论自然]传统下活动,在这个传统中,政治学和伦理学以宇宙论模型为基础。

阿克拉伽斯的恩培多克勒

大约公元前 492 年(关于出生年代可参 Guthrie 1965,28—132;DK31A1=Diogenes Laertius 8.74.),恩培多克勒出生在西西里的阿克拉伽斯(Acragas)。这个时间可能与城邦图里(Thurii)(445/5)的建立有关,如果我们相信他的同代人利吉姆的格劳克斯(Glaucos of Rhegium)的话(Diogenes Laertius 8.51),那么恩培多克勒应该在不久之后到访过这里。据亚里士多德,恩培多克勒在他 60 岁时去世(Diogenes Laertius 8.51),时间大约在公元前432 年。

阿克拉伽斯由富饶的西西里城邦杰拉(Gela)于大约公元前580 年建立,而杰拉这个城邦本身由罗得斯人(Rhodians)和克里特人(Cretans)于大约公元前 688 年建立(Boardman 1999,177)。在公元前六世纪末,阿克拉伽斯城邦开始修建巨型的奥林匹斯神宙斯的神庙,而且在公元前五世纪中叶恩培多克勒的壮年时期,阿克拉伽斯实际上已令其母邦杰拉黯然失色。这个城邦在其历史的大部分时期都由僭主统治。公元前六世纪末,阿克拉伽斯由声名狼藉的僭主法拉里斯(Phalaris)统治,他以用铜牛烘烤他的反对者而闻名(Boardman 1999，188)。在僭主铁隆(Theron)(前 488—472)统治下，这个城邦事实上在恩培多克勒少年时期就已经达到了其名声和权力的顶点。希罗多德(7.165—67)认为，希腊人在萨拉米斯战胜波斯人的同时，铁隆和他的女婿(锡拉库扎[Syracuse]的)革隆(Gelon)在希梅拉(Himera)战胜了迦太基人。铁隆的儿子斯拉塞德尔斯(Thrasydaeus)于大约公元前 470 年被推翻之后，阿克拉伽斯成为一个繁荣的民主制城邦(Diodorus 11.23)。① 虽然恩培多克勒出生于一个富裕的贵族家庭，但他和他的父亲一样，拥护民主制，而且他甚至解散了一个称为千人团(the Thousand)的寡头组织(Diogenes Laertius 8.66 and 64＝DK31A1；Dunbabin 1948，323)。亚里士多德(DK29A10)认为恩培多克勒是修辞术的发明者，而且他在演说术方面的造诣与作为一名民主人士的身份之间无疑存在联系(如 KRS 1983，282 就正确地指出了这一点)。如果恩培多克勒在雅典殖民地建立不久后真的造访过这里(Diogenes Laertius 8.51＝DK31A1)，那么他就会遇到其他著名的同代人如普罗塔戈拉、埃斯库罗斯、希罗多德、希波达摩斯(Hippodamos)和阿那克萨戈拉，大约在这一时期他们都与这个殖民地有联系。

　恩培多克勒的个性与毕达戈拉斯和赫拉克利特一样具有传奇色彩。在某一场合，他将自己视为生活在有死者之中的一个神(DK31B112)，在另一场合，他讲述了他前世的记忆，包括作为一只鸟、一条鱼和和一丛灌木的记忆(DK31B117)。尽管他跳入埃特纳(Etna)火山口的传说极不可能[141](DK31A1＝Diogenes Laertius 8.76)，但是其他传说却并非都不真实。例如，一直被认为很富裕的恩培多克勒很可能用他自己的钱，改变临近河流的流向，而使它们混合起来以净化受到污染的河流，最终从瘟疫中拯救

---

① 对阿克拉伽斯(Acragas)的历史的更为详细的讨论见 Dunbabin(1948，315)。

了塞里诺斯(Selinus)城邦(Diogenes Laertius 8.70)。恩培多克勒比帕默尼德要年轻一代。而且如果人们考虑到帕默尼德的名声、阿克拉伽斯的名声和航海的能力,那么,说恩培多克勒是帕默尼德的学生并非毫无根据(Diogenes Laertius 8.56)。无论如何,帕默尼德在其 *historia peri phuseōs* [探究自然]方面的影响,与毕达戈拉斯在其 *Katharmoi* 或净化学说上的影响同等重要。恩培多克勒写了两种完全不同类型的诗歌这一事实,为解释者提出了很多问题。① 名为 *Peri phuseōs* [《论自然》]的诗用一种理性和科学的方式解释了万物现存状态的起源,而另一部名为 *Katharmoi* 或《净化》的诗歌在内容和意图上却是宗教性的和神秘的。虽然可以说,不死的观念在前一部作品中并未缺席(Kingsley 1995,366),但事实上这些诗歌针对的是完全不同的读者(初读者和门外汉),而且有完全不同的目的(Kingsley 1995,368)。多兹(Dodds)(1951,145)认为,恩培多克勒具有古代巫师(shaman)的典型特征,巫师保持着术士和自然学家仍未分化的功能。晚近,金斯利(Kingsley)认为两首诗都以神秘为基础。然而,我们不难发现,尼采在其《悲剧的诞生》中将恩培多克勒的这种倾向理解为日神和酒神之间的冲突。下面,我们来考察一下他的诗 *Peri phuseōs* [《论自然》]。

在我们考察恩培多克勒的诗 *Peri phuseōs* [《论自然》]时,首先需要指出的是,他显然试图接受帕默尼德真理之路的结论。事实上,恩培多克勒的确指责他的同代人和前辈未能认识到任何 *peri phuseōs* [论自然]叙事的新要素:从先前并不存在的东西中不可能产生任何东西。"蠢人——因为他们的沉思并不持久——是

① 我将这两首诗视为一首,因为古代的资料来源将两个不同的标题归于他的作品:*Peri Phuseōs* 和 *Katharmoi*。而且它们也被认为是对不同的听众说的(例如,Diogenes Laertius 8.54,60)。当然,这一问题在当代学者中未能达成共识。晚近的讨论中倾向于两首是不同诗歌的,见 Kingsley(1995,359—370);倾向于是一首诗歌的,见 Inwood(2001,8—19)。

这些人，他们以为先前的东西不会生成，或者任何事物都会死亡和灭绝"（DK31B11，Inwood 英译；另参 B12）。但对于帕默尼德认为变化是不真实或虚幻的，恩培多克勒如何回应？

恩培多克勒并未被帕默尼德吓倒。正如他在其对缪斯的呼请中指出的，知识不是理性的特权，而是任何值得追求的理解方式的特权（DK31B2—3）。而且，恩培多克勒修复了变化的概念（尽管帕默尼德在诗的第二部分似乎也修复了变化概念），但与米利都人不同，恩培多克勒否认一个单独的物质（substance）是构成所有存在的基础。为了解决这一问题，恩培多克勒提出了他著名的四种基本元素的学说：土、气、火和水。这些元素是万物的四根（*tessara pantōn rhizōmata*，DK31B6）。这样的话，它们不仅不生 [142] 不灭，而且所有自然变化的结果都源自它们的混合或分离。恩培多克勒的主张的新颖之处，体现在著名残篇 8 中："我将告诉你另一件事情：有死者没有产生（birth）（*phusis*），在可憎的死亡中也没有任何终结（end）（*teleutē*），只有被混合者（*migentōn*）的混合（*mixis*）与分离（*diallaxis*），自然（*phusis*）只是人对这些事物的命名。"

对恩培多克勒而言，任何时候都没有什么新的东西生成；只存在四种不变的材料。换句话说，只有四种元素有资格成为 *ousia* [实体]。人们通常说的一个人、一头兽或一棵植物等等，只是四种元素的混合物。如果要问：什么是人？或者什么是植物？人们会回答说：四元素。不仅人类和植物来自这四种元素，而且他们死后将再次分解为同样的四种元素。因此人类一般通过 *phusis* 和 *teleutē* 来理解的事情，从恩培多克勒的角度来看只是四元素的 *mixis*[混合] 和 *diallaxis*[分离]。

为了支撑他的理论，恩培多克勒提供了一个极具吸引力的比喻，他将自然比喻成一位画家。因为一位画家通过少量颜料的组合创造大量丰富的形式和事物，因此自然也通过少量的元素创造出所有自然物质（DK31B23.1—8）。恩培多克勒总结道："因此不要让欺骗胜过你的心智，让你以为有来自别处的有死者的源泉。"
（McKirahan 英译）①

　　以类似的方式，恩培多克勒解释了有限量的根（roots）如何产生看似无限量的不同物质，如血液、皮肤或骨骼。这些不同的物质由四根通过不同整数比例的组合而形成；一种特定的物质总是与某种固定的和确定的混合相吻合。例如，骨骼由四份火、两份水和两份土构成（B96）。血液由等量的四元素构成（B98）。②

　　恩培多克勒假设了四个实在（realities）来取代一个实在，这一事实并未解决运动的问题。帕默尼德坚称存在的事物不能运动。伊奥尼亚人主张的物活论（hylozoism）表明，运动的原因在他们的宇宙起源叙事中并非一个要素。由于元素自身必定尽可能地与帕默尼德的一（One）相似，那么恩培多克勒就诉诸外在的运动力量。他将这些力量称为友爱和争吵（Love and Strife），而且只有在它们的影响下四元素才产生变化。总之，在恩培多克勒的宇宙系统中存在六种根本要素或动因（agents）：四种被动的两种主动的。

　　在考察恩培多克勒对万物现存秩序的起源和演变的解释之前，我们有必要谈谈在他的 *peri phuseōs*［论自然］叙述中非常重要的一个概念：*krasis*［混合］。我们已经在阿尔克墨翁的医学理论中看到了这个概念的重要性，在其中 *krasis*［混合］是 *dunameis*［特性］或特性的一定量的混合。这一概念被［143］帕默尼德在相似的意义上使用；身体里发生的变化与组成身体的两种相反的 *morphai* 或力量（*dunameis*）——光和暗——相关（DK31B16；关于 *dunamis* 这一概念见 DK31B9）。

_____

　　①　［译注］中译参考了聂敏里的译文，见《前苏格拉底哲学家：原文精选的批评史》，前揭，页 458。

　　②　不清楚他为什么选择这些确定的比例，但是恩培多克勒可能将他的一般假说建立在实践和炼金术的基础之上。

在一个 *krasis*[混合物]中,构成一个事物的各种不同的特性或力量(*dunameis*),以其特殊运动模式被废止这样一种方式结合了起来。其结果是一个具有其自身特性和作用的统一的混合物。在此意义上而言,*krasis*[混合]等同于 *harmonia*[和谐]。在菲洛劳斯(Philolaus)、赫拉克利特和帕默尼德看来,一个有序的宇宙是相反力量(*dunameis*)*harmonia*[和谐](从而 *krasis*[混合物])的结果。这恰恰是我们在恩培多克勒那里发现的东西。友爱或和谐(Love or Harmony)(DK31B23.4;27.3;96.4)是一个 *krasis*[混合物]形成和保存的主要结果。另一方面,争吵(Strife)将 *krasis*[混合物]分解成其组成部分,这些成分将继续相互斗争。正是 *krasis*[混合]这一概念支配着恩培多克勒的 *historia*[探究]。

恩培多克勒的宇宙系统着实令人费解。正如赫西所言(1972,130),这一系统在古代就已极富争议,并有诸多引证。事实上,就其宇宙起源论始于何处也并无一致意见(Guthrie,1965,168)。是始于友爱的原则,还是争吵的原则?但确定的是,这两个相互敌对的动力在永不终结的循环进程中不断地交替(DK31B17.6—7;26.11—12)。

当友爱完全居于主导地位时,*krasis*[混合物]中的所有元素统一于一个球形神的形式之中:一个完美的 *krasis*[混合物]或帕默尼德式的一(One)(B26.5;27—29)。之后,争吵进入球(Sphere)中,并开始分离这些元素,直到每一个元素都被分离开来。分离持续到完全没有 *krasis*[混合物]为止。于是循环以同样的方式重新开始。在这两个极端之间,是友爱与争吵交替进退的时期。在此期间,世界既不在全然的 *krasis*[混合]中,也并未被分为四个完全同质的区域。正是在这些中间阶段,在友爱与争吵之间为争夺最高统治权的斗争中,多样的混合物和生命形成,而且人们发现了现存的世界秩序。

根据亚里士多德(《论生成和消灭》2.334a5;《论天》

3.301a14），恩培多克勒认为世界处于争吵正逐渐发展的阶段（这也可能反映了那个时代的政治动荡）。然而，因为存在在两种推动力之间的交替时期，所以存在双重宇宙起源论的形式，根据这句话："有死者（*thnētōn*）的产生是双重的，他们的消失也是双重的"（DK31B17.5）。一个"有死者"的宇宙指的是人类世界，或处在形成过程中的世界。有死者是混合物（B35.7,16—17），如动物和植物，与之对应的四元素自身当然是"不死的"（B35.14）。

[144]如果恩培多克勒认为世界目前由争吵所主宰这一点是真的，那么现存宇宙起源进程（以及由此而来的他 *historia peri phuseōs*［探究自然］的第一个阶段）的起点，必定始于爱完全主导之后的事物的状态；即完满、快乐且独一的球（DK31B27, 27a, 28—29）。在这个时间点上，太阳、地球和大海都不存在（DK31B27.1—2）。恩培多克勒讲述了它们的起源和它们形成的方式（DK31B38），而且他在其研究的第二部分重述了生命的起源和形成（DK31B62）。

在新的循环中，宇宙起源开始于争吵进入友爱的完满之球时，从而导致"神的所有器官依次颤动"（DK31B31）。物理进程或原初运动导致球体中的元素分离，在这一阶段并非由于恩培多克勒所说的著名的 *dinē*［涡旋］或涡旋（vortex）（B35.3—4；亚里士多德，《论天》2.295a9—13），而是由于物以类聚的吸引。这是导致四元素分离的运动，也是源于争吵的运动。① 在分离的过程中，我们的宇宙形成了。根据学说汇纂传统（PseudoPlutarch, *Miscellanies*=DK31A30；Aetius 2.6.3=DK31A49），气是最早从原始 *krasis*［混合物］中分离出来的元素；气圆周地涌流出来。气之后火跑出

---

　　① 反讽的是，分离通过吸引而发生，而且争吵与实体的类似群体聚合在一起有关。这里存在某种政治性的隐喻？例如，在此隐喻贵族禁止在一起非常自然（或盲目！），结果导致争吵，也就是说，与其他群体争吵？我们会记得，友爱是倾向于将有差异的元素结合在一个异质的团体中的力量。

来,火没有别的地方可去,它跑到气的固着部分之下。这导致了两个半球的形成:一个半球由火构成,而另一个由气和少量火构成(DK31A30,56)。因为火重于气,这导致了不平衡(A30)。随后,*dinē*[涡旋]或涡旋(vortex)引发和导致半球旋转(A30,49)。旋转解释了日夜的交替。在涡旋的作用下,土本身被限制在中心,而在旋转的作用下水最终从土中释放出来(DK31A30,49,67,和亚里士多德,《论天》2.295a13—24)。但是尽管宇宙的基本结构已经建立,太阳和其他天体仍未存在;而且地球表面也没有分离出大海和干燥的陆地。这在后来才发生(DK31B38;见 KRS1983,300)。太阳被解释为环绕着土的火的反射(DK31A56)。[①]而其他天体则以一种更为传统的方式得到解释:他们源于元素本身(DK31A30,49)。同时,太阳在大海起源,从而是在我们所知的地球表面的起源之后(亚里士多德,《天象学》2.353b11;2.357a24 =DK31A25)。[②]一旦宇宙形成,恩培多克勒便开始描述陆地生命的起源。陆地生命的起源呈现为若干个阶段。

据埃提乌斯(5.19.5 = DK31A72),动物起源呈现为四个阶段。产生于土之中的第一代动物和植物并不完整,而是由分离的器官构成(见 B57,58 和亚里士多德,《动物的生成》1.722b17)。第二代动物和植物由[145]器官的混合物构成,组合形成幻影般的生命(31B61)。第三代由来自土的完整自然的生命构成,它们没有肢体或性别的区分(31B62)。在第四代和最后一代那里,生命不再来自土,而是在它们自身中繁殖。动物物种依据它们混合的特征而区分(一些更自然地趋向于水,另一些则趋向于气,如此等等)。达成共识的是前两代或前两阶段对应着友爱上升的时期,而后两代或后两阶段对应着争吵上升的时期。似乎是适者生存,

---

① 第欧根尼(8.77)和埃提乌斯(Aetius)(2.6.3=A49)都认为太阳由火构成。

② 太阳的高温导致地表流汗,从而产生了咸的大海。

但只是在最初的两个阶段。然而,这只不过是推测,因为我们没有恩培多克勒关于这一主题的直接引述。后两个阶段与阿那克西曼德的描述相似,包括在生命的产生中地球与太阳的相似关系(DK31A70)。

生命由四元素按不同比例混合而成。恩培多克勒认为性别由温度所决定(亚里士多德,《动物的生成》764a1)。与大多数前苏格拉底派一样,恩培多克勒致力于人类和其他物种的起源和演变的理性叙述。[①] 而且,他显然致力于思想和感觉实际上如何活动的问题。亚里士多德(《论灵魂》427a22)说,恩培多克勒将思想与感觉相等同。恩培多克勒将它们视为作为思想的实际器官的血液的纯粹物理过程(B105)。感觉和思想都与"同类相生"的普遍原则相关,而且在此如果人们认为争吵是导致物以类聚的运动原则的话,那是颇为讽刺的。但是很明显,必须存在更有利于智慧和理解的混合物,而且人们可以假定他们与友爱的支配下的一种特殊的 *krasis*[混合物]相关。[②] 但这一进程更加复杂和难以理解,因为我们显然处于争吵而非友爱发展的时期。我们在恩培多克勒的不死学说和他的社会—政治观(或发展观)中都可以发现这一点。

恩培多克勒认为有生命的事物和无生命的事物之间没有区别(B102,103,110),而且自然明确的等级制度(B146)在很大程度上决定了他转世学说的理论方面。[③] 恩培多克勒相信从最初的幸福

---

① 如我们在本书第一章所见,恩培多克勒也是一位有大量追随者的医生。这可以解释为什么幸存的最长残篇之一是关于呼吸的,这与血液在身体里的运动有关(DK31B100)。

② 因为我们和世界一样由同样的元素构成,当这些元素以同样的比例混合时,知觉和意识就产生了。

③ 这解释了从存在物的一种形态向另一种形态转变的可能性(B117)。关于恩培多克勒的不死观念见 M. R. Wright(1981,63—76)和更晚近的 Inwood(2001,52—62)。根据 Wright,对恩培多克勒而言,放逐或"堕落"与原初的罪无关,反而与溢出的血液或在争吵冲击下的精灵(daimon)做的伪证相关。而且,她认为,对于恩培多克勒而言不存在个人的不死,因为不死只有在一个人的个人身份(personal (转下页注)

状态中放逐或堕落，也相信最终返回天国的可能性（B115，128，130）。① 如果考虑到原始的精灵通过其转世保持自身的同一性（B117），而且考虑到为了重返天国，精灵必须经历一系列的转世，那么显然存在一种人类发展或进步的观念（以及最好的人类化身中的政治领袖，B146）。然而，在"堕落"之后，人类是否发现他们自己身处于一个简单的（如我们在阿那克西曼德那里看到的），或者更为复杂的（如我们在神话叙述中看到的）社会环境之中，这一点并不清楚。考虑到恩培多克勒在某种程度上相信人类的［146］发展，人们很容易倾向于前者。确定的是他对技术能力的运用有强烈兴趣，而且归于他的一些壮举也并非不可能，如改变河流的方向以净化受到污染的区域（Diogenes Laertius 8.70），发明了一个人工取暖的系统（A68＝Seneca, *Natural Questions* 3.24.1—2），还创造了挡风板（Diogenes Laertius 8.60）。② 这些例子表明，恩培多克勒认为 *technē*［技艺］能帮助改善人类的生活。那么，政治的领域又是怎样的呢？

如上所见，一些学说汇纂的记载明确提到，恩培多克勒是民主制的坚定支持者。初看起来，这很难和他主张自己是有死者中的一位神（B112）相协调。但是他不相信在更高形式的化身中的政治领袖（B146）。因此，作为一位政治和社会领袖的恩培多克勒可能只是主张，民主制是确保人类朝向新的天国最有效的政治制度。毫无疑问，恩培多克勒生活在一个极度动荡的时代。的确，政治动

（接上页注）identity）复归于基本元素之后才能达到。Inwood 认为，恩培多克勒的转世再生学说不仅表明灵魂是不死的，而且表明，如我们在柏拉图《斐多》86e—88b 中看到的那样，灵魂比许多身体活得更久。此外，他认为无论一个人的存在方式如何，宇宙循环都会根据必然性而持续。

① 并不清楚是否堕落或"原初的罪"与血液的溢出或某种伪证相关。清楚的是每一种杀戮行为都被视为谋杀，因为所有生命通过转世再生而相关联（B137）。这也可能是倡导民主的一种方式，因为我们都能由此被视为在法律面前是平等的。

② 事实上，许多从贸易中借鉴过来的类比也证实了他对技术知识的强烈兴趣：烘焙（B34）；冶金术（B96）；织布（B92，93）；和染色（B93）。

荡非常普遍,这使他相信争吵在发展/上升。弗拉斯托斯(1947/
1993,61—64)认为,考虑到在恩培多克勒那里交替称霸的原则,
"宇宙必定以 *isonomia*[平等]为特征,因为它符合因职责而轮转
的民主原则"。[①] 我们发现阿那克西曼德在这一问题上也有某些
相似之处:是宇宙系统支撑着恩培多克勒对民主的热爱,还是他对
民主的热爱决定了他的宇宙系统? 恩培多克勒写了一首还是两首
主要的诗歌,从宏观的视角来看,他充满神秘主义和魔幻色彩的
historia[探究],仍然包含着已被认为是伊奥尼亚 *peri phuseōs*[论
自然]类型叙述的所有相关主题。

克拉佐美奈的阿那克萨戈拉

阿那克萨戈拉(Anaxagoras)于大约公元前 500 年出生在伊奥
尼亚北部的克拉佐美奈(Clazomenae)(伊奥尼亚联盟的一员,而且
这个城邦积极参与了瑙克拉提斯的殖民),[②]这一点多有共识。如
果阿那克萨戈拉的出生时间是准确的,那么他只是略长于恩培多克
勒(见 Guthrie 1965,266)。谁首先开展自己的工作,而谁又受
谁的影响,关于这些无疑存有争议。[③] 毫无疑问,恩培多克勒和阿

---

① 不仅友爱和争吵如此,而且四元素亦然,尽管平等,但主导地位因时间而定
(B17. 27—29)。

② 有关试图将阿那克萨戈拉的年代界定得更早的意见,可参 Cleve(1949/1973,
1—5)。他认为阿那克萨戈拉可能早在公元前 534 年就已经出生,在米利都于公元前
494 年陷落后去了雅典(见 Cleve 1949/1973,2—3,其中提到十九世纪的德国学者 Her-
mann 和 Unger),并于约公元前 461 年去世。如果人们认为许多文献提到了伟大的米
利都宇宙论家阿那克西美尼,阿那克萨戈拉常常被视为他的学生和伙伴,那么这一观
点似乎是合理的。另一方面,很难调和那些明确提到帕默尼德和芝诺的文献,阿那克
萨戈拉显然也在回应他们。大家公认帕默尼德出生于大约公元前 515 年。

③ 对此较好的讨论参 O'Brien(1968,235—254)。他认为恩培多克勒在阿那克萨
戈拉之后写作,并受到阿那克萨戈拉的影响。Guthrie(1965,266)的意见则相反。
Capizzi(1990,390—391)认为,尽管恩培多克勒在阿那克萨戈拉之前写作,但是"在和
阿那克萨戈拉进行比较之后",恩培多克勒重写了自己著作的许多部分。

那克萨戈拉都在回应帕默尼德,而且在 DK59B4 中阿那克萨戈拉
显然是在影射芝诺(Zeno)。

有人主张,在阿那克萨戈拉 20 岁时(约前 480 年),他在雅典
开始了政治生涯,如果他去雅典与其书带给他的声誉有关的话,那
么他必定要稍晚些才去,因为在公元前 470 年之前,他的书不可能
写成。① 一般而言,一些学说汇纂[147]认为阿那克萨戈拉预言了
一颗陨石在色雷斯的伊哥斯波塔米(Aegospotamie)坠落(这是无
稽之谈)。因为通常认为这一事件影响了他的宇宙旋转理论和天
体起源理论(见 DK59B9),而且因为这一事件发生在公元前 467
年,那么他的著作必定在这一时间之前才完成(如参 Guthrie
1965,266)。斯科菲尔德(Schofield)(1980,33—35)为确定其著作
年代列出了其他一些令人信服的理由,并将阿那克萨戈拉的全盛
时期确定在公元前 470—460 年之间。

尽管就细节而言我们仍知之甚少,但阿那克萨戈拉的生平比
其他前苏格拉底派更受到关注。而且值得一提的是,阿那克萨戈
拉大约出生在著名的米利都起义时期。因为克拉佐美奈积极参与
起义并被占领(Herodotus 5.126),这个城邦的贵族家庭必定也是
积极的参与者。虽然并不清楚克拉佐美奈遭受随后起义的影响到
何种程度,但是波斯战争(前 490—79/467)必定恶化了克拉佐美
奈和伊奥尼亚其他城邦的政治环境。是否正是这一形势导致阿那
克萨戈拉离开伊奥尼亚去了雅典呢? 考虑到克拉佐美奈当时是波
斯领土的一部分,伟大的国王正在积极为他的远征军招募新兵(参
希罗多德)。有人认为,大约在 20 岁时,阿那克萨戈拉作为应征兵

---

① Sider(1981,1—8);关于其他解释参 Cleve(1949/1973,1—5)。Sider(1981,
5—6)认为阿那克萨戈拉的书必定在他到达雅典之前写成——由此获得他的名望。
Guthrie(1965,266)认为,阿那克萨戈拉提到的陨石坠落于伊哥斯波塔米(Aegospota-
mie)(467 BCE),一定发生在他写作其著作的最早时期,尽管可以认为阿那克萨戈拉的
书可能创作了几个不同版本。

来到了雅典（Burnet 1930/1945,254；Guthrie 1965,322—323）。第欧根尼·拉尔修说道,除了被控不虔敬外,阿那克萨戈拉还被控"与波斯为敌"（DK59A1＝Diogenes Laertius 8. 12）。政治因素在阿那克萨戈拉离开雅典一事上显然扮演着重要角色,尽管他的原告似乎是雅典著名政治家伯里克利（Pericles）（全盛时期在公元前461—429 年）——阿那克萨戈拉的亲密朋友和伙伴——的政治对手。阿那克萨戈拉在雅典呆了大约 30 年,这一点也有共识,尽管人们并不清楚在时间上是否断断续续。但可以确定的是,在阿那克萨戈拉被雅典流放后,他定居于伊奥尼亚北部的兰普萨库斯（Lampsacus）,这个城邦在波斯人的统治之下,阿那克萨戈拉在这里建立了一个人丁兴旺的学园,大约公元前 428 年他死于此地,反讽的是柏拉图在这一年出生。不过需要指出的是,阿那克萨戈拉在雅典居住期间,随着反对波斯的提洛同盟（Delian League）的建立,雅典成为了"新的"波斯。

第欧根尼·拉尔修说道,阿那克萨戈拉属于只写过一本书的那些作者之一（Diogenes Laertius 1. 16＝DK59A1；Sider 1981,11—13）,而且这本书正是所有前苏格拉底派都写过的 *Peri phuseōs*［《论自然》］。下面我们来考察一下这本书的主要脉络。

在对阿那克萨戈拉的作品进行分析时,首先需要指出的是,和恩培多克勒一样,他严肃对待帕默尼德的教诲（canons）,这再次显示了言辞在古希腊的（发展）速度。这一点在以下残篇中显而易见："希腊人对生成（coming to be）和毁灭认识得不正确,因为事物既不生成也不毁灭,它们是已存在之物（things that are）的相互混合和分离。"（DK59B17,McKirahan 英译）①

[148]不过,恩培多克勒强调混合与分离的双重进程,强调两

---

① ［译注］中译参聂敏里译文,见《前苏格拉底哲学家：原文精选的批评史》,前揭,页 565—566。

种推动力,也强调一种完全循环的宇宙进程,阿那克萨戈拉则设想的是一种单一的推动力和一种严格线性的宇宙起源进程。而且,阿那克萨戈拉主张存在无限数量的物质(substance),而不是像恩培多克勒那样假定存在有限数量的物质。阿那克萨戈拉由此避免了恩培多克勒理论上的缺陷。依据恩培多克勒,如果一个像木头或骨头这样的自然元素多次分离,那么它将不再是这个事物,而是组成它的元素了。总之,木头或骨头将会毁灭,而这与帕默尼德关于生成和毁灭在逻辑上是不可能的教诲恰恰相反。因此,阿那克萨戈拉假定存在无限数量的原初的或基本的物质(substance),后来亚里士多德称之为 *homoiomerē* 或同素体(similar parts)(《物理学》187a23 和《论生成和消灭》314a18＝DK59A46)。这表明,对阿那克萨戈拉而言,每一个自然的实在(entity)或物质都将自身隐藏在每个其他自然的实在或物质之内。在任何一个特定的自然性实在中占优势的一方(例如,骨头),决定了这个自然性实在或物质的名字。[①]

　　阿那克萨戈拉在他对运动起源的解释上并没有多少原创性。[②] 和恩培多克勒一样(而且同样在帕默尼德的阴影之下),他承认总体的原始混合物将保持一种惰性的状态,没有独立于原始物质自身之外的运动本原。阿那克萨戈拉将这一原因称之为 *nous* 或心智/理智(Mind/Intelligence)(DK59B11—14)。和恩培多克勒的友爱和争吵一样,*nous*[心智]具有关于万物的知识(*gnōmēn ge peri pantos*,B12. 10),它具有极大的力量(*ischuei*

---

　　① 关于阿那克萨戈拉的系统的实在和本原之详细论述,参 McKirahan(1994,203—223)。值得注意的是阿那克萨戈拉的残篇 DK59B3 有力地表明了他与芝诺的交流。

　　② 我们并不清楚为什么是 *nous*[心智]启动了原始运动,不过清楚的是必定有原初混合物参与其中(最初是一小片区域,接着是不断增大的区域＝B12)。同样清楚的是 *nous*[心智]导致了原初混合物的旋转。这一运动最初只影响了一小部分原初物质,但随后影响越来越大(与旋转速度相关)并不断延续(DK59B12, 13)。

megiston，B12.10—11），并因此能统治（*kratei*）所有生命（B12.
11—12）。作为一个有形体的实在（entity），*nous*［心智］是最好的
和最纯粹的存在物（that exists）（DK59B12.9—10）。事实上，*nous*
［心智］未与其他事物混合，这不仅说明它是完全自主的（B12.1—
3），而且说明它控制着物质（matter）（关于这一点的简要论述见
McKirahan 1994，221）。

依据第欧根尼·拉尔修，阿那克萨戈拉以如下方式开始他的
著作："起初，万物一体（*homou panta chrēmata ēn*），接着 *nous*［心
智］创造了一个有序的世界。"（DK59A1；B1；B4b）阿那克萨戈拉
认为，尽管最初万物是无序的，但是气（*aēr*）和以太（*aither*）（或火）
占据着主导地位（DKB1.4，2）。这与阿那克萨戈拉主张万物（即
种子或 *spermata*，B4）都包含每个事物的一部分相矛盾。① 这可
能是指，起初所有种子都被包含或隐藏在气（*aēr*）和以太（*aither*）
中（DK59B1—2）。而且，一旦在 *nous*［心智］的推动下旋转运动
（或涡旋）开始，两个法则随之出现：同类相生，这导致尚未区分的
物质具有了独特的特征；重的事物/*aēr* 朝向中心，轻的事物/*aith-
er* 则朝向边缘。这些纯粹机械性的法则表明，[149] *nous*［心智］
并非一直完全控制着宇宙起源进程。柏拉图（《斐多》97b—98c＝
DK59A47）和亚里士多德（《形而上学》1.985 a17—21 ＝ DK59
A47）注意到，阿那克萨戈拉没有将 *nous*［心智］作为某个/一个
（the/a）终极因。的确，他们指出，一旦 *nous*［心智］发起运动，宇宙
起源进程将因纯粹机械的原因而继续。但是尽管有柏拉图和亚里
士多德的质疑，文本却清晰地表明阿那克萨戈拉将 *nous* 视为一种
完全的掌控力。②

————————

① 关于种子和生命的起源，参 Schofield（1980，124—133）。

② 这里显然是在与克塞诺芬尼的神的概念以及引申开来与米利都人的第一本
原概念做比较（见上文）。阿那克萨戈拉的描述缺乏细节，这可能促使柏拉图加入了描
述性细节，正如他在《蒂迈欧》中对造物主（Demiuge）的描述就是如此。

回到宇宙起源的进程:受控于热、干、轻和亮的种子被运送到涡旋的边缘,受控于冷、湿、重和暗的种子则被运送到涡旋的中心(DK59B12,15)。天空由第一类种子形成,而大地由第二类种子形成。涡旋的力量导致大地在获得其现存形式之前经历了几个阶段(包括空气、云、水、土和石头;见 59B16)。当然,这让人想到阿那克西美尼(Anaximenes)和他的凝结(condensation)理论。另一方面,在某些情况下,涡旋的速度强大到足以将一些巨大的石头带离大地表面并抛向太空 (DK59B16; Hippolytus, *Refutations* 1.8.6=DK59A42; Aetius, 2,13,3=DK59A71)。① 速度和阻力导致这些抛掷物燃烧,由此阿那克萨戈拉认为天体有其地球的起源(这又和阿那克西美尼相似)(DK59A21; A42=Hippolytus; *Refutations* 1.8.2; Plutarch, *Lysander* 12 =DK59A12)。这正是阿那克萨戈拉被控所谓不虔敬的原因之一(见柏拉图,《申辩》26d,《法义》10.886d—e)。最后,太阳的活动导致大海在地球表面形成。② 简言之,这是阿那克萨戈拉的 *historia* [探究]如何展开的第一个阶段。在第二个阶段,阿那克萨戈拉和他的伊奥尼亚前辈一样。阿那克萨戈拉认为,"动物(*zōia*)起源于湿、热和土质的事物,但后来出自彼此"(Diogenes Laertius 2.9=DK59A1)。这与希波吕托斯一致(*Refutation* 1.8.12=DK59A42),希氏说动物在湿中产生(*en hugrōi*)。然而,相当于原初动物和植物的种子或 *spermata* [种子]也隐藏在原初混合物中。这将解释阿那克萨戈拉的如下主张(见 DK59B4),人类和其他动物从原初混合物中分离出来。忒俄弗拉斯图斯强有力地提出了这一解释(*History of Plants* 3.1.4 =A117):"阿那克萨戈拉说空气包含万物的种子,它们在被水一

---

① 在这里,阿那克萨戈拉与柏拉图之间存在根本差异,对柏拉图而言,天体不仅由造物主所造,而且依据的是一种数学模型。

② 总之,大海的形成与它如何变咸不可分离(DK59A90)。

起带落时便产生了植物。"(Schofield 英译,1980,125;n44)格思里(1965,315;957,35)指出,种子由高温所滋生。另一方面,阿那克萨戈拉认为,一旦动物开始相互繁殖,两性的种子便完全来自雄性了。

阿那克萨戈拉将心智(*nous*)等同于灵魂(*psuchē*)。[①] 然而所有的生命并没有等量的 *nous*[心智]。拥有最低份额 *nous*[心智]的生命只有行动的能力,而拥有最高[150]份额 *nous*[心智]的生命还有思考的能力。这解释了自然世界的等级制度。当然,人类拥有最高份额的 *nous*[心智],但是 *nous*[心智]的份额与生命的结构之间似乎也存在着相互关系。亚里士多德指出,阿那克萨戈拉认为人类是最聪明的动物,因为他们有手(亚里士多德,《论动物的部分》687a7 ＝A102)。由于没有证据表明阿那克萨戈拉相信进化(evolution)理论,那么人类物种(本质上包含在原始 *spermata*[种子]之中)与其他动物和植物一样,必定在他们的现存形式中从原始湿气中产生。若是这样,我们便能够或应该得出结论:智慧或理智(即实践性的、后来是理论性的)发展了一段时间。这在残篇B21b 中有很好体现(出自普鲁塔克,*On Chance* 3.98f),在其中,阿那克萨戈拉指出,如果像种子或力量一样的某种特性让动物超越了人类,那么人类就会用他们的经验(*empeiriāi*)、记忆(*mnēmēi*)、智慧/或技能(*sophiāi*)和技艺(*technēi*)——所有这些都和他们优越的 *nous*[心智]相关——去让动物服从于他们的利益。正是人类物种的这些特殊秉性,使文明的发展得以可能。[②]这并不是在

---

① 见亚里士多德,《论灵魂》404b1。在 DK59B12 中,阿那克萨戈拉认为心智(Mind)统治(或推动)万物,使万物有了灵魂或生命,的确,心智统治万物(有生命的事物和无生命的事物)(详后)。

② 此外,他对尼罗河的洪水感兴趣(DK59A91)表明他去过"自然发生"的国家。事实上,与城邦"和我们一样"耕种土地的人相关的段落(DK59B4)可以表明他去过一些国家,尤其是埃及,甚至更远不止如此(例如 Kahn 1960/1994,52—53)。(转下页注)

贬低手的作用,因为没有手,技能和技艺都不可能发展。所有这些都表明,阿那克萨戈拉对文明的起源和发展有浓厚兴趣。① 实际上,B21b 至少表明动物和人类最初都共有一种类似的野蛮生活方式,至少在一开始,人类并不比其他动物更幸运。正如其弟子阿尔克劳(Archelaus)(DK60A1,4)所言,阿那克萨戈拉认为,正义的概念与其他人类的概念一样,并非只是逐渐发展出来的,而且还多种多样(参 Farrar 1988,87)。但是正如我们在历史学家、悲剧家、智术师、医学家和哲学家(如德谟克利特)那里看到的那样,这一主题在智识阶层中即便不是一种标准看法,也传布甚广。②

正如法勒(Farrar)(1988,41)所言,阿那克萨戈拉是第一位试图"在宇宙特性和人类特性之间"③建立一种因果关系而非类比关

(接上页注)尽管我也赞同 Vlastos(1975)和 Schofield(1980,103)的解释,Schofield 认为,阿那克萨戈拉是在说,如果心智能导致另一个宇宙起源,那么"这将会造成一个和我们的世界完全一样的世界,甚至农村生活和城市生活的特定建制都一样"(Schofield 1980,103)。亦参 McKirahan(1994,230),他认为阿那克萨戈拉谈论的是"这个世界的区域差异",尽管是希腊人并不知道的区域。所有这些解释似乎都表明,阿那克萨戈拉相信某种神圣的计划,也就是说,如果不是自身就包含(秩序),万物的现存秩序就不会展开。

①　许多著名学者都持这种立场,如 Vlastos(1946/1993,56—57)、Lämmli(1962,92—96)、Edelstein(1967,54)和 Dodds(1973,11)。

②　阿那克萨戈拉的亲密伙伴欧里庇得斯在《乞援人》(203—214)中阐述了相似的立场,尽管他认为在这一人类进步背后有一位神,三部最著名的雅典悲剧都非常明确且详细地歌颂人类的进步(如埃斯库罗斯《被缚的普罗米修斯》,442—468、478—506;索福克勒斯《安提戈涅》332—371)。阿那克萨戈拉的立场也与他的同时代人普罗塔戈拉(至少在柏拉图的描述中,见《普罗塔戈拉》321d—322d)相似。的确,这些文本让人马上联想到埃斯库罗斯、索福克勒斯和欧里庇得斯的著名文本和他们各自对进步的歌颂。值得注意的还有阿那克萨戈拉的学生阿尔克劳(Archelaus),他在完成了对宇宙和生命的起源的解释之后,通过对文明的起源和发展的发生性解释(genetic account),来继续他的 historia[探究](希波吕托斯 1.9.5—6＝DK60A4,见 Farrar 1988,87—88)。阿尔克劳指出,尽管所有动物都有 nous[心智],但是人类能更快地使用它,这导致了人类社会、法律和技艺的逐步发展。

③　诚然,我们能理解赫拉克利特那里的宇宙 logos 和人类 logos 之间的关联,但阿那克萨戈拉更进一步。他解释了人类的 nous[心智]的因果性起源。

系的人。对阿那克萨戈拉而言，一种"独立的"（和专制的［auto-cratic］）宇宙心智（*nous*）控制着所有生命，也以某种方式控制着人类的心智，可是这意味着什么还并不清楚。法勒（1988，42）认为，人类有一个"宇宙副本"（cosmic replica）：人类不仅遵循一种范型行动，也从内部受到控制。然而，与宇宙心智（*nous*）相反，人类的心智受到身体（embodiment）的阻碍；否则，他们便将无所不知（omniscient）（比较 Schofield 1980，18—19）。法勒也认为"*nous* 中心智（mind）的参与意味着对行动和感觉的世界漠不关心"，而这又解释了"根据阿那克萨戈拉，正是沉思宇宙的可能性才让生活值得一过"（＝ DK59A30）这一传闻。

[151]阿那克萨戈拉认为，如果宇宙心智（*nous*）混合了其他事物，那么就不能一贯地统治万物（DK59B12.4）。因为人类由心智和物质构成，相当于一个混合物。所以，人类并非无所不知、独立自主、不会犯错。的确，正如拉克斯（Laks）（1999，266）指出的，"差异、统治甚至暴力"在阿那克萨戈拉的理论的每一个方面都无处不在。拉克斯这里谈论的是阿那克萨戈拉的感觉理论。

那么，如果阿那克萨戈拉的宇宙心智（*nous*）无所不知，且持续地管理和控制着万物——有生命的事物和无生命的事物，那么，归属于阿那克萨戈拉的人类进步理论必定以某种方式（无论是机械方式还是其他方式）依据神的计划而发生。因此，人类生活原始的混乱、野蛮状态也是神的计划的一部分，而且控制这一原始状态的方式（如理性、言辞、技能、技艺和农学）也必定被视为神的计划的一部分。但有可能像柏拉图在《蒂迈欧》中所声称的那样来理解这一宇宙起源论中的 *nous*［心智］的计划或意志吗？更重要的是，考虑到人类自然（by nature）就是政治动物（宇宙起源论中的 *apokrisis*［分离］对人类的起源及其文明做出了解释，B4），是否存在一种政治建构能最好地体现宇宙起源论中的 *nous*［心智］的总体洞见或意志呢？总之，尽管人类是混合性的，但他们仍然有能力去理解

宇宙起源论中的 *nous*[心智]，并完成其最初的计划。

　　人们一致认为，欧里庇得斯的著名残篇 910 引用的是阿那克萨戈拉（亦参亚里士多德，《尼各马可伦理学》1216a11 ＝DK59A30）。这一残篇提出，自然秩序是善的标准，从而是效仿的模型。实际上，对自然秩序的研究将阻止人类互相伤害和行不义之事。因为自然是能够（或应该）被用于"政治"教育的一个范型（参 Capizzi 1990, 38），对于阿那克萨戈拉而言，宇宙中存在一种能够体现宇宙共和制（cosmic republic）的意识。如果确实如此，那么我们可以认为，阿那克萨戈拉主张一种社会—政治模型应该模仿（或符合）宇宙论模型或宇宙共和制。我们能猜测他内心所想吗？

　　考虑到宇宙起源论中的 *nous*[心智]被描述为 *autokrates*[专制]（B12. 2），这很容易让人理解成这是在暗指唯一伟大的波斯君主。① 如上所述，克拉佐美奈人不仅出现在波斯地区，而且在他被驱逐出雅典后定居于此并兴旺而融为一体。

　　然而，阿那克萨戈拉在雅典度过了他的大部分思想生活，他很可能在那里写出了他最著名的作品。如上所述，人们大都认为阿那克萨戈拉被控不虔敬的真正原因是纯粹政治性的。他是伯里克利的亲密伙伴，而伯里克利有许多政敌。一些学者认为，理智的 *archē*[始基/统治]是一种民主制的范型，是伯里克利在雅典政治中的统治性地位，或者是雅典在希腊的统治性地位（参 Capizzi 1990, 384）。无[152]论如何，正如卡皮兹（Capizzi）（1990, 385）表明的那样，雅典范型和理智范型显然是有关系的（就算并非等同）。② 根据阿那克萨戈拉的宇宙论模型，每一个体性心智都像每一个体性邦民一样是平等的，但是为了生活的平静与和谐，邦民们

---

　　① Vlastos（1947/1993, 174/85）强烈地暗示，阿那克萨戈拉的 *nous*[心智]学说是反民主的。

　　② 当然，这也是雅典或民主制范型与斯巴达或贵族制范型之间的对立。

必须服从法律的统治、*nous*［心智］的分配和民主制范型的真正 *archē*［始基］，模仿那一宇宙共和制。

原子论者：留基波和德谟克利特

原子论（atomism）无疑是古代流传下来的最著名理论之一。这一学说与两个名字相关：留基波（Leucippus）和德谟克利特（Democritus）。虽然留基波被视为原子论的创立者，但他的后继者与合作者德谟克利特将这一理论发展到这样一种程度，即成功到原子论变得只与他相关了。的确，在德谟克利特仅仅一个世纪之后，倡导和普及原子论的伊壁鸠鲁（Epicurus）（341—271）实际上否定了留基波的存在（Diogenes Laertius 10.13＝DK67A2）。但亚里士多德（《形而上学》985b4＝DK67A46a；《论生成和消灭》324a24＝DK67A48a）——我们关于这一理论的主要来源——明确强调留基波是这一理论的创立者。

德谟克利特和他年长的同时代人、著名智术师普罗塔戈拉一样，来自色雷斯的阿布德拉（Abdera）。他出生于大约公元前460年。[①] 根据希罗多德（1.68），大约公元前六世纪中叶，来自忒欧斯岛的希腊人，从波斯人那里逃脱，定居到阿布德拉。留基波是否也来自阿布德拉是一个有争议的问题（阿布德拉、米利都和埃利亚都有可能），但可以确定的是，原子论者的理论显然来自伊奥尼亚人。并不清楚留基波是否比德谟克利特年长一代，但是通

---

① 第欧根尼·拉尔修（9.34＝DK68A1）认为，德谟克利特在他的《大世界系统》中说阿那克萨戈拉年老的时候，他还是个年轻人，假定阿那克萨戈拉产生于约公元前500年，那么此时应是公元前460年。《大世界系统》一般认为是留基波所写（详后）。根据 Guthrie（1965,384），留基波影响了 Diogenes of Apollonia，后者的主张在公元前423年被阿里斯托芬所嘲笑。Capizzi（1988,449）给出的德谟克利特出生的年代是公元前490年。

常看来他"在公元前 440—430 年这十年间提出了原子理论"（McKirahan 1994,303）。① 这一论文题为《大世界系统》（*Great World-System*）。德谟克利特似乎采纳了留基波的理论，②并将原子论应用到世界的每一方面。他是一位百科全书式的作者。亚历山大学派的目录按照四联剧或四组的顺序罗列了他的超过六十部著作（见 Diogenes Laertius 9.45—49），几乎涵盖了所有可能领域。著作的范围和数量证实了德谟克利特活过 100 岁的传说。与其他前苏格拉底派一样，德谟克利特出生在一个富裕的家庭，而且聪明地使用了他的遗产（Diogenes Laertius 6.35—6＝DK68A6, *Suidas*＝DK68A7）。德谟克利特游历甚广，而且他的游历无疑影响了他哲学世界观的某些方面（DK68B299）。考虑到战争的突显，德谟克利特是一位彻底的现实主义者，主张对每一位公民进行全面的军事训练（DK68B157）。③ 与此相关，德谟克利特是一位坚定的民主派（如参 DK68B251,252）。④ 而且，有证据表明，[153]德谟克利特在世时，阿布德拉实行的是民主制（Lewis,1990,151—154；Procopé,1989/1990,309,313—314）。事实上，有一些与钱币性的（numismatic）证据表明，大约在公元前 414 年，德谟克利特确实担

① 许多学说汇纂都认为留基波是埃利亚的芝诺的学生（DK67A1,4,5），这并非不可能。同时，如果芝诺出生于约公元前 490—485 年（约定俗成的年代），而且如果人们假定在老师与学生之间一般差距为二十年，那么我们可以得出结论，留基波大约出生于公元前 470—465 年。

② 德谟克利特可能也编辑了这部作品，在这部《大世界系统》中他说，在阿那克萨戈拉年老时他还是个年轻人。

③ 第欧根尼·拉尔修（9.48＝DK68A33）认为德谟克利特有两部论军事技艺的著作。与在柏拉图（如《理想国》、《蒂迈欧》和《法义》）和柏拉图的普罗塔戈拉（《普罗塔戈拉》322b）那里一样，军事技艺与政治技艺是（和现实）密切联系。

④ 其他一些残篇表明他对民主制有某种保留（如 DK68B254,49），一些学者也指出了这一点（C. C. W. Taylor 1999a,230；Proscopé 1989/1990,314）。然而，这既没有排除他对民主制的偏好，也没有排除他持最大程度上促进"共同"善的人必须统治的这个观念。修昔底德（2.37.1）认为，伯里克利时期的民主有两个根本原则：权力必须内在于作为一个整体的民众；要职应委托给最有能力的人。见下文。

任过公职（Procopé 1989/1990,309—310），而且许多残篇表达了他对阿布德拉形势的记述，特别是有关促进社会凝聚力的重要性（Procopé 1989/1990,313—317）。

德谟克利特说，他去雅典时没人认识他（DK68B116）。尽管没有人会怀疑德谟克利特曾去过雅典，但他到达和游历（或多次游历）的时间并不清楚。公元前 444 年，普罗塔戈拉（约前 490—421，相关年代参 Guthrie 1969,262；Kerferd 1981,42）就已在雅典闻名并受人尊敬，因为他被伯里克利选中去为图里起草新的法律（Heraclides Ponticus frag. 150）。大约在这一时期或不久之后，留基波创立了原子理论。德谟克利特是否在伯里克利去世（前 429 年）之前或在伯罗奔尼撒战争期间（前 431—404 年）去过雅典呢？那时他应该大约三十岁。考虑到诸神与物理现象被联系起来看待（DK68B166 和 A74），从而由于纯粹传统的原因，德谟克利特应该因受不虔敬的指控而成为众矢之的，正如阿那克萨戈拉和普罗塔戈拉因他们自己的非正统观点而遭受的那样。① 没有理由相信在德谟克利特到达雅典之前，普罗塔戈拉的同胞会不知道他（他也是修昔底德、阿尔克劳、芝诺、苏格拉底和希波克拉底的同时代人；参 Diogenes Laertius 9. 41—42 = DK68A6）。在德谟克利特和普罗塔戈拉之间，显然存在认识论和政治理论上的论争，德谟克利特的 *historia*［探究］是全局性的，而且对于他而言宇宙秩序和人类/政治秩序融为一体，但对于普罗塔戈拉（和修昔底德）而言，宇宙秩序和人类/政治秩序是

---

① 约公元前 433 年，狄欧皮赛斯（Diopeithes）引入了一道法令（decree），也就是说，如果阿那克萨戈拉是这道法令的受害者，而不是如某些人认为的一位较早的检举者。对此的讨论参 KRS(1983,354)；更详细的讨论参 Derenne(1930)。德谟克利特相信，诸神的形象向人类显现，并且有时会对人类说话，可以预见未来（68B166），这是他试图顺应大众信仰的某些迹象。他也说诸神是善而非恶的给予者，充满爱、憎恨不义（DK68B175,217）。很难说这些言辞是否保护了他免受不虔敬的起诉。

不相容的(见 Farrar 1988,196—197)。①

　　列于 *phusika*[自然学]名下的作品中有《大世界系统》和《小世界系统》(*Little World-System*),而且一般认为二者是一体的,其目的都是描述宇宙、人类、社会和文化的起源和发展(KRS 1983,405;Guthrie 1965,385;C. C. W. Taylor1999a,233—234,1999b,181;Farrar 1988,228—230;Vlastos 1945/1993,340)。一般认为《大世界系统》归于留基波名下(如参 McKirahan 1994,303;Guthrie 1965,385;KRS 1983,405;Taylor 1999a,157),而《小世界系统》则是德谟克利特所写。不过眼下,我们将在原子论的语境中同时考察二者。

　　与恩培多克勒和阿那克萨戈拉的宇宙学系统一样,原子论是对帕默尼德和埃利亚学派的回应(尽管显然不尽如此)。② 这无疑被亚里士多德所证明(《论生成和消灭》324b35—326b6),在亚氏看来,原子论是在回应那些认为存在必定是一和静止(motion-less)的人。亚里士多德指出,尽管留基波试图避免他们的愚蠢,③但他仍然试图满足[154]他们存在论(ontology)的条件。而留基波也试图捍卫物质世界并对双方做出让步。一方面,他承认杂多和运动,生成和消灭。另一方面,他也承认真正的存在(being)没有虚空(void),同时离开虚空就没有运动。因为承认运动的真实性,所以虚空必定成为和存在本身一样真实的非存在(nonbeing)。

―――――――――――

　　① 实际上,柏拉图从未提到过德谟克利特的名字,尽管多次提到普罗塔戈拉,包括有一篇对话以其名字命名,这一点令人困惑。是否柏拉图在德谟克利特那里比在普罗塔戈拉那里感受到更大的威胁,或者相反呢?

　　② 对普罗塔戈拉也是如此,他在政治的立场上攻击帕默尼德的理论。

　　③ 芝诺认为,人们不可能区分作为两个统一体的两个现存事物,如果不借助于第三个事物作为二者之间的媒介物的话;也就是说这个媒介物必须存在。根据亚里士多德,这是留基波采取激烈措施(Draconian measure)的原因,他建议引入"非存在"(that which is not)(*to me on*)作为解释世界的一个要素,并从而断言它以某种方式存在。

因为承认杂多,所以杂多必定存在于虚空的非存在之中,而不能存在于它不可能从之产生的存在之中。虚空的引入让杂多和运动得以可能。

尽管原子自身没有可感的特性(这些特性来自原子形成的混合物),但是它们有不同的形状和大小。亚里士多德(《形而上学》985b15—19＝DK67A6;另参《论生成和消灭》315b6—15＝DK67A9)指出,原子在形状(rusmos)、排列(diathigē)和位置(tropē)上有所不同(另参辛普里丘,《亚里士多德〈物理学〉评注》28.15—26＝DK67A8;68A38)。然而,排列和位置是混合物形成的必要条件。总之,只有大小(megethos)和形状(rhusmos)是原子自身所固有的(对此问题的出色探讨参 Taylor 1999a,171—184)。理解原子在虚空中如何运动这一问题,并未引起原子论者的特别重视(亚里士多德,《形而上学》985b19)。如果原子正在运动,那就没有理由去思考它不会总在运动。这是原子论者与恩培多克勒和阿那克萨戈拉对埃利亚派之回应的根本差异之一。正是考虑到虚空不能接受,恩培多克勒和阿那克萨戈拉才不得不假定一个运动的独立原因。如果没有一个运动的独立原因,那么万物的原初状态就不会保存其之所是。但这还不是他们各自对埃利亚学派之回应的唯一根本差别。对于恩培多克勒和阿那克萨戈拉而言,原初物质(substance)是可感知的物质性实体(material entities),但是对于原子论者而言,从一开始,原初物质、原子就是不可感知的,从而是纯粹理论上的实体(参 Taylor 1999a,182)。

另一方面,如果原子在虚空中自由运动,那么人们没有理由相信它们会朝一个方向而不是另一个方向运动;而且必将一直如此。在所谓的原初运动中,存在一种被称为随机的意识(KRS 1983,424)。但是原子之间总会发生碰撞,而这是次生运动(secondary motions),这种运动导致原子的对撞和回弹,亚里士多德将其界定为非自然或被迫的运动,而不是自然的运动。① 然而,由对撞物体/原子的回弹产生的次生运动,其特征由它们过往的历史(无疑还有对撞物体的大小和形状)所决定。原子的运动是可确定的,因为它们的运动遵循某种自然法则。这似乎正是留基波唯一幸存的残篇的含义:"没有一件事情的产生是无意的(*matēn*),相反全都是合理的(*ek logou*)和必然的(*hup'anankēs*, 67B2)。"②因为在原子论中[155](原子论的宇宙服从纯粹机械法则)缺乏目的理性(purposeful intelligence)概念,所以这里的含义是,没有一件事情的产生没有一个原因(*logos*)。所有事件都是由于原子相互作用这一必然性;它们可以得到解释(Taylor 1999 art., 186—187; McKirahan 1994, 321)。这很好地预示了辛普里丘的主张:根据德谟克利特,"偶然(chance)是无的原因"(《亚里士多德〈物理学〉评注》330.14—17＝DK68A68)。而且,正是在这个意义上,人们将会理解德谟克利特的这一主张:"实际上,我们什么也不知道(或译:我们知道无),因为真理在深渊之中"(B117)。在这句话中,德谟克利特暗示,如果一个人知道所有事实,那么任何问题都能解决。更重要的是,认识的渴望总是存在(参 57B118)。

碰撞的结果被认为是双重的。首先,原子像在弹球游戏中那样只是相互弹开,其次,如果相似形式的原子(如沟状的、凹形的)相撞,它们就会联合起来形成一个复合体,特别是水、气和土。就火而言,它只能由球形的原子构成,而且这些原子被设想为"灵魂"原子和"心智"原子。③

---

① 亚里士多德,《论天》300b11;亦参《论动物生成》789b2—3,在其中没有诉诸终极因。对于亚里士多德而言,元素是有自然位置(natural places)的。

② 对此残篇较好的讨论见 Taylor(1999b, 185f);亦参 McKirahan(1994, 321—322);Guthrie(1965, 414—419)。

③ 根据亚里士多德,德谟克利特将灵魂等同于火(见亚里士多德,《论灵魂》403b25—404a31;《论动物部分》625b8—15;《论呼吸》471b30—472a18;关于德谟克利特那里灵魂与心智的区分参《论灵魂》405a8—13)。

总之,原子的碰撞和它们随后的纠缠解释了 *kosmos*[宇宙/秩序](或 *kosmoi*)如何起源和发展。第欧根尼·拉尔修(9. 30—33＝DK67A1)对原子论的宇宙起源进程有详尽描述。当大量不同形状的原子或物体(*sōmata*)从无限中(*ek tēs apeirou*)分离,并在一个巨大的虚空中(*eis mega kenon*)运动时,涡旋(*dinēn*)便产生了。涡旋运动导致相似的原子结合在一起,这也使得更小更轻的原子返回到虚空中去。剩下的原子继续旋转,变得纠缠起来,并形成一个球形的壳或膜(*humēn*)。更大更重的原子则聚集到中心并形成地球,而外壳或外膜变得更轻。但随着外面的原子大量涌入,外膜日益增长。[①] 当其旋转时,其中一些原子结合起来并形成一个复杂的结构,最初是湿的,犹如黏土,随着旋转的持续而变干,并最终燃烧,形成星辰和其他天体。[②]

尽管这一宇宙起源论解释是基于纯粹的机械运动,但是宇宙的形成恰恰被明确描述成动物的诞生(Guthrie 1965, 408;G. E. R. Lloyd 1966)。与此相关,原子论者主张一旦 *kosmos*[宇宙/秩序]发育成熟,就会和植物或动物一样变老然后死亡(Diogenes Laertius 9. 33＝DK67A1;Hippolytus, *Refutations* 1. 13)。因为原子无数、虚空无限,所以原子论者认为一定有无数共存的世界(*kosmoi*)不断地产生和消失。的确,因为原子论者,人们首次明确谈及无限世界。[③] 而且,因为原子论者,人们首次无需谈及一个被

---

① 一些学说汇纂表明沟形的(hook-shaped)原子形成膜,参 Taylor(1999a, 94—96)。

② 关于宇宙起源论,亦参希吕托斯和伪普鲁塔克(见 Taylor1999a, 95—96)。伪普鲁塔克(*Epinome* 1. 4＝Aetius 1. 4)对于地球如何形成有很好的描述:材料最初包含在地球中,它受到风的挤压并蒸发出星辰,而且这一挤压导致水分蒸发并流入凹陷和低洼的地方。

③ 如参亚里士多德,《物理学》,250b18—20、203b24—7;辛普里丘,《亚里士多德〈物理学〉评注》1121. 5—9;Philoponus,《亚里士多德〈物理学〉评注》(*Commentary on Aristotle's Physics*)405. 23—27。

描述为神的原初物质或实在。的确,一般而言,精神(the mental)
也不再扮演描述性的角色。

[156]在残篇 DK68B34 中,德谟克利特将人类称为微观宇宙
(*mikros kosmos*),即微型的 *kosmos*[宇宙/秩序]或世界秩序。在
德谟克利特看来,人类和宇宙或宏观宇宙(*megas kosmos*)一样由
相同的元素(原子和虚空)构成,并遵循相同的法则。德谟克利特
是第一位在这种语境中使用微观宇宙(*mikros kosmos*)这一概念的
人,但他并非首个在人类和宇宙之间进行对比的人。这一观念在
大多数前苏格拉底派那里都是常见的,而且在神话叙述中也是一
个共同的主题。在生命的起源上我们也会有同样的发现。学说汇
纂传统(DK68A139)告诉我们,被视为唯一的原子论者的德谟克
利特,主张人类和其他动物起源于水和泥土。显然,德谟克利特会
增加一些更详细的描述。事实上,第尔斯(Diels)认定并添加了西
西里的狄奥多罗斯(Diodorus Siculus)对德谟克利特的著名记述
(DK68B5)。无论这一文本是否忠实地转述了德谟克利特关于生
命起源的立场,事实上其中大多数信息都可以追溯到他的先驱,包
括阿那克西曼德。在原子论者的解释中非常新颖的是,作为生命
来源的灵魂概念由球形的原子构成,它自然(by nature)就变动
不居。

少数学者认为,一般来说对于原子论者而言,特殊地讲对于
德谟克利特而言,他们不会就文明和文化的起源和发展——探究
自然[an *historia of the peri phuseōs*]类型的重要的一部分——进
行详细地叙述。① 但事实上,大多数人一致认为这样一种描述性
的解释包含在德谟克利特的《小世界系统》中。这一文本常被提

---

① 尽管 C. C. W. Taylor 并不认为德谟克利特解释了人类社会发展的原因
(1999b,181),但在他最近的著作中对此观点的解释显然付诸阙如(1999a)。的确,与
其他学者相反,狄奥多罗斯的叙述(DK68B5)并没有包含在这些残篇中。

及,而且它来自历史学家狄奥多罗斯(DK68B5)。依照这一解释,最初的人像动物一样生活。由于没有社会组织,每个人都独自寻找自己的食物和住所。为了抵御动物的攻击,他们因权宜之计(*hupo tou sumpherontes*)和保护彼此而联合起来。在此联合期间,他们逐渐相互熟悉,并发展出了语言(speech)。① 尽管最初的表达含混不清,但他们逐渐在他们之间为每一个对象建立约定或契约(conventions or contracts)(*sumbola*),并创造出语词来交流。我们得知,这会在每次人类因为相似的理由联合起来时发生,而且这解释了为什么会存在许多不同的语言。同时,因为人类没有技术能力(technical skills),他们最初的生活没有房子、衣服、火和农耕。事实上,他们甚至没有存储新鲜水果和蔬菜的概念,从而在冬天因寒冷和饥饿而死去。不过人类很快从经验中(*hupo tes peiras*)学会了躲在洞穴里,并储存食物来寻求保护。后来,他们发现了火和其他有用的东西,并最终通过技艺和技术走向了文明生活。总的来说,需求和必然性(*chreia*)教会了人类,尽管必然性还需要辅助,特别是手、理智和灵活的头脑(Diodorus of Sicily 1.7—8)。尽管这一叙述的大部分内容,可以在公元前六世纪的伊奥尼亚人的解释中找到,但显然还是有一些元素具有德谟克利特之解释的自身的某种特征。[157]在残篇 B26 中,德谟克利特认为名称不是自然而是约定的(conventional)。② 语言尽管是约定的,但它可被理解,因为狄奥多罗斯和德谟克利特都将其视为自

---

①   关于语言或 *phone* 的起源可能有许多不同且相互矛盾的理论(如参索福克勒斯和欧里庇得斯在他们对进步的歌颂中的观点;及参 Guthrie[1971,204])。德谟克利特的解释和狄奥多罗斯一样,似乎将重心放在语言的政治功能上。由此,如 Vlastos (1946/1993,54/355)指出的那样,德谟克利特认为种族差异对语言的起源而言是根本性的。

②   在 68B26 中,德谟克利特支撑其主张的论证如下:不同事物有时候可以有不同名称;不同名称适合一个或同样的事物;一个事物或一个人的名称有时可以任意改变。

然的必然性(natural necessity)的结果。因此在 B258 和 B259 中,
德谟克利特认为,一个秩序良好的社会(*en panti kosmōi*)的必要
条件是抵御野兽的威胁。而且,和狄奥多罗斯的解释一样,德谟
克利特(B144)认为技艺由必然性(*apokrinai tanagkaion*)区分开
来(参 Vlastos 1945,592;1993,340)。也就是说,人类最初发现技
艺对于他们的生存而言是不可或缺的。一旦确定这一点(与富足
这一概念联系起来),类似音乐这样的技艺也会得到发展(B144)。
在 B145 中,德谟克利特认为我们从观察鸟儿歌唱中学会了歌唱。
无论他是否将其视为较晚的发展,和音乐一样,他认识到一些更
为急需的技艺来自对动物的观察:从蜘蛛那里获得了编织和缝纫
的概念;从燕子那里获得了修建房屋的技艺。不管社会发展到什
么阶段,也不管考虑的是什么技艺,用来解释人类正确生活方式
的都不再是神的意图,而是对人类之需求和环境的不可避免的
反应。

在塑造其灵魂时,人类从经验中学习这一事实乃是一个重要
的组成部分。在我们于政治及伦理语境中考察这一点——这也要
在原子论的物理学理论中来解释——之前,考察感觉和思想之间
的关系相当重要。原子论者认为,只有原子和虚空是客观实在
(objectve realities)。据此,思想和感觉可以被还原为原子的相互
作用;它们可以被还原成一种物理机制(physical mechanism),或
更准确地说,一种接触的形式。埃提乌斯讲道,对于原子论者而
言,感觉和思想是身体的改变,也就是说,它们乃缘于外部影像的
冲击(参 Guthrie 1965,451)。①

这一点理应得到更深入的考察。和其他前苏格拉底派一
样,原子论者主张灵魂(*psuchē*)与那些源于无生命的事物的生

① 亚里士多德认为,一般而言古人主张感觉和思想是同一个东西(《论灵魂》
427a21—22,《形而上学》1009b12—15)。

命是有区别的。灵魂和火一样,由球形原子构成(在高温和生命之间有一种自然联系)。球的形状恰好让这些原子既能渗透整个物体,也能推动整体,因为可动性(mobility)正是它们的自然(nature)(亚里士多德,《论灵魂》403b30;406b20—22)。这就是身体如何变成了一个"自动体"(self-mover)。[1] 德谟克利特表达得非常清楚,灵魂是导致身体的状态的原因(参DK58B159;Laks 1999,253)。同时,生和死与呼吸机制相关,并和宇宙的形成非常相似(亚里士多德,《论灵魂》404a9—16)。与在宇宙的形成中较大原子排斥较小原子一样,来自环境中的恒定压力会挤压身体里较小的灵魂原子。不过周围的空气包含着较小的原子,在呼吸动作中,这些原子随空气一道进入身体,防止[158]其他灵魂的挤压,也就是说,平衡来自外部的压力(亚里士多德,《论灵魂》404a9—16)。只要这种平衡或对抗保持住,动物就会一直活着,但一旦死去,单个的灵魂原子就会分散到宇宙中。

忒俄弗拉斯图斯(*On Sensation* 49—83＝DK68A135)为原子论者的感觉理论提供了一个详尽描述。所有感觉都是接触的结果,也就是说,来自原子的相互接触。更准确地说,感觉是我们每次被外部原子击中时我们身体发生改变的结果。视觉以同样的方式运作。与恩培多克勒一样,原子论者认为物质性物体会从它们的表面不断释放出原子。这些影像自身并不会到达眼睛,渗透入眼睛的是 *tupoi* 或印记(imprints)。眼睛是完

---

① 灵魂原子的球形是他们的本质的必要条件,因为所有原子都是运动的。正是这一形状适合于其他原子(或某些其他原子),导致它们变得纠缠(正如我们在宇宙的形成中看到的那样),从而形成一个复合体(composite body)。因为它们的形状,一旦灵魂原子遍及身体,它们会受其架构的限制。但是因为灵魂原子持续运动,它们将其运动传递给其他原子,所以导致整个身体成为一个自动体。亚里士多德正确地指出,这一特别的解释是幼稚的(《论灵魂》406b16—25＝DK68A104)。

全被动的。一旦物体反射到瞳孔上,感觉就会以某种方式受到刺激。[①] 思想也依赖于物理机制。根据忒俄弗拉斯图斯(*On Sensation* 58＝DK68A135),当灵魂原子布满身体并持续运动以震动心智(mind)时,思想便产生了。[②] 主体既不能太热也不能太冷,否则思想会被扰乱。

原子在大小和形状上是有区别的。只有当原子通过排列和位置形成混合物时,第二性质(secondary qualities)才属于它们。因为第二性质(颜色、热、冷、苦和甜等等)并不自然(by nature)就存在,而是依赖于观察者。德谟克利特(DK68B9)指出,第二性质只能依据习俗(*nomōi*)而存在,也就是说相对于我们(观察者)(*pros hēmas*)而存在(参 Taylor 1999a,176)。但是,考虑到德谟克利特认为个体的身体条件和年龄会影响他们的判断,即影响事物如何向他们呈现(Theophrastus, *On Sensation* 64),那么,在感觉中必定存在一种客观实在,而且有些判断必然比另外一些判断更真实。[③] 与之相似,忒俄弗拉斯图斯(*On Sensation*,65—67)指出,德谟克利特认为味觉也由特定原子的形状(form)决定(例如甜味由圆形原子构成;酸味由多角原子构成等)。尽管德谟克利特可能仅仅是指可感的性质由占支配地位的原子决定,但是这仍然表明客观或真正的判断是可能的。

有鉴于此,我们必须探讨一下原子论者的知识论。关于这一

---

① 忒俄弗拉斯图斯,《论感觉》50—53＝DK68A135。在留基波那里,影像确实进入了眼睛,但是对德谟克利特而言,影像自身不会真正进入眼睛,而是在一个纯粹被动的瞳孔中表现为反射。在《感觉与可感物》(*Sense and Sensibilia*)438a5—12 中,亚里士多德注意到,如果视觉只是一种反射,如在德谟克利特那里一样,那么人们将会认为任何反射面都可以看。亚里士多德的这一批评表明,德谟克利特的视觉理论的确过于简单。

② 原子论者似乎将心智、灵魂的思考部分视为例外。学说汇纂说道,心智由浓缩的灵魂原子构成,他们位于头部(Aetius 4.5.1＝DK68A105)。

③ 这与忒俄弗拉斯图斯自己在《论感觉》70—7 中注意到的一样。

论题(特别是关于感觉的真实性)的证据矛盾、冲突且极富争议。一些证据强有力地表明原子论者是怀疑论者;而另一些证据恰恰相反。因此,在《形而上学》1009b12(＝DK68A112;亦参《论灵魂》404a27;405a5＝DK68A10)中,亚里士多德说,因为德谟克利特认为知识是感知(sensation),而且感知是一种物理变化,所以感知似乎一定是真实的。尽管这一立场与普罗塔戈拉为之辩护的立场相似(参 Taylor 1999a,189;亦 DK68A101),[159]但是塞克斯都·恩披里柯提出了一些令人信服的相反证据。根据塞克斯都·恩披里柯,德谟克利特主张感觉(sense perception)并不与真实(truth)相符合(DK68B9),据此德谟克利特认为,热和冷、甜和酸仅仅依约定而存在(B9)。之所以如此的主要原因(如塞克斯都所记录的)是,我们的身体和周围的环境都是不断变化的(DK68B9;亦参68B7 和 68A109)。残篇 B7(亦为塞克斯都所记录)说道,因为世界处于变化之中,所以“我们对任何事情都一无所知”。然而这一怀疑论立场并不清晰,且与其他证据相抵牾。在 DK68B11(＝Sextus Empiricus,*Against the Mathematicians* 7.138)中,德谟克利特明确区分了两种判断或知识($gn\bar{o}m\bar{e}$):第一种不合法(illegitimate)且与五官相关,第二种合法(legitimate)且与心智相关。在著名的心智与感觉之间的认识论对话中(DK68B125),德谟克利特显然在心智与感官或思想与感觉之间做了区分:离开作为起点的感官所获得的感觉数据(“可怜的心智[$phr\bar{e}n$]啊,正是从我们这里你才得到你的根据、证据……”),心智不可能获得关于现实事物的真理。总之,如果不求助于经验或感官,就不可能获得关于可见事物和不可见事物之自然的真理。

由此,我们可以肯定地说,原子论者和德谟克利特并非怀疑论者,而且他们并非极端主张亚里士多德派所指责的感觉即知识。尽管并非不可能,但真理非常难以获得。由此,德谟克利特在 B117 中声称:“事实上我们一无所知,因为真理($al\bar{e}theia$)在深渊之中(*en buthōi*)。"这一主张也是对普罗塔戈拉的回应。尽管这两位同样著名的同乡和同时代人,在感觉的特性是相对的这一点上是一致的,但德谟克利特认为,感觉的特性有固定的深层结构,只要我们有必要的数据,就可以确定这一结构(Taylor 1999a,189 和193;Woodruff 1999 307;和 Guthrie 1965,455)。毫无疑问,原子论者相信宇宙由严格的原子法则(自然必然性)所控制。从这一视角来看,真理有许多层次,而且每一层次都依赖于被思考的对象的自然。因此,在残篇 68B118 中,德谟克利特说"他宁愿仅仅发现一个解释(*aitiologian*),也不愿拥有波斯人王国"。显然,解释是可能的。

尽管原子论者将万物的解释原则归于必然性(necessity),但是,要发现宇宙的原子构成法则和人类的行为法则,至少在理论上是可能的,因为人类和宇宙都由相同的元素构成,而且依据相同的法则运动。也许实在(及其知识)只有心智才能获得,但实际上,一般而言感官、特殊而言观察,构成了(如柏拉图)[160]获得这一知识的第一步。① 显然,原子论者的政治和伦理框架,可以成为其物理学和认识论理论的一部分。

残篇 B33 特别能揭示这一点。德谟克利特在其中指出:"自然(*phusis*)和教化(*didachē*)是相似的,因为教育改造(*metarusmoi*)人类,而且在形塑(*metarusmousa*)中创造了一个第二自然(*phusiopoiei*)。"在 B184,242 中,德谟克利特也讲道,一个人通过践行有德性之事,从而如亚里士多德所言,通过养成习惯而变得有德性。一般认为动词 *metaruthmizei* 在形塑的意义上使用。② 因此,在这里是指教化能导致灵魂原子的形塑和重组(*rusmos*),并由

---

① 阿那克萨戈拉提到了同样的事情,他说:"可见的东西,我们睁开眼睛就能看见。"(DK59B21a)

② 见 Taylor(1999b,200—201)和(1999a,233);McKirahan(1994,339);Vlastos(1945/1993,54/342);Farrar(1988,229);以及 McKirahan(1994,339)。

此在身体和灵魂之间产生一种不同的或恰当的关系。① 总之,在改变每个人与生俱来的自然性情时,教化创造了第二自然。通过教化,德性自身因此变成第二自然(参 DK68B242)。② 与此同时,德谟克利特(DK68A1＝Diogenes Laertius 9.45)认为,生活的最终目的是喜乐(cheerfulness)(*telos d'einai tēn euthumian*)。他将喜乐与灵魂(灵魂原子)中没有情感痛苦(包括对诸神和死亡的恐惧)的状态联系起来(68B189)。这在很大程度上是通过在身体快乐上的审慎和节制而获得的(DK68B191)。③ 此外,对自然和动物界的观察也能为我们提供帮助。因此在 B198 中,德谟克利特表示动物比人更聪明,因为它们知道在其身处危难时有多少需求。在这个例子中,动物不知不觉地教会了我们节制(*sōphrosunē*)的原则——这是智慧的必要条件。动物只用它们所需,而人类如果不加制止,就会受到对无度、对 *ploutos* [财富]或钱财的永不满足的欲望的驱使(DK68B191,218—222,224,282—284)。正如动物教会人类满足其基本需求的必需的技艺(B154)一样,对动物的观察能再次教会人类在社会中过有德性的生活这一根本问题。

德谟克利特认为财富是罪恶的源头,因为它导致富人和穷人之间的社会失衡(B281)。和柏拉图《理想国》中的猪的城邦一样,在富裕的时代之前,人类生活"节制",保持着他们最初的自然(B144)。像动物一样,他们只用其所需。像德谟克利特在残篇B281(似乎在癌症和财富之间进行类比)中表明的那样,这并非是说财富(*ploutos/chrēmata*)总是坏的。只要对财富的拥有伴随着

---

① 当然,并非个体的人的身体形态(Farrar1988,229)。

② 这可能是德谟克利特关于 *nomos/phusis* [习俗/自然]对立的负面问题的回应(或调和方式)。

③ 德谟克利特遵照自然或 *phusis* [自然]生活的含义,与他许多同时代人完全不同,后者将遵照自然生活与陷入追求自我私欲的激情联系起来。这一观点将在下一卷中得到发展。

反思、节制、同情和友爱,那么拥有财富就是好的(DK68B255,191)。的确,如果财富能被聪明地使用,那么它就会促进公众的利益(B282)。否则,财富就会成为严重的政治动荡和 *stasis*［内讧］的根源,因为财富制造妒忌,这种妒忌会导致制造出法律所禁止的新的诡计和邪恶行为(B191)。①

[161]另一方面,财富(*ploutos/chrēmata*)为纯粹的理论科学和实践科学提供了必要的闲暇,这正是德谟克利特依靠其财富(至少部分)所做的事情(DK68B279)。但是,在一个 *stasis*［内讧］或内乱环境中,一个人如何可能通过严肃运用某种职业,来寻求改善人类的状况呢? 显然,德谟克利特是在谈论参与公共生活的重要性(B252—253,263,265—266)。这一关切必然极大地影响德谟克利特对民主制度的偏爱——即便他一贫如洗(B251)。他选择这一政制是为了避免极端(DK68B255,261,191)。保持这一状态的必要条件是尊重法律(*nomos*),因为"法律试图改善人类的状况"(DK68B248,亦参 B47),它让每个人自由地培养自己的品味(K68B245)。

我们发现,德谟克利特给予法律(*nomos*)很高的地位,这并不奇怪。法律能教育并因此将人类的自然改造为有德性的第二自然。因此,尽管存在分歧(B245),人类也能形成一个 *kosmos*［宇宙/秩序］,一个依据宇宙形象而来的、秩序良好的社会性 *kosmos*［宇宙/秩序］(DK68B258,259)。② 如果人类共同体在必然性的力量下形成,那么,他们也会在下述那样的必然性的力量下走向繁

---

① 从赫西俄德开始,财富就是社会动荡背后的驱动力,也是傲慢和怨恨的源泉。其解决办法一直被认为是节制。

② 如果我们考虑到宇宙原初构成背后的原子是有差异的,那么这里与宇宙构成的类比就非常清楚。像在著名残篇 68B164 中表述的那样,只有相似的原子依据机械法则朝向对方运动,*kosmos*［宇宙/秩序］才能变得有序,在其中,相同种类的有生命和无生命的事物有聚集在一起的自然倾向。

荣：避免内乱，并培育有利于社会凝聚、善良意志、节制和同情的德性。总之，人类能够自觉掌控他们自己的命运或 *tuchē*［机运］，而且像法勒(1988,245)正确地指出的那样，人类能创造他们自己的未来。

结　　语

[163]正如我在导言中所说,这项研究背后的动力是对柏拉图《法义》卷十的详尽分析。尽管我相信本卷可以独自成篇,但它还需第二卷的补充以完成这项研究。柏拉图在《法义》中呈现的"自然神学"和以此为前提的社会,是对那些写作 *peri phuseōs*[论自然]类型作品的人的回应,同时也是对智术师的回应。第二卷的主题将是智术师和智术师运动,以及柏拉图对前苏格拉底派和智术师的回应,他采用的形式是他自己的探究自然[*historia of the peri phuseōs*]类型:首个"创世论"(creationist)架构。

当然,没有迹象表明那些前苏格拉底派是不虔敬的。实际上,相反的立场更接近真实。但是情况颇为复杂。尽管从最早的希腊宇宙起源论开始,神的概念就内在于 *phusis*[自然]的概念(因此阿那克西曼德和赫拉克利特毫不犹豫地使用具有道德内涵的语词来描述统治宇宙的秩序),对于一般的 *phusiologoi*[自然学家]而言,事实仍然是,使我们的世界成为一个 *cosmos*[宇宙/秩序]的秩序是自然的,也就是说,是内在于(immanent)自然(*phusis*)的。因此,这可以解释对于一般的前苏格拉底派而言,宇宙的命运和人类的命运(甚至社会的命运)只能由 *phusis*[自然]决定;*phusis*[自然]被理解为盲目的必然性(*Anankē*),不求助于任何目的性的原因（intentional cause）。这就解释了，为什么"自然神学"及其论证在某种程度上是对前苏格拉底派 *peri phuseōs*［论自然］类型作品的回应。喜剧诗人阿里斯托芬在《云》（大约公元前 424 年）中通过对那些"自然学家"的行话的滑稽模仿，准确地捕捉到了他们对他那个时代的道德、政治、宗教思想的影响（《云》376f；1036—1082）。阿里斯托芬引入 *Anankē*［必然性］的概念（盲目的必然性等同于 *phusis*［自然］本身），使得宙斯的重要性显得不再重要，也表明宙斯并不关心人类。而且，在正义逻辑与不义逻辑之间著名的论争中，阿里斯多芬提供了智术师的反逻辑方法及其所导致的道德问题（弱论证恰恰击败了强论证）的一个例证。在《申辩》中，柏拉图在对针对苏格拉底的指控进行分析时（18b，19b），[164]并未忽视智术师的方法与前苏格拉底派的自然学之间的密切关联。

基于道德立场对诸神的批判很早就出现了。克塞诺芬尼斥责荷马和赫西俄德将所有在道德上应受谴责和可耻的事情都归之于神。埃斯库罗斯（约前 525—456 年）倾其所有才智，将古代观念中的那个不义、莽撞和暴力的宙斯，即僭主宙斯，转变为这样一位宙斯，即为新的希腊国家建基其上的正义的民主观念作保障的宙斯。另一方面，欧里庇得斯（前 480—406 年）在他的《赫拉克勒斯》（339—346）中宣称，在相似的情况下，即便是最尊贵的神在道德上也不如人类。在《伊翁》（436—451）中，欧里庇得斯指责诸神为人类设定标准而他们自己并未达到。欧里庇得斯甚至走得更远。在《柏勒罗丰》（*Bellerophon*）（残篇 286）中，他在盛怒之下惊呼道：

> 天上没有神。相信这些无稽之谈是愚蠢的。你只要看看你的周围。僭主谋杀，抢劫，欺骗和掠夺，却远比虔诚和安宁的人更快乐。那些敬神的小国总是被那些更强大和更邪恶的

国家的军事力量所击败。(Guthrie 英译)①

　　欧里庇得斯将诗人与大多数既非真实也配不上诸神的神话(*muthoi*)的起源联系起来,这确有其事(见《赫拉克勒斯》,1341—1346),可是他拒绝相信在恶人走运而好人受苦时诸神是存在的,这就表明了一种意义深远且令人不安的变化,这一变化与埃斯库罗斯的时代形成鲜明对比。埃斯库罗斯时代的雅典以积极的乐观主义为特征。邦民们刚刚体会到帮助他们抵御野蛮人的城邦诸神的青睐(埃斯库罗斯,《乞援人》,1018f)。而且,诸神是人类法律的守护者,在天意(providence)和传统价值中体现了一种信念,其原则是诸神的正义。相比之下,欧里庇得斯时代的雅典是处于伯罗奔尼撒战争(前 431—401 年)之中的雅典,这场战争是使世界饱受摧残的最邪恶、最荒谬的冲突之一。这一战争证明了,传统民众的或宇宙的诸神,无法保护和其他人一样受苦甚或受苦更多的正义之人。诸神的旨意(providence)和 *nomos*[法律]的存在是否能够真正正义地统治开始受到怀疑。在这种情况下,批评者质疑诸神的存在,并宣称诸神并不关心人事,或者他们并不值得崇敬,这就不足为奇了。在《理想国》2.365d—e 中,柏拉图援引了不虔敬的这三种形式,他认为,至少在一开始,它们可以通过变革传统教育来解决。

　　然而,在柏拉图看来,*phusiologoi*[自然学家]和他们的 *peri phuseōs*[论自然]著作代表了一个非常严重的问题。智术师主张由诸神所确保的法律和道德就其自然而言(by nature)并不真实存在,而是源自约定(convention),对此,他们在那些 *peri phuseōs*[论自然]类型的作品中找到了真实而有效的支持。[165] 对社会

---

　　① 转引自 Guthrie(1971),229。我使用了他的英译。这一段落亦被 Festugière (1949/1983,162)在相同的语境中引用。

的起源和演变的理性解释,将民众的和传统的诸神降解为人类的约定,阿那克萨戈拉和德谟克利特的理论甚至剥离了过去一直归诸天体的神性。对智术师而言,或更准确地说,对智术师的第二代而言,*paradeigmata aretē*［德性的范本］标示的恰恰是,在传统宗教的诸神的行为中发现的任何东西都是可鄙的。剩下来的,就是一个被剥离了神性特征并依照智术师的信念改造了的 *phusis*［自然］——值得注意的是这样的信念:力量即正义(might is right),人以自我为中心的激情不应当受到限制。

在柏拉图看来,无神论是一种疾病,它周期性地折磨着许多心智(《法义》10.888b)。无神论产生的原因不是无法掌控快乐和欲望(《法义》10.886a—b),而是无神论者所诉诸的那些古代和现代的种种理论。因此,有必要通过关于诸神存在(*hōs eisi theisi*,《法义》10.885d2—3)的充分证明(*tekmēria ikana*),来说服和教育(*peithein kai didaskein*)无神论者。显然,柏拉图并不对普通民众说话,而是对强大和有洞察力的心智说话(《法义》10.908c3),这些心智只会满足于证明自然提供了(offers)神圣的理智和神意(divine intelligence and providence)。这将是第二卷的主题。

参考文献

Adkins, Arthur W. H. (1985). "Ethics and the Breakdown of the Cosmogony in Ancient Greece." In Lovin and Reynolds (1985):279–309.

———. (1985). "Cosmogony and Order in Ancient Greece." In Lovin and Reynolds (1985):39–66.

———. (1997). "Homeric Ethics." In Morris and Powell (1997):694–714.

Allen, R. E., and Furley, D. J., ed. (1970, 1975). *Studies in Presocratic Philosophy*. London: Routledge and Kegan Paul.

Andrewes, Anthony. (1971). *Greek Society*. London: Penguin.

Aubenque, P. (1968). "Physis." In *Encyclopaedia Universalis*. Paris: Press Universitaire de France, vol. 8, 8–10.

Austin. M. (1970). *Greece and Egypt in the Archaic Age*. Cambridge: Cambridge Philological Society.

Baccou, R. (1951). *Histoire de la Science Grecque de Thalès à Socrate*. Paris: Aubier.

Baldry, H. C. (1932). "Embryological Analogies in Presocratic Cosmogony." *Classical Quarterly* 26:27–34.

Barnes. J. (1982). *The Presocratic Philosophers*. London: Routledge and Kegan Paul.

Beardslee, J. W., Jr. (1918). *The use of "phusis" in fifth century Greek Literature*. Chicago: University of Chicago Press.

Benveniste, Emile .(1948). *Noms d'agents et noms d'action en indo-europeens*. Paris: Klincksieck.

Bernal, Martin. (1987). *Black Athena*. Vol. 1. *The Afroasiatic Roots of Classical Civilization*. New Brunswick: Rutgers University Press.

———. (1991). *Black Athena*. Vol. 2. *The Archaeological and Documentary Evidence*. New Brunswick: Rutgers University Press.

Boardman, John. (1999). *The Greeks Overseas*. 4th ed. London: Thames and Hudson.

Bonnefoy, Y., and Doniger, W., ed. (1991). *Mythologies*. Chicago: University of Chicago Press.

概念和专名索引

经典文段引用索引

译 名 表

Achilles——阿喀琉斯

Aelian——埃里安

Aeschylus——埃斯库罗斯

aēr(air)——气

Aetius——埃提乌斯

Agamemnon——阿伽门农

Agathemerus——阿伽塞美鲁

Alcmeon of Croton——阿尔克墨翁

Al Mina——铝米娜

alphabet——字母表

Alyattes——阿利亚特

Amasis——阿玛西斯

Amphidamas——安菲达玛斯

Anaxagoras——阿那克萨戈拉

Anaximander——阿那克西曼德

Anaximenes——阿那克西美尼

Anshar-Kishar——安撒和基撒

Anthropogony——人类起源论

anthropomorphism——神人同形同
　　性论

Antisthenes of Rhodes——安提西尼

Anu——阿努

apeiron——无限

Apollo——阿波罗

Apollodorus of Athenes——阿波罗
　　多洛斯

Apollonia——阿波罗尼亚

Apsu——阿普苏

Apollo——阿波罗

archē——始基

Archelaus of Athens——阿尔克劳

Arcesilas——阿克西劳斯

Archilochus——阿基洛库斯

aretē——德性

Aristagoras of Miletus——阿里斯塔
　　哥拉斯

aristocracy——贵族制

Aristophanes——阿里斯托芬

Aristotle——亚里士多德

Aristoxenus——亚里士多塞诺斯

Arrian——阿里安

Artemis——阿耳忒弥斯

Asia——亚细亚

atheism——无神论

Atlas——阿特拉斯

Atomists——原子论者

Babylon/ Babylonians——巴比伦/
　　巴比伦人

basileis——国王们

Baccou——巴库

Barnes——巴恩斯

Bernal——伯纳尔

Benveniste——本维尼斯特

Bias of Priene——普里恩的毕亚斯

Boeotia——波俄提亚

bouleutērion——议事会

Brisson——布里森

Burch——伯齐

Burkert——伯克特

Burnet——伯奈特

Cadmus——卡德摩斯

Calypso——卡吕普索

Cambyses——冈比西斯

Capelle——卡佩勒

Capizzi——卡皮兹

Censorius——岑索里奴斯

Chadwick——查德威克

Chalcis——卡尔基斯

Chaos——混沌

Charondas of Catana——喀荣达斯

Cherniss——奎内斯

Cicero——西塞罗

Clay——克莱

Cleomenes of Sparta——克列奥
　　蒙尼

Codrus——科德鲁斯

Collingwood——科林伍德

Conche——孔什

Cornford——康福德

Cosmocrator——宇宙统治者

cosmogony——宇宙起源论

Couprie——库普里

Croseus——克利萨斯

Cyclopes——库克洛佩斯

Cyrus——居鲁士

Damkina——丹基娜

Danaus——达那俄斯

Darius——大流士

Darwin——达尔文

Delphi——德尔菲

Demeter——德墨特尔

demiurge——造物主/德木格

Democritus——德谟克利特

dēmos——民众

Descartes——笛卡尔

Deucalion——丢卡利翁

Diels——第尔斯

dikē——正义

Diogenes of Apollonia——第欧根尼

Diodorus of Sicily——狄奥多罗斯

Diogenes Laertiu——第欧根尼·拉
　　尔修

Tethys——忒提斯

Thales——泰勒斯

Thebes——忒拜

Theophrastus——忒俄弗拉斯图斯

Thomas——托马斯

Thompson——汤普森

Thucydides——修昔底德

Thurii——图里

Tiamat——提亚马特

Titans——提坦

Trojan War——特洛伊战争

Typhoeus——提丰

Uranos——乌兰诺斯

Vernant——韦尔南

Vlastos——弗拉斯托斯

vortex——涡旋

West——韦斯特

Xenophanes——克塞诺芬尼

Xenophon——色诺芬

Zaleukos of Locri——洛克里的扎琉科斯

Zeno of Elea——芝诺

Zeus——宙斯

图书在版编目(CIP)数据

希腊的自然概念/(加)吉拉尔德·纳达夫著;章勇译;
张文涛校.--上海:华东师范大学出版社,2021

ISBN 978-7-5760-1661-1

Ⅰ.①希… Ⅱ.①吉…②章…③张… Ⅲ.①自然哲
学—研究 Ⅳ.①N02

中国版本图书馆 CIP 数据核字(2021)第 078772 号

华东师范大学出版社六点分社

企划人 倪为国

The Greek Concept of Nature
by Gerard Naddaf
The Simplified Chinese translation of this book is made possible by permission of the State
University of New York Press © 2006, and may be sold only in China
Chinese translation copyright © 2021 by East China Normal University Press Ltd.
All rights reserved
上海市版权局著作权合同登记 图字:09-2014-402 号

经典与解释·古典学丛编

希腊的自然概念

著　　者　[加]吉拉尔德·纳达夫
译　　者　章 勇
校　　者　张文涛
审读编辑　饶 品
责任编辑　彭文曼
责任校对　王寅军
封面设计　吴元瑛

出版发行　华东师范大学出版社
社　　址　上海市中山北路 3663 号　邮编　200062
网　　址　www.ecnupress.com.cn
电　　话　021-60821666　行政传真　021-62572105
客服电话　021-62865537　门市(邮购)电话　021-62869887
地　　址　上海市中山北路 3663 号华东师范大学校内先锋路口
网　　店　http://hdsdcbs.tmall.com

印 刷 者　上海景条印务有限公司
开　　本　890×1240　1/32
插　　页　2
印　　张　9.75
字　　数　225 千字
版　　次　2021 年 1 月第 1 版
印　　次　2021 年 1 月第 1 次
书　　号　ISBN 978-7-5760-1661-1
定　　价　68.00 元

出 版 人　王 焰